现代数学课程与教学论

苏洪雨　著

U0396333

华南理工大学出版社
SOUTH CHINA UNIVERSITY OF TECHNOLOGY PRESS
·广州·

图书在版编目（CIP）数据

现代数学课程与教学论/苏洪雨著 . --广州：华南理工大学出版社，

2024. 12. -- ISBN 978 - 7 - 5623 - 7793 - 1

Ⅰ. O13

中国国家版本馆 CIP 数据核字第 2024AU3869 号

现代数学课程与教学论

苏洪雨　著

出 版 人：**房俊东**

出版发行：华南理工大学出版社

（广州五山华南理工大学 17 号楼，邮编 510640）

http：//hg. cb. scut. edu. cn　E-mail：scutc13@ scut. edu. cn

营销部电话：020 - 87113487　87111048（传真）

策划编辑：庄　严

责任编辑：欧建岸

责任校对：王洪霞

印 刷 者：广州小明数码印刷有限公司

开　　本：787mm×960mm　1/16　印张：21.5　字数：375 千

版　　次：2024 年 12 月第 1 版　印次：2024 年 12 月第 1 次印刷

定　　价：55.00 元

前　言

作为数学教师，不仅要掌握数学的理论，具备较高的数学素养，还要能够理解数学课程，合理开展数学教学，也就是要能够研究数学课程与教学的理论，并将理论应用于教学实践。德国学者 Mogens Niss 在《数学教学理论是一门科学》的论著中把数学教育研究归纳为 3 个问题：

（1）合理性问题。为什么要给学生中的某些特殊群体讲授数学的某些特殊部分（相对整个数学而言）？

（2）可能性问题。考虑到那群学生的智力水平，我们能教他们数学吗？如果能，该怎么教？

（3）可行性问题。准备有形的和无形的教学材料意味着在社会、学校体制、师资水平等因素的制约下，使数学内容的教学变为可能。

如何解决这三个问题，其实有一定的难度，但是正如张奠宙先生所说：要能把数学的学术形态转化为教育形态。这就是将数学知识从学术领域里的样子转换为学生可以听得懂的形式，这种转换体现了数学课程和教学的价值。因此，对于数学课程与教学论的研究也就成为教师必不可少的功课。

数学教学是艺术，还是科学？如果数学教学是一门艺术，那么只有天赋极高的人才会成为成功的数学教师。艺术需要创造力和深厚的学科功底，这需要天赋或者敏感的直觉，显然大部分的数学教师并非完全如此。如果数学教学是一门科学，那么其中就是有一定的规律，只要能够充分投入研究，掌握数学教学的原则、方法、策略等，也可以教好数学。实际上，数学教学既是艺术又是科学，如果想教好数学，成为优秀的数学教师，就要在掌握研究数学教育理论的基础上，再加上一点点天赋。数学教育的理论是丰富的，这包括对数学的研究，也包括对教育学、心理学、社会学、哲学、文化等领域的研究。当然，这些内容都要进行整合，而不是孤立的，也就是说要想在数学教学的实践中合理应用教育学、心理学、社会学等理论，仅仅学习数学是不够的。

在 21 世纪，数学教师面临着更多的挑战，传统的教学方法已不能满足日益变化的教学环境。而科技、社会、经济等多个领域的发展对于学生的数学素养也提出了更高的要求。郑毓信教授认为，数学教师要具备三项基本功：①善于举例；②善于提问；③善于比较与优化。这其实不单单是基本功的问题，也是优秀教师应该具有的特征。而章建跃博士认为，数学教师要能够理解数学、理解学生、理解教学。这就要求教师懂数学，了解学生的学习情况，解决如何教数学的问题。在数学教学的实践中，首先要研究数学课程，例如课程标准、教材、课程资源等。其次，要制定丰富而有效的教学计划和目标，开展教学设计，研究数学教学的方法和策略，形成有效的教学模式。这些教学方法和模式不仅包括传统的讲授，也包括学生的探究、课堂交流互动以及现代信息技术的应用等。尤其是信息技术，其发展对当前的数学教学产生了巨大的影响，这是值得关注的重要课题。最后，研究学生数学学习的效果，这也是对课程与教学的检验，检验其有否达成预定的教育目的和教育目标，培养符合社会发展需要的人才。

现在，学校教育要求数学教师不仅是课程和教学的专家，而且还要灵活处理技术社会带来的万千变化，更重要的是要具备符合社会主义核心价值观的信念和品德。数学教育随着社会的需求变化不断进步。信息技术特别是移动技术和云技术对数学教学产生了巨大影响，而纯数学和应用数学的进一步发展，共同拓宽了数学作为一门科学的广度和深度。

为应对数学教学的挑战，有必要对数学课程理论、数学教学理论和教学方法、数学学习过程等进行深入探讨。因此，本教材将理论、案例和实践密切结合，从而达到其应用价值。

本教材适合数学教育、学科教学的研究生学习使用，也可以作为数学师范专业本科生的拓展教材，以及在职教师的教学参考书。

目　录

第一章 绪 论

数学课程与教学论是一门综合性的学科，既有理论研究，也有实践活动。这门课程的目的是提高数学师范专业学生的数学师范理论素养、使其形成数学教育技能、培养合格中学数学教师。数学课程与教学论的基础包括：数学学科知识、数学教育理论、数学教育研究方法、数学教学技能以及教育实践。

第一，要教好数学必须理解数学。这就要有坚实的数学学科基础。数学是什么？教师对于数学的不同认识，也将影响着数学教学的效果。形式主义的数学，还是现实主义的数学？数学的教育价值何在？数学是思维的体操？数学是产生经济效益的技术？数学是绝对真理吗？数学是经验的，还是理性的？对于数学的理解体现了教师的数学专业素养。如果教师在数学的内容知识、实质性结构知识等方面有所欠缺，那么将导致他们对知识的发生发展过程、重点、难点和关键等不甚了了，从而就抓不住内容的核心，不能设置有利于学生理解知识的教学主线，也很难在教学中提出具有启发性和挑战性的问题，对学生数学学习指导的针对性、有效性也就大打折扣。把握数学的本质就要"理解数学"，也就是了解数学概念的背景，把握概念的逻辑意义，理解内容所反映的思想方法，挖掘知识所蕴含的科学方法、理性思维过程和价值观资源，区分核心知识和非核心知识等。这在数学教学中至关重要。作为数学课程与教学论的基础，数学学科知识包括基础教育中的数学、高等数学以及现代数学基础知识。

第二，数学教育的理论知识包括数学课程、教育学、心理学等。作为未来的数学教师，要理解数学课程，也就是对课程的解释和表达，通过解释和表达使教师把握课程意义并丰富自身的精神生命，把教师视域和文本视域的对立状态化解为融合状态，从而创建一种新的和谐①。教育学通过

---

① 吴南中. 理解课程：MOOC 教学设计的内在逻辑［J］. 电化教育研究，2015，36（3）：29－33，88.

对教育现象、教育问题的研究来揭示教育的一般规律。数学课程与教学论也要符合一般的教育规律，这也是开展数学教学的理论基础。心理学对教育产生了很大的影响，行为主义、认知主义和人本主义等心理学流派对不同时期教育理论的发展起了不同程度的推进作用，也为数学教育中的课程、学习、教学、评价等因素的再生和发展提供了重要的环境资源，并产生了积极的促进作用①。

第三，数学课程与教学论的基础还包括数学教育的研究方法。作为未来的教师，掌握必要的数学教育研究方法有助于提高自己的数学教学能力。教学工作和对数学教育的思考与探索有着密切联系，掌握一定的数学教育研究的方法并进行相关学术论文及研究报告的写作是教育研究工作不可或缺的重要步骤。教师只有把数学教学工作视为研究对象，发掘教学的本质、发现存在的问题，才能不断地改进数学教学。

第四，数学教学技能是数学课程与教学论的基础。教学技能包括多个方面，例如数学教学设计的方法、数学教学方法、学习方法、数学教学评价等。数学教学技能是教学基本功，作为未来教师要具备基本的教学设计能力。例如，根据相关的内容完成一份合格的教学设计；要了解基本的教学方法，例如讲授的方法、导入的方法、板书的方法、总结的方法等；而学生的学习方法是指课堂教学中如何组织学生开展数学学习、独立思考、合作交流或者数学探究等；要了解如何评价学生的数学学习，以及对课堂教学效果作出评价。

第五，数学课程与教学论能够在实践课程中有所体现，这就是微格教学、教育见习和教育实习。微格教学是一种模拟教学，通过展示教学的基本过程，实现教学设计的方案，检验教学的效果；教育见习则是观摩、学习和反思，通过观看相关的教学实录、到数学课堂听课或者参与相关的数学教学活动，学习数学教学方法了解学生的数学学习等；教育实习是从理论的学习阶段走向教学实践，这是数学课程与教学论的检验过程，是职前教师走向正式教学的过渡，是把理论与实践相结合的过程。

① 喻平. 数学教育心理学［M］. 南宁：广西教育出版社，2004.

第一节 现代数学教师的专业素养

首先，怎样的教师才是优秀的数学教师？能够解答各种各样数学问题的教师是否是优秀的数学教师？课堂上充满激情、口若悬河、感染力特强的教师是否是优秀的数学教师？又或者陪同学生勤奋好学、早出晚归、任劳任怨、不辞辛苦的教师是否是优秀数学教师？……对于优秀的数学教师，其实并没有唯一的标准。但是作为一个合格的数学教师，他必须懂数学，课堂教学富有感染力，表达清晰，合乎逻辑，能为学生"传道授业解惑"，正确引导学生，激发学生学习的积极性，等等。郑毓信先生指出：数学教师当然应具备一般教师所应具有的基本素养和基本技能，如对学生及教学工作的高度热爱、较好的普通话水准等；又因为数学构成了数学教学活动的具体内容，数学教师同时也应具备一定的数学素养和数学能力，如对数学美的欣赏，一定的计算能力与解题能力等①。当然，这是作为数学教师的基本要求。除此之外，数学教师还应具备一些特殊的素养或能力，这些素养或能力可被看成"数学教育"的一部分，这既不应等同于"教育"，也不应等同于"数学"，或是两者的简单组合的专业化的必要要求。郑毓信先生认为，数学教师还应具备三项基本功：①善于举例；②善于提问；③善于比较与优化。也有学者认为，卓越数学教师包含五个模块：职业道德与人文修养、专业知识、教学能力、创新意识与研究能力、协作沟通与组织管理能力②。教师本身应该不遗余力地学习现代数学知识，掌握现代化的数学教学手段，边教学边研究，做一个既能胜任新课程教学，又能从事数学与数学教育科研的现代教师③。

数学教师职业和数学教育专业都具有特色。要成为优秀的数学教师不仅要熟练掌握相应的数学学科知识（包括初等数学、高等数学和部分现代数学的知识），而且要熟悉国家教育政策、数学课程发展、学生的身心发

---

① 郑毓信. 数学教育新论：走向专业成长［M］. 北京：人民教育出版，2011.

② 季燕萍，刘金林. 卓越数学教师培养标准的构建与实施［J］. 教育理论与实践，2013，33（29）：30－32.

③ 张建良，王名扬. "高中数学新课标"对数学教师的数学素养提出了高要求［J］. 数学教育学报，2005，14（3）：87－89.

展、数学教学方法等，并且能够根据实际的教学情况组织开展有效的教学。作为未来的优秀数学教师，要热爱数学教育，具备数学教师的专业知识和技能，并能在教学实践中展现数学的发生、发展过程，激发学生的学习兴趣，让学生体会数学的价值和魅力，应用数学解决问题，等等。

一、 数学教师职业与数学教育专业的特殊性

教师不应只是一个"工匠"，而应是一个"工艺师"，一个"设计者"。他不仅仅是一个"演员"，而且还应是一个"导演""剧作者"。这就是说，一个合格的优秀教师，除了需要一定的学科专业知识之外，还要掌握传授知识的技艺，并善于帮助学生不断地建立知识结构，完善认知结构①。数学教师不仅仅是会解题的教书匠，还是理解数学、理解教育、理解学生并且能够更好地设计数学教学的"艺术家"。

数学教师的职业既承担着传授数学知识的职责，又有教书育人的重任。这就要求数学教师不仅对于数学知识，无论是初等数学还是高等数学、现代数学都要能够理解与掌握，能对各类知识融会贯通，并能从现代数学的高视角下审视、指导中学数学的教学，而且能够将数学的文化与学生的成长发展结合，促进学生健康成长。科技和社会的发展使人们对数学教师提出了更高的要求，教师要从学生的角度讲授学生能够理解的数学，也就是通过实物、视觉、图像、符号表象进行数学思想的模型化表述，这就是数学教学的中心工作。教师对各种数学概念和过程的建构方式的表述方法上需要有丰富、深入的知识背景，以便能在选择不同的模型时理解其在数学及其促进学生认识发展上的优缺点。另外，教师也要能够对各种表象模式进行转换，促使学生能够理解数学思想的意义。在课堂教学的过程中，教师要掌握必要的教学策略和课堂组织方法：教师需要运用多元的教学方式让学生建构自己的数学知识体系，培养学生理解数学概念、提出问题、探索发现解决数学问题的能力。有效的教学模式需要师生间的合作交流，交互作用。教师通过提问、引导、猜想以及示范开展数学交流，而不是呈现完美无缺的结论。数学交流既是一种学习的方法，也是对数学教与学的一种要求，同时也是培养学生未来工作和进一步学习所需的一种素

---

① 林六十. 数学教学论 [M]. 2 版. 武汉：中国地质大学出版社，2003.

质，在形式上是师生之间、学生之间通过语言、文字或图形等方式进行关于数学知识、数学思想和数学方法的相互表述和解释过程，以及共同研究数学问题、进行数学实验等的动态过程。同时，数学教师还要掌握相应的教育技术，积累数学教学的素材和资源，这是作为数学教师的基本条件。教师在成长中要不断积累相关的数学教学知识，针对不同的教学任务选择合理的教学活动方式以更有效地进行教学。这就要求数学教师一方面要学习教育科学理论，随时吸收、借鉴新的教育观念、教育方法；另一方面要不断将这些理论知识有意识地运用于数学教学活动之中，使理论与实践相互促进、相互提高。数学教师还应具有一定的人文修养、高尚的情操，具有将数学应用于现实生活的能力，并能引导学生开展数学建模、数学探究、数学阅读等数学活动。未来的数学教师不仅是一个学科知识专家，更是一个以其广泛而全面的知识、洞察并透析社会历史发展的丰富阅历、高尚的审美情趣以及健康的人格来影响、指导学生发展的教师。进一步地说，数学教师将是一个"科研型的教育专家"。崭新的数学课程内容，必然要求数学教师不断地加强专业知识修养；全新的教育观念，必然要求数学教师不论是在职前还是在职后都应该不断汲取教育科学、心理学的营养，不断地改进教学方法，能不断反思教学中的现象与问题，探索教育教学规律，不断自我成长，成为具有渊博知识的复合型人才[1]。

数学教育不是单纯的"教育学"加"数学例子"，也不是仅仅培养学生的"逻辑思维能力"。数学教育要淡化形式注重实质，正视"数学的应用"。数学教育研究的范围比较广泛，从大家熟悉的数学解题研究到数学教育哲学，包括几十个研究方向。

二、 数学教育的基本要求

数学教育研究的范围甚广，从幼儿园学前教育到社区教育，都有值得探讨的领域。就基础教育而言，数学教育主要研究数学课程、教学与学习方法、评价等。这就对数学教育工作者提出了一些基本要求：在具备一定的数学素养的基础上更新数学教育的思想，熟悉现代数学课程，掌握数学教学方法和策略，理解学生学习数学的过程，使用现代技术服务数学教

---

① 曹一鸣，数学教学论［M］．北京：高等教育出版社，2008．

学，等等。

第一，数学教育要从数学的本质出发，不能脱离数学而只谈教育思想与方法。要把握数学的本质就要"理解数学"，也就是要了解数学概念的背景，把握概念的逻辑意义，理解内容所反映的思想方法，挖掘知识所蕴含的科学方法、理性思维过程和价值观资源，区分核心知识和非核心知识等。理解数学、把握本质就是要厘清知识的来龙去脉，要合理揭示学习之因，要深刻剖析概念内涵，要准确理解数学思想，要科学认识数学方法，要持续渗透理性精神①。

第二，掌握相关的数学教育理论。数学教育理论是一门科学，数学教学要依据数学教学的理论开展。例如，数学教学内容如何准备，教学过程如何开展，师生之间如何互动，采用什么样的教学方式，如何评价学生的数学学习，等等。教师开展教学设计，要依据科学的数学教育理论指导自己的教学实践，这样才能开展合理的数学教学。数学教师不仅要教数学，而且要更新教育观念，反映先进的教育思想和理念，关注信息化环境下的教学改革，关注学生个性化、多样化的学习和发展需求，促进人才培养模式的转变，着力发展学生的核心素养②。

第三，开展数学教育工作的基础是理解课程。不同的课程设计者对课程达到的目标和实现这些目标所具备的条件可能有不同的理解，他们对课程的认识和观点也可能有所不同，在具体设计课程的时候就会出现不同的设计方案，产生不同的课程设计形式。在数学教学中，是强调基础知识、基本技能的训练，还是重视培养学生的多种能力？是以学科知识的内容体系来表现课程内容，还是以学生的发展为线索来展开所学习的内容？是着重数学知识体系本身的科学性和严谨性，还是更重视所学的内容与社会和生活实际的密切联系③？课程理解是教师对课程的解释和表达。教师通过解释和表达把握课程意义，丰富自身精神世界，将教师视域和文本视域的对立状态转化为融合状态。教师在理解课程的过程中拓展自己的精神世界，

① 徐德同，黄金松. 关于"理解数学 把握本质"的几点思考［J］. 数学通报，2022，61（3）：37－40.

② 中华人民共和国教育部. 普通高中数学课程标准（2017年版2020年修订）［M］. 北京：人民教育出版社，2020.

③ 马云鹏. 如何理解课程与课程评价［J］. 现代中小学教育，1997（5）：18－21.

并在课程教学中实践，进入一个"理解循环"①。对于数学课程而言，教师要解释和表达数学课程意义和自身对数学的认识，这包括正确理解教材、创造性地使用教材；理解课程设计理念，分析教材，例如分析教材的编写意图、教材的结构体系、内容顺序等。

第四，数学教学要讲究方法和策略。数学的教要讲究方法和策略，学也要讲究方法科学。"教无定法"，但是针对不同的教学内容、教学对象、教学环境等，要采用相应的方法。数学教学的方法多种多样，例如讲解传授、引导发现、数学探究、研讨活动等，在教学设计中要合理采用适当的教法，这样才能有效地进行数学教学。新课程以发展学生数学学科核心素养为导向，在教学方面注重创设情境，启发学生思考，引导学生把握数学内容的本质。同样，教师也要对学生的学法进行指导，鼓励学生在研究问题中养成独立思考、自主学习的学习习惯，促进学生在开展数学活动的时候进行合作与交流，并且注重数学反思。

第五，理解学生的数学认知。学生是数学教学的主体，数学教学要从学生的认知发展水平出发，基于学生的数学基础和理解层次合理设计情境、问题、例题、习题等，提高学生数学学习的效率。学生的学习过程是学生原有认知结构中的有关知识和新学习内容相互作用形成新的认知结构的过程。数学教学要遵循学生的认知发展规律，激发学生的数学学习兴趣，引导学生主动参与数学学习活动；从具体到抽象，让学生充分感受和理解知识的发生、发展过程；面向实际，从学生原有认知结构出发组织教学活动；循序渐进，不断完善学生数学认知结构②。数学教学设计方案的实施与评价标准的维度非常多，学生的认知方式是其中最为重要的评价标准之一，依据学生的认知方式的教学设计方案才可能是有效的，才能实现数学课程目标，因此教师要充分理解学生学习数学知识时具体的心理活动③。

第六，开展合理的评价与反思。对于数学教学的评价可以从多个维度

---

① 吴南中．理解课程：MOOC教学设计的内在逻辑［J］．电化教育研究，2015，36（3）：29-33，88.

② 解正己．遵循学生认知发展规律 完善学生数学认知结构［J］．中学数学教学参考，1999（11）：12-15.

③ 杨晓霞．研究学生认知规律，提高数学教学效果：以浙教版"直角三角形全等的判定"为例［J］．数学教学通讯，2021（35）：41-42.

开展，宏观的可以从教学目标、教学方法、教学手段、教学本质、教学逻辑、教学创新等方面进行分析；微观的可以从评价课堂的引入、学生的参与、数学思维的深度和广度、例习题的设计、数学问题解决的方法策略等方向着手。在教学设计中，开展自我评价与反思，是对数学本质理解的升华，是对教育思想的再认知，是对教材使用、教学、学习方法的评估，也是对学生认知是否恰当的思考；评价与反思可以对教学设计进行修正，对教学过程、教学方法、教学效果进行深入审视与优化，合理预测教学目标实现情况、重难点的落实情况、教学整体思路的清晰度，以及学生的数学理解、参与和思维活动等。

三、 成为未来优秀的数学教师

除去数学与教育方面的一般性要求，数学教师还应具有自己的特殊技能，这就是"数学教师的三项基本功"：①善于举例；②善于提问；③善于比较与优化①。这三点对于其他学科也是成立的。要成为未来的优秀数学教师，在以上基础上，可以从下面三个方向加强。

（一） 苦练内功，融会贯通

对于数学教师而言，最重要的依然是对于数学的认知。扎实的基础和一定的数学素养是数学教师的内功修为。数学教师不仅要具备基本的数学知识，还要理解知识的产生、发展、应用等，能够把不同的数学知识联系在一起，将数学思想、数学方法融会贯通。

以高中基本的概念"集合"为例。作为一个基本概念，集合就是把人们直视的或思维中的某些确定的、容易区分的对象放在一起。集合语言是现代数学的基本语言，使用集合语言可以简洁、准确地表达数学的内容。常用的集合的表示方法有列举法、描述法。元素与集合是"属于"与"不属于"的关系。集合间的基本关系有子集、相等以及真子集。集合的基本运算有交集、并集和补集②。

如果仅仅掌握以上的知识，对于数学教学还是不够的。作为现代数学

---

① 郑毓信．从三项基本功到数学教师的专业成长［J］．中学数学月刊，2010（3）：1－4.
② 杨梅．集合思想在高中数学中的应用［J］．数学学习与研究，2016（15）：91，93.

的重要思想方法，集合是学习函数的基础，集合与函数、排列组合、概率、不等式、解析几何、立体几何等都有密切关系。只有在掌握集合、集合与相关知识的联系基础上，才能够对从基本概念到集合思想的应用"信手拈来"。

例1 已知集合 $A = \{a_1, a_2, \cdots, a_i \cdots, a_k\}$ $(k \geqslant 2)$，其中 $a_i \in \mathbb{Z}$ $(i = 1, 2, \cdots, k)$．由 A 中的元素构成两个相应的集合：

$$S = \{(a, b) | a \in A, b \in A, a + b \in A\},$$
$$T = \{(a, b) | a \in A, b \in A, a - b \in A\}.$$

其中 (a, b) 是有序数对，集合 S 和 T 中的元素个数分别为 m 和 n．若对于任意的 $a \in A$，总有 $-a \notin A$，则称集合 A 具有性质 P．

（1）检验集合 $\{0, 1, 2, 3\}$ 与 $\{-1, 2, 3\}$ 是否具有性质 P，并对其中具有性质 P 的集合写出相应的集合 S 和 T；

（2）对任一具有性质 P 的集合 A，证明

$$n \leqslant \frac{k(k-1)}{2};$$

（3）判断 m 和 n 的大小关系，并证明你的结论．

对于这个问题，如果仅仅依赖于集合的基本知识是无法解决的，更不要说给学生讲授。这个问题涉及集合的性质、排列组合、集合元素的个数等知识，蕴含着集合思想、不等式思想、分类讨论思想等；在解题中要运用逆向思维、创新思维、构造思维等，对学生的数学抽象、运算、推理等能力都有较高的要求。

解 （1）集合 $\{0, 1, 2, 3\}$ 不具有性质 P．

集合 $\{-1, 2, 3\}$ 具有性质 P．其相应的集合 S 和 T 是 $S = \{(-1, 3), (3, -1)\}$，$T = \{(2, -1), (2, 3)\}$．

（2）首先，由 A 中元素构成的有序数对 (a_i, a_j) 共有 k^2 个．

因为 $0 \notin A$，所以 $(a_i, a_i) \notin T$ $(i = 1, 2, \cdots, k)$．

又因为当 $a \in A$ 时，$-a \notin A$，所以当 $(a_i, a_j) \in T$ 时，$(a_j, a_i) \notin T$ $(i, j = 1, 2, \cdots, k)$．从而，集合 T 中元素的个数最多为 $\frac{1}{2}(k^2 - k) = \frac{k(k-1)}{2}$，即 $n \leqslant \frac{k(k-1)}{2}$．

（3）$m = n$．证明如下：

①对于 $(a, b) \in S$，根据 S 定义，$a \in A$，$b \in A$，且 $a + b \in A$，从而 $(a + b, b) \in T$.

如果 (a, b) 与 (c, d) 是 S 的不同元素，那么 $a = c$ 与 $b = d$ 中至少有一个不成立，从而 $a + b = c + d$ 与 $b = d$ 中也至少有一个不成立．故 $(a + b, b)$ 与 $(c + d, d)$ 也是 T 的不同元素．

可见，S 中元素的个数不多于 T 中元素的个数，即 $m \leq n$.

②对于 $(a, b) \in T$，根据 T 定义，$a \in A$，$b \in A$，且 $a - b \in A$，从而 $(a - b, b) \in S$. 如果 (a, b) 与 (c, d) 是 T 的不同元素，那么 $a = c$ 与 $b = d$ 中至少有一个不成立，从而 $a - b = c - d$ 与 $b = d$ 中也至少有一个不成立，故 $(a - b, b)$ 与 $(c - d, d)$ 也是 S 的不同元素．

可见，T 中元素的个数不多于 S 中元素的个数，即 $n \leq m$.

由①②可知，$m = n$.

或许，这个问题对于普通高中生来说难度过大，但是作为未来的数学教师，要在掌握相关知识的基础上把握问题的数学本质，具备较好的数学素养，体现出较高的数学思维水平，这样才能在数学教学中得心应手。

苦练数学的基本功，既包括熟练掌握初等数学知识，具备娴熟的推理、运算技能，能够运用常见的数学方法解决问题，例如数形结合、构造、划归与转化、分析与综合、反证等；同时又能从现代数学、高等数学的更高层次研究问题、分析问题，把初等数学与高等数学融会贯通。并且还要能够了解数学解题的思维过程与技巧，例如运用特殊方法探寻结果，使用一般方法全面解决问题，等等。

要成为未来的优秀教师，懂数学与用数学是基本的要求。只有具有高水平的数学素养才能在数学教学中游刃有余，才能在未来的专业发展中走得更远，看得更深，做得更好。

（二） 敢于"表现"，善于启发

教师的职业特征就是要与学生互动交流，传道授业解惑。这就要求教师能够自我表现，合理组织课堂活动，引导学生进行数学思考，启发学生解决问题。教师的"表演"是根据设计好的"剧本"进行的，但是在上课中又要懂得临场发挥、随机应变。

优秀的数学教师既能深入浅出，旁征博引，激发学生的数学学习激情，又能发现学生学习过程中存在的问题，循循善诱，启发学生独立思考，提高他们的数学能力和思维品质，让他们敢于发言、敢于表现。想要诱导、启发学生，可以从教学设计、数学语言和学生数学认知三个方面进行。

首先，数学教学设计是开展有效教学的蓝图。当前，在以数学学科核心素养为培养目标的新课程中，数学教学设计的目标达成、教学实施和教学效果都要与时俱进。因此，我们要思考，在数学新课程实施过程中，数学教学设计有哪些发展变化？数学学科核心素养对于课程、教材、教学和学生的学习都产生了哪些影响？基于学科核心素养的数学教学设计的方法和策略是怎样的？……解决了这些问题，教师的专业素养也就得到了发展，面对新的教学环境才能开展有效教学。

其次，熟练掌握数学语言，能够合理进行数学表征。数学的特征就是抽象，其符号、文字、图像等组成一个抽象的语言系统。作为数学教师，要熟练掌握这门语言，并且能够合理地进行数学表征。优秀的数学教师可以把生活或者科学情境转化为数学语言，和学生一起使用数学系统研究问题；并且能够通过生活语言直观描述抽象的数学问题，以帮助学生理解问题。

再次，熟悉学生的数学认知水平。作为优秀的数学教师，要掌握学生学习数学的方式、方法、认知特点。不同年龄的学生在数学认知方面有着不同的表现。例如，小学阶段，学生以直观、直觉思维为主；初中生的代数思维得到发展；而高中生在数学抽象、逻辑推理、代数运算等方面进一步提升。教师要了解学生的数学认知过程、不同年级学生的认知水平，从而采取适当的数学教学策略与方法。教师既要了解不同学段学生的数学认知，也要对个别学生的数学学习情况有清晰的认识，针对不同学生的情况开展有效的数学教学，促进学生的发展。

（三）勤于钻研，积累反思

数学教学不同于数学研究，但是又和数学研究类似，只不过研究的对象有所不同。数学研究是对数学系统内部或者应用进行研究，数学教学的研究对象是数学课程、学生、教学方法等。教学水平的提升一方面是经验的积累，对自己教学方法的反思；另一方面是开展教育科学研究，例如对学生学习方式的研究，对教材编写与使用的研究，对教学改革的实验研究等。业精于勤荒于嬉，要提高教学水平就要不断钻研，积累经验，反思教学。

第二节　数学课程与教学论的概念及主要价值

一、　课程与教学论

课程与教学是学校教育的核心，乃教育学的一条基本原理。

教学、体育活动、劳动、社会活动、党团活动和社团活动等，无论从时间、空间还是设施看，主要为课程与教学所占据。这是课程与教学所具有的核心地位的客观体现。

从活动目的看，教育的目的是促进学生德、智、体、美、劳等全面发展。课程与教学的直接目的也是促进学生的德、智、体、美、劳等全面发展，与教育的目的直接统一，学校的其他活动的直接目的则只是单方面的，这也决定了课程与教学处于核心地位。

课程与教学论在教育学的众多二级学科中，处于核心地位。

在"课程与教学论"中主要探讨"教学什么"和"怎样教学"两大问题。

概括起来，现代课程与教学论的主要领域有"课程与教学理论""教师与学生""课程过程""课程实施""教学方法""课程与评价"和"课程教学科目"等。

课程与教学论相关的当下热点课题主要有"课程本质""课程基础""课程设计""课程实施""课程实验""课程评价""课程发展""课程改革""教学论研究对象及其发展""教学本质""教学主客体关系""教学原则""教学方法""教学设计""教学模式""班级管理""教学艺术""教学评价""活动教学""教学实验"以及"教学理论与实践的关系"等。

"怎样教学"和"教学什么"两个问题并存，引发了人们对思维和研究究竟以哪个问题为重点的思考。现实中出现了从过去以"怎样教学"为重点到当代以"教学什么"为重点的演化趋势。

二、　课程与教学论的主要价值

（一）认识价值

课程与教学论的认识价值，主要表现为认识课程与教学现象，揭示课程与教学规律和指导课程与教学实践。

1. 认识课程与教学现象

首要价值是认识纷繁复杂的课程与教学现象。课程与教学现象，是课程研究与教学活动所表现出来的外部形态和联系，联系其外在的与易变的方面。

物质性现象，如课程计划、课程标准、课本、教学材料、教学指南、补充资料、视听教材和电子教学材料等，还有课室和实验室及其结构、教学设备及其结构和校园建筑及其结构等。

活动性现象，如课程规划、教学设计、课程实施、教师考核及课程评价等，还有课堂教学活动及其结构、实验教学活动及其结构、校内外教学见习和实习及其结构、个别教学活动及其结构等。

关系性现象，如内容选择与教育目的的关系、内容组织与文化结构及学生身心发展的关系，课程研制与课程产品的关系、教师与学生的关系、教师及教材与学生的关系、教学与文化结构的关系、教学过程与教学结果的关系以及课室环境与学生心理的关系等。

2. 揭示课程与教学规律

其根本价值是揭示课程与教学规律。课程与教学规律是课程与教学及其组成成分发展变化过程中的本质联系和必然趋势。它是内在的东西，人的感官不能触及，只有思维才能把握。

课程与教学规律作为一种客观存在，是内在的、不以人的认识和作用为转移的，对认识来说是终极性的，这个层次是存在性规律。而课程与教学研究，实际上仅仅是对这种存在性规律的一种探索而已。

人们所说的课程与教学规律，一般指的是这种探索的结果，实质上仅仅是对存在性规律的一种带有人的认识能力局限的摹写、解释和描述，并不能等同于存在性规律，只是一种探索性规律。

3. 指导课程与教学实践

课程与教学实践是课程与教学论认识的最高价值。课程与教学实践，是人们有目的地通过改造课程材料、教育设施与教学活动来提升课程研究与教学实施质量的特殊感性活动。它往往被区分为相互联系的管理、研制和应用三种类型的实践。

（二）　知识价值

1. 科学知识、哲学知识与实践知识

科学的教育学知识，以教育事实或教育现实为对象，以希望受教育者达到的人格状态（目的）与特定教育活动和教育制度（手段）之间的关系为学科主题，以科学方法论为基础，采取"因果—分析"方法取向，旨在考察教育是什么和应该做什么的问题，以达至教育的"目的—手段"关系的特殊目标。然而，科学知识只告诉我们事实是什么，而没有告诉我们应该怎样评价和应该要什么。

哲学的教育学知识，聚焦于教育应该怎样评价和应该要什么，以"分析—认识"论哲学为基础，探寻教育者美德、教育伦理、课程与教育组织规范，以达到为教育进行价值判断和确立规范的目的。

实践的教育学知识，以具体教育领域中的"技术""方法"和"组织"为学科主题，以"现象学""解释学"和"批判—解放理论"等为方法论基础，从而为教育者提供进行合理教育所需要的实践知识。

2. 个人知识、本地知识与公共知识

个人知识，指教师在开展研究时个人自身就已经具有的知识。

本地知识，指的是教师通过校本研究生成的有关教学、学习与学校教育的知识。

公共知识，影响范围更大的校本教师共同体的价值观。

3. 实践知识与课目教育学知识

实践知识就是构成教师实践行为的所有知识和洞察力，是隐含在教师行为背后的知识和信念总和。

课目教育学知识，又称为"学科教学知识"或"教学内容知识"。课目教育学知识，实质上就是教师实际教育教学能力的知识表征。课目教育学知识可以定义为，学校教育工作者通过教育与培训以及专业实践所养成或建构的，在逼真情境里教导学生有效学习、掌握具体课目内容的一类实际教育教学能力。

（三）　革新价值

课程与教学论具有的教育革新价值，主要表现为促进课程与教学创新、教育制度与政策创新以及教师教育创新等三方面。

第三节　数学课程论的研究方法

数学课程是结合数学学科的有关内容，对学生进行德智体美教育的过程和经验的综合，包括目的、内容、方法、评价等程序。广义的数学课程既包括课堂教学，也包括数学课外活动。

一、　数学课程论的研究对象

数学课程论的研究对象包括数学课程的目标、数学课程的内容、数学课程的体系、数学教材的编写、数学课程的实施与评价等。

数学课程是达到整个课程要求，实现全面发展的教学目标的一个重要方面，既要考虑智育，也要考虑德育、体育和美育；既要传授知识，也要发展智能；既包括课内，也包括课外……这就是说，数学课程论的研究对象比"教学大纲"或"教材知识"的编制和使用要广得多。

二、　数学课程论的研究意义

课程问题在任何一个教育体系中都居于中心地位、实力地位。课程是实现教育目标的手段，课程编制的好坏，决定着教育质量的高低，决定着教育目标能否完满地实现。因此，现在许多国家都把课程的研究作为教育科学研究的中心课题。重视课程的研制是当今各国教育科学研究的共同趋势。

三、　数学课程论的研究方法

（一）文献分析法

通过查阅有关的论著、文件、法规、资料，以此为素材进行分析研究的方法。运用文献分析法研究数学课程论，大致包括下列几个方面：

（1）学习研究有关数学教育和课程理论的专著，分析研究有关数学课程的论述，掌握基本原理，明确指导思想。

（2）分析教育部门制定的学校的培养目标、课程设置、现行的数学教学大纲或课程标准等方针政策和具体规定。这是编制和改革我国数学课程的基本依据。例如：

孙宏安.《义务教育数学课程标准》课程总目标的发展——二十一世纪三版课标的比较［J］.中学数学教学参考，2023（26）：2-6.

汪杨，徐文彬，潘禹辰."义务教育数学课程标准"比较研究的回顾与展望［J］.数学教育学报，2024，33（2）：90-97.

康玥媛.中国、美国、澳大利亚数学课程标准的国际比较与借鉴［J］.教育科学研究，2019（9）：91-95.

（3）历史分析和研究国内外数学课程的发展，分析各次重大课程改革的起源、过程、特点、理论依据、结果及其经验教训，从中总结数学课程发展的规律，提取（抽象）数学课程编制的原理，把握数学课程发展的主要趋向。例如：

梅磊.改革开放四十年来高中数学课程教材的演变［J］.数学通讯，2019（4）：7-9，38.

史宁中，吕世虎，李淑文.改革开放四十年来中国中学数学课程发展的历程及特点分析［J］.数学教育学报，2021，30（1）：1-11.

（4）分析研究当代各国有关数学课程的规定（如教学大纲、课程标准）和有代表性的数学课本，比较异同，分析利弊，总结规律，借鉴吸收。一方面，也像数学课程的历史发展一样，各国的数学课程给我们提供了大量素材，在此基础上可以发现数学课程发展的规律和主要趋向，从中可以总结、提炼出数学课程编制的一般原理；另一方面，各个时期各国、各地区的数学课程往往从不同的侧面提供各种各样的做法和经验教训，可供我国数学课程研究借鉴。当然，应该看到，各个时期各国、各地区有着各自不同的具体情况，不同的社会生产水平、教育制度、文化背景以及教学条件，而数学课程的发展与这些密切相关。正如英国数学教育家豪森所说："类似英国的中学数学方案（SMP）的教材不会在法国出现，法国方式的改革不可能在荷兰发生，而荷兰 IOWO（数学教育发展学会）的方法也无法照搬到美国。"因此，我们在进行比较研究的时候，不能盲目照搬，而应根据本国本地区的实际情况吸收借鉴对我国数学课程设计与改革有益的经验。例如：

鲁小莉．中学数学课程发展的九条主线——美国 Usiskin 教授在泰国 APEC 会议上的报告［J］．数学教学，2010（9）：19－22.

闫国瑞．试析荷兰"现实数学教育"理念的课程实现［J］．比较教育研究，2018，40（11）：81－90.

（二）调查观察法

根据社会调查和统计，决定社会生产和生活的需要，从而确定数学课程的目标和内容。可通过调查了解教师、学生以及家长的态度，观察学生的学习态度、学习方法和学习效果，吸收各方面的意见进行课程内容的安排，以及了解教材编写的具体问题。同时，通过调查观察也可以了解数学教师在使用和处理数学教材中的成功经验，为教材改革提供丰富的思路源泉。调查观察法包括访问、抽样、统计及分析，多数情况下常采用问卷法。例如：

刘鹏飞，史宁中，孔凡哲．义务教育数学课程学段划分实证研究——基于部分省市中小学教师的问卷调查［J］．上海教育科研，2014（2）：64－67.

李涵．高中数学教师对新课程适应性的调查研究——以山东省某市一所高中为个案［J］．数学教育学报，2012，21（2）：36－40.

杨慧娟，刘云，孟梦．高中数学新教科书中"拓展性课程资源"使用情况调查研究［J］．数学教育学报，2013，22（5）：69－72.

（三）实验法

根据一定的理论研究和实验总结，提出一种假设，设计出一定的数学课程和教材（可以是整门课程，也可以是部分章节），在一定的学校、班级试行（通常应有可供比较对照的学校、班级），经过一段时间的实施，取得各种数据（例如，学习该教材前后学生的测验成绩等），经过科学的处理、分析比较，检验所观察的课程设计或教材的效果，得出肯定或否定的结论，同时也可获得进一步修改完善的方案。例如：

杨慧，韩龙淑，王文静．基于 GGB 的高中数学课程可视化教学研究［J］．教学与管理，2023（28）：33－36.

彭爱辉．"双减"背景下 GX 实验对高质量数学课堂教学发展的启示［J］．教学与管理，2023（36）：88－92.

四、 课程制订过程的演变

课程在不同阶段的演变：从印刷（编写课程），到教师计划教学（计划课程），到实际基于课堂教学任务的课程实施。在编写和计划阶段，教师把他们先前的理解、信念和目标加入到编写课程中，在此阶段，他们把课程转变为一种可以在课堂中有效呈现的形式。在实施阶段，教师和学生互相影响，使课程有了"生命"，在此阶段可以创造出书本和教师计划中没有的东西。

然而，所有的阶段和学生的学习都有关系，在开始阶段课堂中发生的活动将直接影响学生对数学的体验，以及他们学到的知识。我们在实施课程和学生学习之间做了一个箭头，表示在编写和计划课程之间转换，表明实施课程将影响教师未来对课程的编写，如图 1－1 所示。

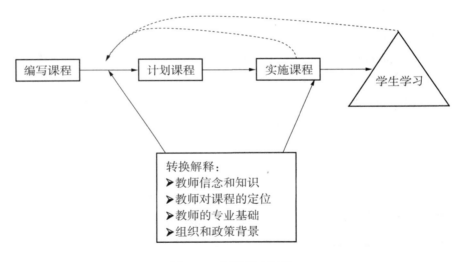

图 1－1　课程演变过程

五、 关于课程资源

大部分数学教师以课程教材作为数学教学的基本工具。如果教材中没有某个专题，例如在老教材中的矩阵，教师绝对不会教。如果没有实质性的内容，不仅教师不会教，学生也不会去学习。这就是说，确定数学的教学主题，这是课程最基本、最重要的问题。

对此人们也有一些争议。有的人认为，教材呈现的内容不能保证是学生一定要学的内容，当真正的学习发生的时候，教材必须为学生提供其倾向于学习的方法和技能。许多教材开发者对教材如何呈现和反映学生学习数学的发展理论等作出了决定，这导致了很多问题，其中我们认为"内容如何呈现"（正如我们反对的内容是什么）的问题是重要的，因为其涉及不同的教育方法和为学生提供不同的学习机会。

最后，一些课程的教材瞄准从提高教师的学习的角度来提高学生学习。如果我们相信学生学习是课本、学生和教师的互相影响，那么学生的学习必然被教师对教材的理解和教材表现形式所影响。

下面我们逐个讨论这些问题：教材内容包括什么，内容如何呈现，内容呈现的顺序与方式，如何平衡，如何组织。

1. 教学内容

内容分析一般选择将课程内容和课程标准进行比较。在我国，一般和大纲比较，现在是和标准比较。在美国也类似，比较标准、大纲或者其他国家的课程标准。

例如，美国的 2061 计划设置了一些基准，美国 NCTM （national council of teachers of mathematics 全国数学教师理事会）在 1989 年出版了《美国学校数学教育标准与原则》。基于这些标准，他们声称，可以处理每个中学生需要的数学概念和技能。

根据这个标准，美国编写了 13 套教材。有学者这样评论：多数中学课本基于标准，但是只有最好的教材才搞清了分数的意义。例如，通过学生测量、构建模型、使用分数线、比较分数从而使学生完全理解分数。大多数教材以几何的形式表示公式或者法则，但是即使最好的教材也忽略了几何和生活实际相联系的思想。例如桥中使用的三角形结构，地区和城市公园之间的关系。很少教材能够做好图表或者曲线表示的量与量之间的关系，而只是简单地关注线性的图表。最好的教材中内容包括了学生进行自行车旅行的数据收集，通过表格和图示，学生可以获得第一手和概念相关的经验，例如时间和距离，通过这些基础知识，他们可以理解变量和方程。

美国教育部 1999 年对数学课程作了一个评述。2004 年美国国家研究委员会制定了评价课程的 8 个问题：

（1）课程项目对于学习目标是否有挑战性，是否清晰，是否合适？

（2）内容是否符合学习目标？

（3）对于预期的学生来说，是否正确适当？

（4）对于预期学生群体来说，教学设计是否有吸引力，是否可以激发他们学习？

（5）评价系统是否合适，是否为引导教师教学决策而设计？

（6）在各种教育背景下，是否能够成功执行？

（7）学习目标是否能够反映数学国家标准的促进现象？

（8）是否处理了重要的个人和社会需要？这个课程项目是否对学生学习进行了重要的区分？

这些建议表明，决策者必须首先根据学生的学习来限定他们重视的是什么，然后选择相应的教材。

2. 内容如何呈现

上面我们分析了各种课程包括什么内容，现在我们分析内容如何呈现，也就是教育倾向。如果你相信学习数学的最好方法是通过学生活动探索进行知识构建，那么你将选择一种标准；如果你认为数学要通过直接的讲授训练技能，那么你可能有另一种不同的标准。

课程的形式将会对教师如何使用教材有着潜移默化的影响，同时也就影响了学生的数学学习。所以课程的呈现要考虑学生原有的知识，要有相关的评价和建议，要适合不同层次的学生以及小组活动，要适合鼓励学生对想法进行讨论。在此，我们比较两种不同的设计课程的理念：一种是传统的数学课程理念，另一种就是基于课程标准的设计理念。

课程的大致特征：大多数基于标准的课程和传统的课程都涉及学生学习的概念、技能、问题解决和有效的过程等，但是它们在呈现这些基本的元素上有着不同，主要包括顺序和方式、各种元素的平衡、组织形式。

3. 呈现顺序和方式

传统课程倾向于对要学习的内容进行直接解释，同时遵循严格的先后顺序以及知识的积累，在学生没有掌握低层次技能之前不会让他们进行高层次的思维、推理和问题解决，要求学生在应用知识前要先掌握定义和标准的计算过程。

相反，基于标准的教材很少向学生解释学习的概念，取而代之的是让他们自己参与到设计好的任务中，体验概念。学生根据他们自己的推理和思维进行探索活动，学习新的概念，这是学习的重要方面。当学生探索了概念的基本特征，课程和教师帮助学生去应用定义、标准的分类和过程来深化概念的理解。

例如课程关于"平均数"概念的阐述。传统的课程将首先提供一个明确的平均数的定义，然后演示寻找一组数字的平均值的传统算法（取数字的总和，并用总和除以加数的数量）。在几组数字上练习了这个过程之后，学生们将被要求在现实问题的背景下找到平均值来应用他们所学到的知识。相比之下，基于标准的课程不会从平均数的明确定义开始，而是让学生沉浸在一个要求他们体验平均是什么的任务中。当学生们努力完成这项任务时，他们将通过"均衡"的任务来理解平均的概念，从而认识平均的作用。即，它平衡了给定数据的极端情况，这种认识决定了哪种数量统计方法可能最有效地代表一组数据。学生只有在探索了数学平均值的这些定性的、概念性的特征之后，才能了解计算平均值的常规程序。在这两种方法中，知识理论和学生如何学习的理论是完全不同的。

4. 平衡

课程资源的不同之处还在于它们在许多元素之间的平衡，主要是：

A. 数学概念和过程。

B. 计算器支持和不使用计算器。

C. 各种表征之间的平衡：数据、运算、表格、图形、方程等。

这种特殊的平衡反映了开发者对学生如何学习数学的理念。关于概念和过程之间的平衡，传统的教材在程序上更注重实践，而基于标准的课程材料则更侧重于概念的发展和问题的解决。

最主要的不同是课程开发者的哲学观不同，也就是对学生如何学习数学的理念不同。

5. 组织方式

传统的课程是以单元和章节进行，不同年龄段适合学习不同的内容。内容被确定为适合每个特定年级低水平的主题，许多课程也被组织成一个"螺旋"，这意味着特定的主题在一组年级中不断地被介绍和重新介绍，每次学生遇到这些主题时，它们的复杂程度都会增加。课程组织者不希望学生在第一次介绍这些主题时就掌握它，而是希望随着时间的推移，随着学生对主题的重新审视，逐渐加深理解并最终掌握它。螺旋课程和其他紧密排序的课程称为整体课程。在整体课程中，知识和技能紧密地编织在课程的结构中（也就是说，它们不容易被分离出来），并且必须在多年中按照特定的顺序进行教学。整体课程材料可以与模块化方法形成对比。在模块化方法中，部分可以分离，甚至可以重新组合成新的、不同的配置，而对实现课程目标的整体有效性几乎没有损失。许多基于标准的课程材料都是模块化的，每个模块都被设计成一个大的代表性想法或整合概念的主题。

第二章　数学课程与教学基础

　　所谓课程与教学的基础，是指影响课程与教学目标、课程与教学内容、课程与教学实施、课程与教学评价的一些基本领域。考察课程与教学的基础，实际上是要确定课程与教学的外部界线，确定与课程最相关的和最有效的信息来源，也就是说，要确定课程与教学的基础学科有哪些。例如：

　　美国课程专家泰勒认为，课程目标的来源是对学生的研究、对当代社会生活的研究以及学科专家的意见。

　　美国学者坦纳夫妇与塞勒等人主张，一种有效的课程的基础是：社会、学生、知识。

　　英国学者劳顿等和澳大利亚学者史密斯与洛瓦特则明确指出，课程的基础学科包括心理学、社会学和哲学。

　　英国学者泰勒和理查兹认为，课程理论必须考虑学科内容、学生、教师和环境。以及把这些要素组合在一起的关系，相应地就要探讨哲学认识论、心理学和社会学。

　　我国台湾学者黄炳煌认为，课程理论的基础为心理学、社会学、哲学和知识的结构。但他同时也承认，"知识之结构与哲学领域中的认识论有密不可分的关系，把两者并在一起讨论，在理论上亦无不可"。

　　施良方把心理学、社会学和哲学作为课程的基础或基础学科，这是大家比较公认的。

第一节　科学和数学基础

一、数学科学发展的要求

数学课程与数学科学有着密切的联系，数学科学的发展对数学课程有着直接的影响。

数学科学的发展大致可分为四个基本时期：数学的萌芽时期、常量数学时期、变量数学时期和近现代数学时期。

数学的萌芽时期，以实际材料的积累为特征，尽管已积累了关于数、量、图形等一定的理论材料和经验结果，但数学还没有成为一门系统的演绎科学。数学教学的主要任务不是理解法则，而是死记法则。

公元前 7 世纪到公元 17 世纪，为常量数学时期。古希腊出现了欧几里得的《原本》，印度、中国、阿拉伯创建了初等代数和三角学，此后又在欧洲得到进一步的发展。可以说传统的初等数学课程的内容是这一时期的产物，它几乎统治了数学科学史 2000 多年，在现今的中小学数学课程中仍占有极其重要的地位。

笛卡儿（1596—1650 年）的变数是数学中的转折点。17 世纪开始了变量数学时期，建立解析几何、引进函数概念、创立微积分、产生和发展了概率论……这些经典的高等数学成了当时大学数学基础课程的内容。这也促进了中学数学课程的改革。19 世纪末 20 世纪初的近代化运动就曾主张"以函数为纲"，将解析几何和微积分的初步知识放入中学课程。

19 世纪以来，随着非欧几何的产生，抽象代数、泛函分析等新分支开始建立。康托（1845—1918 年）创立了集合论，布尔巴基学派在法国形成，数学的观念发生根本的变化，数学的发展进入近现代数学时期。近现代数学以集合论为基础，研究数学结构，广泛应用公理化方法。"新数"运动试图用"结构化、公理化、代数化"改革中学数学课程，显然是受到近现代数学的很大影响。

20 世纪后半期，高速电子计算机的发明大大地推动数学应用领域的扩充，人们发现"数理逻辑"的重要作用，产生了信息论、控制论、算法论、编码理论等新的数学分支，有限数学蓬勃发展，计算数学几乎重新建立，许多经典的数学分支开始用另外的观点去研究。所有这些开始对中学数学课程的改革产生重大的影响，并且必将继续产生深远的影响。

二、 数学科学的发展对数学课程的影响和制约

具体可概括为两个方面：

（1）中学数学课程的内容，取自数学科学各个分支的片段。传统的代

数、几何等初等数学的基本知识，迫于其实用性和基础性，仍是中学数学课程的主要内容。当然，由于数学科学的发展，同时数学观念也发生了变化，我们需要充实一些新的内容，这部分内容需要精选，要删去或者削弱一些用处不大、次要的、烦琐的内容。同时，中学数学也必须包括古典高等数学（如微积分、解析几何、概率统计等）和近现代数学（如集合论初步、电子计算机初步等）的一部分内容。

（2）随着数学的发展，产生和发展了数学思想和数学方法。重视对近现代数学思想方法的学习，同时对于数学课程的内容，即使是传统的初等数学内容，也可以而且应该用高等数学或近现代数学的思想、方法、语言来看待、处理、表述，从而更新数学课程的体系和方法，使处理更加简洁，理解更加深刻。

强调数系的通性通法，渗透代数结构的思想。克莱因在爱尔朗根纲领（1872 年）中提出了用变换（群）的观点看待几何，一些极大、极小问题的处理随着微积分引入中学数学，可以采用数学分析方法来替代初等方法，等等，都具体反映了这一要求。

苏联数学教育家斯托利亚尔用图 2 - 1提出现代初等数学的概念。图中揭示了现代的初等数学和数学科学之间的关系，阴影部分表示应当经过精选后作为现代的中学数学课程内容的数学科学的初步基础；箭头则表示应该用古典高等数学和现代数学的思想和方法来看待和处理传统的初等数学问题。

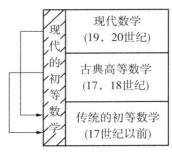

图 2 - 1

作为教学科目的数学课程与作为科学的数学是有区别的。数学课程要受到现代数学的影响，但并不等于在中学教现代数学。正如斯托利亚尔所说的："数学教育现代化首先的意思是教学的思想接近于现代数学，即把中学数学教学建立在现代数学的思想基础上，并且使用现代数学的方法和语言（当然，在适当的初等水平上）。"

三、　科学技术进步的要求

数学课程的每一次重大改革，无论是 20 世纪初的数学教育近代化运动，还是 20 世纪中期的数学教育现代化运动，都在一定程度上受到科学技术进步的影响。

科学技术的发展改变了人们对数学知识的需求，必然要影响和制约数学课程的内容和要求。例如，早先对数表和计算尺曾经是工程技术人员的重要计算工具，如今由于电子计算机与计算器的出现，对数计算也就完全不需要人工计算了。当然，"对数"的概念由于其在数学理论体系中的作用而仍然保留在数学课程中。

各门科学的数学化是现代科学的特点之一。计算技术蓬勃发展，电子计算机在生产、经济、管理以至日常生活等各个领域中被广泛应用，数学方法已经渗入到各门科学之中，地质学、生物遗传密码生态学、经济学等都需要数学方法。

算法语言、离散数学初步、运用统计初步等已成为现代公民所必需的知识。面对信息社会的要求，需要新的数学观念以有效地处理信息，如统计思想、概率思想、估计思想、数量级的思想和理解，构成预报或程序的基础的设想。对特殊技巧，特别是对算术技巧的要求正在减弱，更普遍化的数学概念和思想的要求正在增强。数学课程不仅仅是传播数学基础知识，而且要培养学生的数学思维，提高学生"数学化"的能力。

科学技术进步制约数学课程的又一重要方面是现代化教学手段的使用。电视机、录像机、电脑、AI 技术等的逐步广泛使用必将使数学课程的内容、方法有新的发展。

科学技术的每一次大的进步都会引起人们对哲学思想和教育观念的改变，从而对学校教育的培养目标和数学课程的设置目的提出新的要求，促进了新的课程流派的产生，推动学校课程包括数学课程的改革。

第二节　哲学基础

数学课程与教学的基本问题，是人的问题、知识的问题和价值的问题等。哲学则是关于这些问题的人类智慧结晶。因而，课程与教学的理论探究与改革实践，一直以来都以哲学为基础。

任何一种教育思想，任何一种课程理论，都有其特定的哲学基础，都受到一定的哲学思想的支配和影响。例如，唯心主义主张"生而知之"。

这不仅是 2500 年前我国孔子的思想，也是 18 世纪德国哲学家康德（1724—1804 年）的思想。康德的先验论就主张人的知识是先天就有的，是先于经验而存在的。

一、　西方课程与教学的哲学基础

哲学一直是课程与教学的中心议题。教育哲学影响着甚至在更大程度上决定着人们的教育价值观、教育决策、选择和转化行为。

哲学一词"philosophy"来自希腊语的"philo"（热爱）和"sophos"（智慧），原意为热爱智慧和追求知识。

西方哲学主要有三个分支，即形而上学、认识论和价值论。由于在不同的哲学领域对不同的问题存在不同的看法，于是形成了形形色色的哲学流派。

西方在教育领域影响较大的哲学流派有很多，主要有观念论、实在论、实用主义和存在主义。前两者属于传统哲学，而后两者属于现代哲学。

西方哲学几乎每个流派都有很丰富的教育思想，形成了多姿多彩的课程与教学理念。

西方人几乎言必称"哲学"，所以哲学在课程与教学领域有着显著的作用。"哲学在过去已经走进了有关课程和教学的每一个重大决策，而且将来仍然是每一个重大决策的依据。"这样的决策者，既包括课程编制者，更包括千千万万的校长和教师。这样的决策，也就是课程与教学实践决策。

因此，哲学是指导课程与教学实践的原则。

西方各种教育哲学基本都源自观念论、实在论、实用主义和存在主义等。西方公认的四种教育哲学是"永恒主义、要素主义、进步主义和改造主义，其中每一种都源于四种主要哲学传统的一种或多种"。

永恒主义是最古老而保守的教育哲学，充分吸收了实在论的原理，追求永恒的人性、普遍的真理和宝贵的社会价值，突出永恒学科。它不仅在很早以前风光过，甚至 20 世纪在美国仍不时响起永恒主义令人震惊的声音，包括"派底亚宣言""重返自由艺术"等。现代永恒主义者的特殊策略是教给学生科学推理，而不是事实。他们可能会用最原始的著名实验来阐明这些推理。这使科学对学生具有了人文意义，并在活动中展示这些推理。最重要的是，展示真正科学的不确定性和错误的步骤。

尽管看起来要素主义与永恒主义有相似之处，但永恒主义首先是关注个人的发展，而要素主义首先关注的是要素的技能。要素主义课程更多地倾向于职业性，以事实为基础，而较少以自由主义的原理为基础。两种哲学都是以教师为中心，反对以学生为中心的教育哲学如教育进步主义。

要素主义是在20世纪30年代与进步主义相对而生的，根植在观念论和实在论里。要素主义主张课程必须注重基础和要素，并与永恒主义一样强调教学必须使学生掌握必要的技能、事实和构成学科的内容。

席卷美国的"优质教育""返回基础课程"以及"重内容轻过程"等运动，均打着要素主义的旗帜。

要素主义教育者强调以学科为中心和学习的系统性，主张应恢复各门学科在教育过程中的地位，严格按照逻辑系统编写教材。他们还认为一些科目对学生心灵的训练具有特殊价值，如拉丁语、代数和几何，应作为中等学校的共同必修科目。要素主义者一般很重视智力的陶冶，认为蕴藏在儿童身上的智力和道德力量的资源不应当被浪费，主张提高智力标准，教育的目标应该是发展人的智慧力量。

由于特别强调系统的学习和智力的陶冶，要素主义者主张在教育过程中起主导作用的是教师，教师应属于教育体系的中心，并充分发挥教师的权威作用；如果学生对要素的学习不感兴趣，应该强制他们学习。他们认为在教育过程中，不能把学生的自由当作手段，而应当作为过程的目的和结果。

第二次世界大战后，特别是1957年苏联人造卫星发射成功以后，由于要素主义教育重视系统知识的传授，适应美国科学技术革新和扩充实力的需要，受到美国统治阶级的支持，成为"当代美国占统治地位的教育哲学"。其中教育家A. E. 贝斯特、J. B. 科南特、H. G. 里科弗等是这一时期的主要代表人物。贝斯特于1956年组织了美国基础教育观点委员会，主张中小学应设置更多的基础课程；真正的教育是智慧的训练，中学毕业生必须具有坚实的智慧、基础知识和更高的技术和能力。

科南特在A. 卡内基财团的支持下，对美国的教育政策、学校制度和课程设置提出了一系列的改革建议。他主张凡中学生都应当学习各门科学的"基本核心"的东西，包括英语、社会研究、美国历史、数学和自然科学。

进步主义是在批判和反对永恒主义的过程中诞生的，直接来自实用主义哲学。进步主义假设学校是一个微型民主社会，学生在其中必须学习和实践民主生活所必需的技能、手段和经验。学习技能和手段包括各种解决问题和科学探究的方法，学习经验包括协作行为和自律，它们对民主生活来说是非常重要的。

通过几乎贯穿美国整个 20 世纪的"进步教育""适切课程""人本主义课程"以及"激进学校改革"等运动，进步主义哲学已经成了美国学校教育及其课程与教学的"幽灵"。

杜威是进步主义教育运动的精神领袖。他的理论在很大程度上影响了进步主义教育思潮，对现代教育思想作出了巨大贡献。在杜威学校实验的基础上，杜威结合生物学、进化论、机能主义心理学、实用主义等思想，站在对传统哲学批判改造的基础上提出了新的经验探究概念的教育思想。杜威认为，教育的本质是经验的不断改造和重组，因此教育即生长，教育即生活，学校即社会，教育没有外在的目的。

改造主义虽然也源自实用主义，但与存在主义的认识与教学观有着千丝万缕的联系，因而反对进步主义过于注重以儿童为中心。改造主义具有培养国际主义者的教育目的，努力提倡国际课程，强调学生需要形成全球意识，掌握理解"世界体系"的工具，具有"国际主义者"的胸怀。

有一批学者开辟了并维护着概念重建主义立场，努力推动人们实现从专心开发创设课程转向努力理解把握课程。还有人努力推动社会平等观念在学校教育及其课程与教学中的广泛渗透，发起了持久的"教育机会均等"运动，不断推进学校种族歧视的消除，推进补偿教育、多元文化教育、特殊教育、更加有效的学校教育以及平权行动等的开展。

在美国，永恒主义和要素主义一般被归类为传统教育哲学，而进步主义和改造主义则相对地被归类为当代教育哲学，它们有着不同甚至对立的观点。在社会与教育的关系上，前者主张"社会取向"，而后者主张"个人取向"；在知识和学习方面，前者突出"内容为本"，而后者则主张"师生合作"；在教学特征上，前者强调教学的统一性，而后者则倡导教学的多样性；在教育目的和方案上，前者追求卓越，而后者则关怀大众需要。

二、 中国课程与教学的哲学基础

哲学的"哲"源自"知"和"词"，乃"意内而言外也"；"学"即"学问"和"学科"。

哲学指一种专门的学问和学科，它探究的对象是通过使用语言描述事物外在特征来揭示事物内在活生生而决定生死存亡的东西的过程与结果。

中国哲学丰富而多样，历史上至少有先秦的"诸子之学"、魏晋的"玄学"、宋明清的"道学""理学""义理之学"以及现当代的"中国式马克思主义哲学及毛泽东哲学"等。

中国哲学博大精深，包括的基本领域有"本体论、人生论、价值论、认识论和方法论"，另外还有20世纪后半叶以来意识形态化了的"中国式马克思主义哲学"。

中国数千年的文明史积累了丰富的教育哲学思想，它们已经得到了初步清理和展示。

20世纪80年代以来，我国的教育哲学开始进入了创生不同流派的时期。

总览我国当代教育领域，几种影响越来越大的教育哲学流派，诸如教学认识论、"生命－实践"教育学、科学人文主义教育以及"超越"教育学等，已经孕育萌生并初具雏形。

（一）教学认识论

教学认识论假定人类认识存在一种特殊认识，这就是"教学认识"。

教学认识论主张教学认识客体以课程教材为基本形态，学生是教学认识主体，教师是教学认识的领导，教学认识的基本方式为"掌握"并有多种模式，教学认识的检验标准主要是考试，教学认识的机制是建构学生主体活动，教学认识乃是科学认识与艺术认识的统一，教学认识是师生之间的交往活动等。

（二）"生命－实践"教育学

"生命－实践"教育学，是在批判并尝试突破"教学认识论"的过程中孕育而生的。

"教学认识论"在区别教学与其他认识活动的同时忽视了它们之间的联系，"特殊认识活动论"不能反映班课教学的全部本质，却"把丰富复杂、变动不定的课堂教学过程简括为特殊的认识活动，把它从整体的生命活动中抽象、隔离出来"。

超越"教学认识论"，必须重新理解和建构教育。

教育的基础是整体的人的生命。在人性假设与知识观转换背景里，唯有教育这一人类社会的实践才是以直接影响人的发展为宗旨的，所以研究教育问题的教育学，内含着"实践"的品质。因而教育学不仅是"生命"的学问，也不仅是"实践"的学问，而是以"生命－实践"为"家园"和"基石"的学问。

（三）科学人文主义教育

科学人文主义教育在现代中国科学地飞速发展与应用，使科学主义登堂入室；而人本主义的批判，则为寻找寄靠的本土"人文传统"所簇拥而大行其道。在教育哲学领域，基于科学主义的"教学认识论"同立足于人本主义的"生命－实践"教育学一直处于"对峙与摩擦"状态，于是科学人文主义教育应运而生。

在科学人文主义教育观看来，教育活动既具有客观、必然与普遍等科学性，又具有主观、价值、难以重复和复杂等人文性，所以教育必须既采用科学方式又采用人文方式。

（四）"超越"教育学

教育及其研究采取科学方式和人文方式，往往相互割裂而各执一端。这种状况引发人们对教育本性的深入思考与探究。

教育并不仅仅是一种适应活动，它作为以人自身为对象的有目的的实践活动，本质上是一种超越活动，既是"对人的自然属性的超越"，又是"对人的现实规定性的超越"。

"超越"教育学尽管具有中国传统教育哲学的"道德主体"思想底蕴，并且已经建构起"超越"道德教育哲学和"超越"审美教育哲学，但是要实现"教育哲学观从适应论到超越论的根本转变，并由此出发建构从教育目的、过程、课程到方法的系统体系，并为教育学的一些分支学科如德育论、教学论建构学科的理论框架，则还有待作出大量的理论研究与实践探索"。

哲学基础的研究与发展对课程与教学研究有着至关重要的作用。根据实际需要和发展趋势、哲学基础的研究与发展，应当突出关注课程与教学哲学流派、学校课程与教学哲学以及中国课程与教学哲学思想等课题，并积极探寻、批判和建构新的教育哲学思想。

几乎每一种课程与教学哲学流派都会提出关于制订目标、组织内容、选择方法和评价效果等的看法。只有深入系统地对课程与教学哲学流派进行研究，才能探明各种流派对课程与教学的真实看法，才能明辨各种看法的优劣，也才能吸取富有生命力的理论观点来指导课程与教学的实践，而不至于对各种流派的理论"浅尝辄止"甚至"以讹传讹"。

第三节　教育学基础

教育发展对数学课程与教学有着直接的制约作用。主要表现在以下两个方面：

（1）教育科学理论的制约。数学课程的每一次重大变革、数学课程处理的每一种方法，都是以一定的教育科学理论为基础的，是伴随着新的课程理论的产生而建立、发展的。正如豪森所说："（数学课程）变革的压力也可能来自教育体制内部，由教育研究、教育新理论或某些先驱者的开拓性工作引起。例如皮亚杰的工作使教育工作者重新考虑了早期学校教育中某些课程的目的，而布卢姆及其合作者的工作则对人们处理许多教育问题的方式产生了很大的影响。"

（2）教育方针的制约。教育方针反映了一个国家的办学宗旨，特别是它所提出的培养目标的要求，直接制约了数学课程的设置目的和内容。

例如古希腊、罗马以来的传统课程，是以宗教教育为核心的，在培养圣职人员这一宗教目标下，作为世俗学科的"七艺"内容变得极其狭窄，远离了世俗生活。数学课程主要是作为启迪思维的工具，其内容则是脱离生产，脱离实际的。

第四节　心理学基础

学校教育的主要职能之一是要促进学生个体的发展。因此，课程工作者必须对个体的发展以及学习过程的本质有所了解。不顾学生特征而编制的课程，其效果可想而知，必然很差。所以，心理学历来对学校课程具有重大影响，心理学的原理及研究成果常常被用作各种课程抉择的依据。

杜威在《儿童与课程》一书中有过形象的描述："心理的考虑也许会遭到忽视或被推到一边，但它们不可能被排除出去。把它们从门里赶出去，它们又会从窗户爬进来。"

我们在对心理学与学校课程之间关系的历史考察的基础上，剖析了现代心理学流派对学校课程所具有的密切联系，以图揭示心理学对课程理论与实践的影响。

数学课程与教学的直接服务对象是学生。学生是通过数学课程获取数学知识、培养数学能力的，因此学生（儿童）的身心发展也是直接影响和制约数学课程的一个重要因素。

一、　心理学与课程的历史概观

在教育史上，亚里士多德最早把心理学引入对教育的讨论，最早设想按照儿童年龄特征来划分教育的阶段，并依次设置相应的课程。他的教育方案分为四个阶段：

第一阶段，从出生到六岁，是体格发育阶段，由家长训练。

第二阶段，七岁到青少年期，学体操、音乐、读、写、算的基本知识，由国家控制。

第三阶段，青少年期到十七岁，不仅学音乐和数学，而且修习文法、文学、地理学。

第四阶段，高等教育为青年中极少数优秀者实施，发展百科全书式的广泛兴趣，包括生物科学、物理科学、伦理学、修辞学和哲学。

对学校课程影响较大的是亚里士多德对各种心理官能的分析。

亚里士多德认为，灵魂是生命之本源。灵魂不仅赋予有机体以生命，而且使有机体潜在的特征得以展现。灵魂作为一种能动的本源，有着潜能或官能，它们以各种方式活动。

亚里士多德描述了灵魂的三个组成部分：

（1）表现在营养和繁殖上的植物灵魂。

（2）超越各种植物的特性而表现在感觉和愿望上的动物的灵魂。

（3）超越各种动植物的特性而表现在思维或认识上的理性的灵魂。

这三部分灵魂顺应三方面的教育：

（1）植物的灵魂——体育。

（2）动物的灵魂——德育。

（3）理性的灵魂——智育。

虽说他主张身体、德行和智慧得到和谐发展，但教育的最终目的在于发展灵魂的最高方面——理性官能的发展。对于具有高尚灵魂的人来说，只知寻求效用和功利是极不合适的。

在亚里士多德以后的许多世纪里，从官能的角度来描述心灵或灵魂非常流行。直到文艺复兴以及此后的年代里，官能心理学还是一种最为人们所接受的学说。按照这种学说，自然会得出这样的结论：学习寓于这些官能的操练之中。官能的操练是智慧的来源，因而是头等重要的。学习内容本身并不重要，官能的发展高于一切。知识的价值在于作为训练官能的材料。

形成于 17 世纪而盛行于 18 和 19 世纪的形式训练说，就是以官能心理学为基础的。形式训练说的代表人物之一洛克在《理解能力指导散论》中对此作了较为系统的阐述。他认为："我们天生就有几乎能做任何事情的诸多能力……但这些能力只有经过锻炼才能给予我们做任何事情的能力和技巧，并把我们引向完美。"人的官能犹如身体一样，可以通过操练而得到改进。"教育的事情，并不是要使青年人精通任何一门学科，而是要打开他们的心智，装备他们的心智，使他们有能力学会这门学科。"在洛克看来，没有什么学科比数学更有利于培养推理官能的了，因为数学是在心灵中养成严密推理习惯的一种途径，所以学习数学对学生有无限的好处。洛克的思想对后来学校课程设置有相当大的影响。设置课程不是为了这些学科本身的价值，而在于这些学科对心智的训练价值。例如，学校开设拉丁语和希腊语并不是为了掌握这两种语言，而是由于这两种语言特别难学，以此来锻炼学生的记忆官能。如果学生能够充分利用自己的官能，那么对学习所有知识都是极为有利的。

德国学者赫尔巴特是教育史上最早真正试图把教育建立在心理学基础上的人，尽管他那时的心理学也还处在"前科学"时期。赫尔巴特断然否定心灵具有与生俱来的官能，他认为心灵原本空无所有，心灵的发展是由与环境接触而获得的观念构成的。在他看来，旧的心理学用官能来解释一切，而新的心理学须以观念的运动来解释一切。心理学的研究对象是观念及其相互关系。由个别观念构成观念体系的过程，赫尔巴特称之为"统觉"。所谓统觉过程，也就是把分散的观念联合成一个整体的过程，也就是用已有观念去解释和融化新观念的过程。

赫尔巴特的"观念联合"说对当时占统治地位的官能心理学提出了挑战。首先，教育的目的不在于训练官能，而是要提供适当的观念（或者说知识）来"充实心智"。其次，官能心理学只注重课程的训练作用，而观念联合论重视课程的选择和内容的扩充。赫尔巴特根据儿童多方面的兴趣来决定课程内容。他认为重要的不是个别知识，而是知识的整体。兴趣之所以重要，是因为它能使新旧观念联合起来。最后，观念联合说尤其注重教材的排列和教学的步骤。赫尔巴特认为，旧的观念一经组织成为心灵的一部分，便会对新观念的接受产生制约作用。新观念必须与旧观念相联合才能使新旧观念相类化。因此教材的排列和教学的程序必须遵循这一原则。

官能心理学与观念联合论以及建立在这两种心理学基础上的形式训练说与实质教育论，曾在学校课程史上产生重大影响。但这些学说毕竟处于"前科学"阶段，还缺乏科学的依据，因而引起了各种争议。其中，杜威在《民主主义与教育》一书中的批判是中肯的。杜威认为，一方面，形式训练说所设想的各种天赋官能纯粹是一种玄想，事实上根本就不存在这类现成的官能等待训练。再者，离开具体的内容奢谈一般能力的训练是荒唐的。另一方面，赫尔巴特以为心是由课程内容构成的，因而教材的序列对心的形成有重大影响。这忽视了学生的能动作用。所以，杜威既批判"教育就是从内部将潜在能力展开"，也反对"教育就是从外部进行塑造工作"，他认为"教育是经验的连续不断的改组和改造"。不过，杜威对"经验"的解释，与其说是心理学的论点，不如说是一种哲学主张。

形式训练说实际上是一种经典的学习迁移的学说。它的渊源来自古希腊罗马，纵贯两千多年，在学校课程演进中起了一定的作用。随着科学技术和工业的发展，重视课程内容本身及其实用价值的实质教育有了一定的基础，从而形成了形式训练说与实质教育论的两军对峙局面。不过，相比之下，形式训练说在学校中仍占上风。真正敲响形式训练说丧钟的是教育心理学鼻祖桑代克的两项实验。1924年，桑代克对8500名中学生的学业成绩与智商分数之间的迁移问题作了深入的调查。三年以后，他又与同事一起对另外5000名学生重复进行了这一实验。桑代克设想：如果某些学科在"发展心智"方面优于其他学科的话，那么这一事实必然会反映在一般心理能力的测试上。然而实验结果表明，因某些学科而引起的理智能力的提高极为有限。学习传统学科（如拉丁语、几何、英语和历史等）的学生，并没有比那些原来智商相同、选修实用学科（如簿记、家政等）的学生在理智能力上有更大的提高。因而，期望通过某些学科来训练心智的希望破灭了。根据桑代克的观点，选择哪些课程，应该根据这些课程可能会产生的某些特殊训练，而不存在哪一门学科在一般能力迁移方面更为优越的问题。这一观点与当代行为主义心理学的主张基本上是吻合的。

尽管形式训练说与实质教育论早已成为过去，但在当今教育理论中仍可觉察到其痕迹，甚至在课程实践中还能看到其影响。例如，至今还有人认为，存在着一些具有强健心智功能的"硬学科"。在他们看来，现在学校的课程已变得太软弱，他们以一些选修"硬学科"的好学生为例，说明这些学科确实有益于培养学生的心智。对此，也有人挖苦道："这些人所认为的'硬课程'并没有增强他们自己的推理能力，以致他们没有看到，这类硬课程并没有造就好学生，只不过是把能力较差的学生排斥在外罢了。"看来，这场争论还会继续下去。

二、 当代心理学流派与学校课程

（一）行为主义与课程

行为主义将学习等同于可观察业绩的形式或频率所发生的变化。在一个具体的环境刺激呈现之后，能够表现出一个恰当的反应，学习就算是发生了。例如，在数学小卡片上呈现一个等式"$2+4=?$"，如果学习者回答是"6"，那么学习就发生了。在这里，等式是刺激，而适当的回答是反应。关键的因素是刺激、反应以及两者之间的联系。人们所需要考虑的是如何在刺激和反应之间形成联系，并使之得到强化与维持。行为主义非常看重业绩的后果并坚持认为得到强化的反应在未来发生的可能性很大。行为主义不在乎学习者的知识结构或者评估哪一种心理过程对学习者运用知识来说是必不可少的。学习者被看成是对环境中的条件作出反应的人，而不需要在发现环境中担负起积极主动的责任。

行为主义可以说是 20 世纪上半叶对西方学校课程影响最大的心理学流派。这主要表现在以下几个方面：

（1）在课程与教学方面强调行为目标。

（2）在课程内容方面强调由简至繁累积而成。

（3）强调基本技能的训练。

（4）主张采用各种教学媒介进行个别教学。

（5）提倡教学设计或系统设计的模式。

（6）主张开发各种教学技术。

（7）赞同教学绩效、成本－效应分析和目标管理等做法。

在我们看来，20 世纪六七十年代对课程与教学影响较大的教育目标分类学，与行为主义心理学的基本假设是相一致的。例如，布卢姆等的目标分类学有两个基本特征：第一，要用学生外显的行为来陈述目标。布卢姆认为，制定目标是为了便于客观地评价，而不是为了表达理想的愿望。事实上，只有具体的、外显的行为目标才是可以客观测量的。其公式是："目标＝行为＝评价技术＝测验问题"。第二，目标是有层次结构的。各目标不是孤立的，而是由简单到复杂按秩序排列的，前一目标是后一目标的基础，因而目标具有连续性、累积性。在目标分类学中，属于 A 式的行为构成一类，属于 AB 式的行为又构成较复杂的一类，属于 ABC 式的行为则构成了更复杂的一类。这里，我们可以清楚地看到行为主义的基本假设。复杂行为是由简单行为累积而成的。我们可以把任何复杂的课程内容分解成细小的单位，明确每一单位的基本目标，然后按照逻辑顺序加以排列，运用强化的手段使学生一步一步地掌握整个教学内容。

然而，行为主义心理学过分依赖于对实验室学习的分析结果，把人类学习过程描述得过于简单、机械，以为只需把课程内容分解成小的单元，然后按逻辑加以排列，再通过指定的步骤便能使学生达到课程目标。而且，行为主义者所崇尚的"课程目标应该用行为的方式予以界定"的观点，现在已受到越来越多人的怀疑。诚如课程专家塔巴所说："行为主义在受限制的实验情境里获得的比较'科学的'观察结果，不能用来理解或指导性质复杂的学习，如认知过程的发展或态度的形成等。"

（二）认知心理学与课程

20世纪50年代后期，学习理论开始从行为模式转向依赖于认知科学的理论与模式。心理学家和教育工作者开始不再强调外显的、可观察的行为，取而代之的是突出更复杂的认知过程，如思维、问题解决、语言、概念形成和信息加工。在10年左右的时间里，教学设计领域的众多学者都开始抛弃传统的教学设计观，转而热衷于从认知科学得出的信息观。不管是将它看成是公开的革命还是渐进的演变，人们一般都承认认知理论已经走到了当前学习理论的前台。这种从行为定向（强调通过操纵刺激材料促进学习者的外显业绩）转到认知定向（强调促进心理过程）已经带来了一个相似的转变，即从通过一个教学系统操纵呈现材料的程序向引导学习者认知加工及与教学系统互动转变。

认知心理学家感兴趣的不是行为发生的频率，而是学生的思维过程和思维方式。例如，布鲁纳认为，思维方式是各门学科所使用的方法的基础。"对一门学科来说，没有什么比它如何思考问题的方法更为重要的事情。"鉴于每一个学生都有其观察世界的独特方式，所以"给任何特定年龄的儿童教某门学科，其任务就是按照这个年龄儿童观察事物的方式去阐述那门学科的结构。"这样做的一个前提是：任何观念都能够用学龄儿童的思维方式正确地、有效地阐述出来。布鲁纳对此坚信不疑，并由此得出了一个影响最大的也是最有争议的论点："任何学科的基本原理都可以用某种形式教给任何年龄的任何人。"当然，"按照反映知识领域基础结构的方式来设计课程，需要对那个领域有极其根本的理解。没有最干练的学者和科学家的积极参与，这一任务是不可能完成的"。

让学生从一开始就学习各门学科的基本结构和基本概念，必然会主张螺旋式的课程，即"反复地回到这些基本观念上去，以这些观念为基础，直到学生掌握了与这些观念相适应的完全形式的体系为止"。这里，关键在于学科呈现的方式应该同学生的思维方式相符合，使这些基本观念在以后的学习中不断扩展、扩展、再扩展。

布鲁纳的观点促使人们去思考最佳的学科结构的问题。学科结构的思想一度被广泛用于课程设计，并把这种课程作为培养训练有素的未来科学家的途径。这种课程在实践中也碰到一些问题。正如布鲁纳等所描述的，许多课程在设计时是这样，但在实施时常常会失去最初的样子，陷于不大成样子的局面。造成这种局面的原因将在其他章节分析。

如果说认知学派在课程设计中存在着关注学科的知识结构或关注学生的认知结构这两种倾向的话，那么布鲁纳倾向于前者，而奥苏贝尔则倾向于后者。

奥苏贝尔认为，在设计课程时，最重要的是要时刻记住："影响学习的最重要的因素是学生已知的内容，然后据此进行相应的教学安排。"只有当学生把课程内容与他们自己的认知结构联系起来时，才会发生有意义的学习。所以，课程内容对学生具有潜在意义，即课程内容是能够与学生已有的知识结构联系起来的，这是有意义学习的先决条件。奥苏贝尔用"同化"作为有意义学习的心理机制：学生能否习得新信息，主要取决于他们认知结构中已有的有关观念，以便把新知识"挂靠"（用他的话说，是"抛锚"）在这些有关的观念上；有意义的学习是在新信息与这些有关观念的相互作用下发生的；这种相互作用的结果导致了新旧知识的意义的同化。

为了使课程设计符合同化理论，一个重要的任务便是对每一门学科的各种概念加以鉴别，按照其包摄性、概括性程度组织成有层次的、相互关联的系统。先呈现最一般的、包摄性最广的概念，然后逐渐呈现越来越具体的概念，目的是使前面学到的知识可以成为后面学习的知识的固定点，以便产生新旧知识的同化。这就是所谓的"逐渐分化"原理。其依据是：①学生从已知的包摄性较广的整体知识中掌握分化的部分，比从已知的分化部分中掌握具体的知识要容易些；②学生认知结构中对各门学科内容组织，是依次按包摄性水平组成的。

但是，有时学科内容与学生已有的知识相矛盾，难以同化；或有时课程内容无法按纵向的形式组织，这时便需要采用"整合协调"的原则，通过整合协调使学生对自己认知结构中已有要素重新加以组合。通过分析、比较、综合，使学生清晰地意识到有关概念的异同，清除可能引起的混乱。

奥苏贝尔批评一些课程编制者往往不注意这两条原则，只求教材编写自成体系，不考虑与学生已有知识之间的联系。这样做即便符合教材的逻辑，却违背了学生认知的规律。新的知识成了与学生已有知识无关联的、孤立的东西。其结果是学生只能通过过度学习以求通过考试，而其中的意义从一开始便丧失殆尽了。

尽管布鲁纳与奥苏贝尔都从认知心理的角度，对课程如何设计以促进学生有意义的学习提出了很好的设想和建议，但是他们各自关注的思维方式有所不同，布鲁纳强调归纳法，奥苏贝尔注重演绎法，因此根据他们的课程设计原理会得出两种完全不同的课程教材体系。

此外，这些年来，认知加工理论对课程设计的影响也不容小视。首先，从认知信息加工的角度来看，课程内容主要由概念、命题和结构等组成，并由课程工作者设计而成。但几乎可以肯定，任何课程内容在实施过程中都会发生变化，因为教师和学生都是根据各自长时记忆中已有信息来加工课程内容的。其次，课程内容必须按照一定的结构来呈现，使前后呈现的内容有某种逻辑的联系，否则新的信息不可能与学生长时记忆中的有关信息建立有机联系，虽说学生通过反复操练也可以学会，但孤立的信息很容易被遗忘，或很难用来解决问题。最后，短时记忆加工信息的容量是有限的。当呈现的课程内容超过这个容量时，学生就得通过额外加工来恢复短时记忆中的信息，即不断采用复述的办法，从而会限制学生使用其他信息加工形式（如信息编码），导致学习受挫。

另外，近年来信息加工理论研究表明，儿童在感觉登记的性质和操作、最初加工信息的速度、选择性注意的能力、信息编码的策略等方面，都与成年人有所不同。这又迫使课程工作者进一步去考虑皮亚杰的儿童认知发展阶段的问题：什么样的课程内容最适合特定年龄阶段的学生？

（三）建构主义和课程

建构主义是认知主义的进一步发展。它认为，知识既不是客观的，也不是主观的，而是个体在与环境相互作用的过程中逐渐建构的结果。相应地，认识既不起源于主体，也不起源于客体，而是起源于主客体之间的相互作用。通常，个体在遇到新的刺激时，总是试图用原有的认知结构去同化它，以求达到暂时的平衡；同化不成功时，个体则采取顺应的方法，即通过调节原有认知结构或新建认知结构来得到新的平衡。同化与顺应之间的平衡，就是认识上的适应，也就是人类智慧的实质所在。平衡过程调节个体与环境之间的相互作用，从而引起认知结构的一种新建构。

建构主义也译作结构主义，其最早提出者可追溯至瑞士的皮亚杰。皮亚杰是认知发展领域最有影响的一位心理学家，他所创立的关于儿童认知发展的学派被人们称为日内瓦学派。皮亚杰的理论充满唯物辩证法，他坚持从内因和外因相互作用的观点来研究儿童的认知发展。他认为，儿童是在与周围环境相互作用的过程中，逐步建构起关于外部世界的知识，从而使自身认知结构得到发展。儿童与环境的相互作用涉及两个基本过程："同化"与"顺应"。同化是指个体把外部环境中的有关信息吸收进来并结合到自身已有的认知结构（也称"图式"）中，即个体把外界刺激所提供的信息整合到自己原有认知结构内的过程；顺应是指外部环境发生变化，而原来认知结构无法同化新环境提供的信息时，儿童认知结构发生重组与改造的过程，即个体的认知结构因外部刺激的影响而发生改变的过程。可见，同化是认知结构数量的扩充（图式扩充），而顺应则是认知结构性质的改变（图式改变）。认知个体（儿童）就是通过同化与顺应这两种形式来达到与周围环境的平衡：当儿童能用现有图式去同化新信息时，他处于一种平衡的认知状态；而当现有图式不能同化新信息时，平衡即被破坏，而修改或创造新图式（即顺应）的过程就是寻找新的平衡的过程。儿童的认知结构就是通过同化与顺应过程逐步建构起来，并在"平衡——不平衡——新的平衡"的循环中得到不断的丰富、提高和发展的。这就是皮亚杰关于建构主义的基本观点。在皮亚杰的上述理论的基础上，科尔伯格在认知结构的性质与认知结构的发展条件等方面作了进一步的研究。斯腾伯格和卡茨等则强调了个体的主动性在建构认知结构过程中的关键作用，并对认知过程中如何发挥个体的主动性作了认真的探索。维果斯基创立的"文化历史发展理论"则强调认知过程中学习者所处社会文化历史背景的作用，在此基础上以维果斯基为首的维列鲁学派深入地研究了"活动"和"社会交往"在人的高级心理机能发展中的重要作用。所有这些研究都使建构主义理论得到进一步的丰富和完善，为实际应用于教学过程创造了条件。

第五节　文化及历史基础

数学课程的目标、内容、体系服从于办学宗旨、教学方针、培养目标。这完全取决于社会的需要。中华人民共和国成立以来数学课程的五次重大变革，可以说是反映了相应的几个重要时期（建国初期、"大跃进"

时期、经济恢复时期、"文革"时期、新时期）的社会政治特征。国外课程理论主要流派的产生、数学课程重大改革运动的出现，也往往受到社会政治的影响。例如20世纪50年代苏联"卫星上天""美苏争霸"成为一场数学课程现代化运动的导火线。再如，20世纪60年代的越南战争，导致美国国内反战情绪高涨，加上其他种种社会矛盾，引起人们对社会问题的关心，从而产生了以直接面向、解决社会问题为重点的问题中心课程论。

学校课程属于观念形态的文化，要受到文化传统的影响。同时，"数学是人类文明、人类文化的一个重要组成部分""作为人类理性活动集大成的数学，作为文化的一个有机组成部分的数学，其生命力、特征和实质都深深地植根于人类文明、文化之中，对人类文化有着深刻的影响""可惜，我们长期以来不仅没有认识到数学的文化教育功能，甚至不理解数学是一种文化，更无视数学在当代文明、文化中的作用。这种状况在相当程度上影响数学研究和数学教学"。

一般来说，任何一个国家、任何一个民族的优秀文化传统，应该在它的课程中有所反映。我国数学有许多优秀的传统和光辉的成就，如勾股定理、祖暅原理、圆周率、杨辉三角等，是激励学生民族自尊心，进行爱国主义教育的好教材。

国际数学教育委员会在1986年科威特会议文件《九十年代的中小学数学》中指出，讨论的要旨是"鼓励课程编制的多样化，要求数学课程的编制对本国的文化和就业模式给予更多的注意"。

"社会文化对数学教育影响的典型例子是东亚考试文化圈中的数学教育。"我国从唐代开始实行封建科举取士，"考试文化"成为我国传统文化的组成部分，并且传播到了东亚各国。时至今日，凡是使用过汉字的国家或地区，包括日本、韩国、新加坡以及我国的台湾、香港地区，几乎都有严格的升学考试制度。目前，由于我国的经济实力不够，只有少数人能升入高等学校学习，就业渠道也不畅，通过高考选拔人才以体现"公平竞争"似乎是不得已而为之的必要手段。同时，考试也确实对数学课程提出了在双基上的严格要求，起着一定的促进作用。然而，这种考试文化有着严重的弊端，面对新时期所要求的课程改革表现得更为明显。它以考试为目标，以分数作为刺激学习的动力，教学内容受到考试的束缚，不考的不教，只重视解题，不注意理论联系实际，忽视基本的数学思想方法。教学方法大搞"题海战术"，死套题型，"猜题押题"，学生负担过重，学习枯燥无味。这不利于培养学生的创造能力，不利于学生生动活泼地、主动地学习，也不利于学生德、智、体全面发展。它严重影响了数学教学质量的提高，也束缚了数学课程的改革步伐。此情况已引起广大数学教育工作者、学生、家长以及教育行政部门的关注。除了应积极转变教育思想，变"应试教育"为"素质教育"外，改革考试制度与方法已成为数学课程和数学教学研究的重要课题之一。

第六节　社会生产基础

社会生产的需要，是科学技术发展的强大动力，也是课程与教学选择和接受科技成果的主要准则，它制约着课程与教学发展的速度和方向。

数学课程与教学是为了适应社会生产的需要而设立的。随着社会生产的发展，数学课程与教学的地位与作用发生了深刻的变化，数学课程与教学的内容不断地更新，要求不断地提高。

在古代，生产力不发达，生产水平低下，社会对数学的需要极为有限。例如，在古代的巴比伦、埃及和中国，数学仅仅限于一些简单的测量和计数。在古希腊罗马时代，只是把数学作为训练思维的工具，数学课程处在极其次要的地位。

社会生产力在不断发展，特别是 18 世纪 60 年代后，经历了多次产业革命，人类社会的生产从蒸汽时代进入电力时代，又从电力时代进入核能时代。今天，随着电子计算机的广泛应用，人们进入了电子时代，人类社会从工业社会进入了信息社会。

当前，数学应用领域愈来愈广，各行各业都需要数学。在新的历史时期，数学课程对于我国的社会主义现代化建设具有十分重要的作用，一定的数学知识成为现代社会每个公民必要的文化素养。

同时，为了适应现代生产的需要，数学课程的内容和体系必须作相应的调整和改变。

有些传统内容可以适当删减、削弱；同时，应适当增加一些近代和现代数学的初步知识，如算法、概率统计、微积分以及优选法、统筹法、正交试验法、向量、矩阵、空间解析几何的初步知识。

第三章　数学课程与教学理论

第一节　数学课程的概念

在不同的背景中，课程有着不同的意义。在此我们将讨论课程的概念、定义以及其在不同场合下的应用。我们也将探讨课程资源或者教科书的结构，明确我们所说的"课程"的界定。

一、课程的多种意义

在很多情况下，课程被认为是教学和学习的内容，也就是教的和学的"什么"（what），也就是区别于"如何"（how）教。那些研究课程的专家时常分析课堂中有计划的教学内容和没有计划的内容；但是在教育决策者眼里，课程时常指落实的政策文件或者纲要中的教育期望。当前，许多的数学教育研究者和实践者使用的课程是指教师教学设计中使用的课程资源，例如"基于标准的课程"。

然而，关于教学和课程的研究发现，作为教育资源的课程和课堂中师生使用的课程有着本质的不同。课程理论家使用许多术语来区分指导性课程和课堂教学中的课程。例如，正式的或者规划的课程是指由学校政策或者教材设计的目标和活动。在课程大纲或者标准中的目标，如教材中的具体内容和范围，也指的是正式的，有时候指的是基本的或者计划课程。实施课程指的是课堂中实际操作的课程。为了明确实施课程对学生的影响，研究者使用"经验的课程"或者"获得课程"等术语。

二、 课程的定义

在我国，"课程"一词始见于唐宋期间。唐朝孔颖达为《诗经·小雅·小弁（读音"变"）》中"奕奕寝庙，君子作之"句作疏："维护课程，必君子监之，乃依法制。"但他用这个词的含义与我们现在通常所说的课程的意思相去甚远。宋代朱熹在《朱子全书·论学》中多次提及课程，如"宽着期限，紧着课程""小立课程，大作工夫"等。虽说他只是提及课程，并没有明确界定，但意思还是清楚的，即指功课及其进程。这与我们现在许多人对课程的理解基本相似。

有学者认为，我国古代的"课程"实际上是"学程"，只有教学内容的规范，没有教法的规定。而近代"课程"则与"教程"相近，注重的是教学的范围与进程，而且这种范围与进程的规定又是按照学科的逻辑体系展开的。此外，任何一门学科又都从属于学科系列，而这种学科系列又是由学校教育的性质决定的。在这种情况下，学校课程只能是"教程"。鉴于目前课程过于"教程"化，其缺陷越来越明显，未来课程将向"学程"转化。事实上，在西方英语国家里也有类似的情况。

在西方，课程（curriculum）一词最早出现在英国教育家斯宾塞的《什么知识最有价值?》（1859 年）一文中。它是从拉丁语"currere"一词派生出来的，意为"跑道"（race-course）。根据这个词源，最常见的课程定义是"学习的进程"（course of study），简称学程。这一解释在各种英文字典中很普遍，无论是英国牛津字典，还是美国韦伯字典，甚至一些教育专业字典，如《国际教育字典》，都是这样解释的。课程既可以指一门学程，又可以指学校提供的所有学程。这与我国一些教育辞书上对课程的狭义和广义的解释基本上是吻合的。

然而，在当代课程文献中，这种界说受到越来越多的不满和批评，甚至对课程一词的拉丁文词源也有不同的看法。因为"currere"的名词形式意为"跑道"，重点是在"道"上，这样，为不同类型的学生设计不同的轨道成了顺理成章的事情，从而引出了一种传统的课程体系；而"currere"动词形式是指"奔跑"，重点是在"跑"上，这样，着眼点会放在个体对自己经验的认识上。由于每个人都是根据自己以往的经验来认识事物的，因此每个人的认识都有其独特性。课程是一个人对自己经验的重新认识。这样就会得出一种完全不同的课程理论和实践。

可见，甚至连选择课程的不同词根也反映了两种不同的课程思想，从而导致不同的课程实践。

三、 几种典型的课程定义

目前已有的课程定义繁多，几乎每个课程工作者都有自己的理解。事实上，对各种课程定义的辨析，会有助于我们对课程的理解。若把各种课程定义加以归类，大致上可分为以下六种类型：

（一） 课程即教学科目

把课程等同于所教的科目，在历史上由来已久。我国古代的课程有礼、乐、射、御、书、数六艺。欧洲中世纪初的课程有文法、修辞、辩证法、算术、几何、音乐、天文学七艺。事实上，西方的学校是在七艺的基础上增加其他学科，逐渐建立起现代学校课程体系的。最早采用英文"课程"一词的斯宾塞，也是从指导人类活动的各门学科的角度来探讨其知识的价值和训练的价值的。目前我国的《辞海》《中国大百科全书》以及众多教育学教材也认为，课程即学科，或者指学生学习的全部学科——广义的课程；或者指某一门学科——狭义的课程。这一定义影响之大，只要让几位教育工作者描述一下何谓课程便可略见一斑了。

这种定义的实质是强调学校向学生传授学科的知识体系，是一种典型的"教程"。然而，只关注教学科目，往往容易忽视学生的心智发展、情感陶冶、创造性表现、个性培养以及师生互动等对学生成长有重大影响的维度。其实，学校为学生提供的学习范围远远超出了正式列入课程的学科。现在我国各地的课程改革已把活动和社会实践列入正式课程。这说明把课程等同于教学科目是片面的。

（二） 课程即有计划的教学活动

这一定义把教学的范围、序列和进程，甚至把教学方法和教学设计，即把所有有计划的教学活动都组合在一起，以图对课程有一个较全面的看法。例如，我国有学者认为："课程是指一定学科有目的的有计划的教学进程。这个进程有量、质方面的要求，它也泛指各级各类学校某级学生所应学习的学科总和及其进程和安排。"相对说来,这个定义考虑得比较周全。

但是,这一定义本身也存在疑义。首先,何谓"有计划"?人们对此的理解会有很大差别。例如,有人认为这是指计划的书面文件,诸如课程计划(教学计划)、课程标准(教学大纲)、教科书、教学参考书、练习册,以及教师备课的教案。但有人通过对教师的教学活动作了仔细观察后认为,许多教学活动是基于非书面计划的东西来安排的。当过教师的人都知道,计划的东西比书面计划的范围要广得多。但如果把非书面的计划也包括在内,那么课程的定义似乎也太泛了。其次,把有计划的教学活动安排作为课程的主要特征,往往会把重点放在可观察到的教学活动上,而不是放在学生实际的体验上。例如,把检查教师是否落实了某些教学活动作为评价的依据,这会导致本末倒置,即把活动本身作为目的,从而忽视这些活动为之服务的目的。事实上,我们应该注意的是教学活动对学生学习过程和个性品质的影响,而不是教学活动本身。

(三) 课程即预期的学习结果

这一定义在北美课程理论中较为普遍。一些学者认为,课程不应该指向活动,而应该直接关注预期的学习结果或目标,即要把重点从手段转向目的。这要求课程事先制定一套有结构、有序列的学习目标,所有教学活动都是为达到这些目标服务的。在西方课程理论中相当盛行的课程行为目标,便是一个典型的例子。

然而研究表明,预期会发生的事情与实际发生的事情之间总是存在着差异。在课程实际中,预期的学习目标是由课程决策者制定的,教师作为课程实施者只能根据自己的理解来组织课堂教学活动。课程目标的制定与实施过程在客观上是分离的,两者不可能完全一致。因此有人提出,目标制定与目标实施之间的差距应该成为课程研究的基本焦点。

另外,把焦点放在预期的学习结果上,容易忽略非预期的学习结果。而研究表明,师生互动的性质、学校文化等隐性课程,对学生的成长有很大的影响。最后,即便从表面上看学生都达到了预期的学习结果,但这种结果对不同学生来说可能意味着不同的东西。

（四） 课程即学习经验

把课程定义为学习经验，是试图把握学生实际学到些什么。经验是学生在对所从事的学习活动的思考中形成的。课程是指学生体验到的意义，而不是要学生再现的事实或要学生演示的行为。虽说经验要通过活动才能获得，但活动本身并不是关键所在，因为每个学生都是独特的学习者，他们从同一活动中获得的经验都各不相同。所以，学生的学习取决于他自己做了些什么，而不是教师做了些什么。也就是说，唯有学习经验才是学生实际认识到的或学习到的课程。目前，一些西方人本主义课程论者也趋向于这种观点。这种课程定义的核心，是把课程的重点从教材转向个人。

从理论上讲，把课程定义为学生个人的经验似乎很有吸引力，但在实践中很难实行。在实际教学情境中，一个教师如何同时满足四五十个学生个人独特的学习要求？如何为每一个学生制订合适的课程计划？各级各类学校是否还要制定相对统一的标准？此外，即便从理论上讲，这种课程定义也过于宽泛，把学生的个人经验都包容进来，以致对课程的研究无从入手。

（五） 课程即社会文化的再生产

在一些人看来，任何社会文化的课程，实际上都是（而且也应该是）这种社会文化的反映。学校教育的职责是再生产对下一代有用的知识、技能。政府有关部门根据国家需要来规定所教的内容，专业教育工作者的任务是要考虑如何把它们转化成可以传递给学生的课程。这种定义所依据的基本假设是：个体是社会的产物，教育就是要使个体社会化。课程应该反映各种社会需要，以使学生能够适应社会。可见，这种课程定义的实质在于使学生顺应现存的社会结构，从而把课程的重点从教材、学生转向社会。

一些人认为课程应该不加批判地再生产社会文化，实际上是以这一观念为前提的：社会现状已达到完满状态了，即认为社会文化的变革已不再需要了。然而，现实的社会文化远非这些人所想象的那样合理。英美一些学者在指出了他们社会中存在的大量偏见、不公正现象后认为，倘若教育者以为课程毋需关注社会文化的变革，那就会使现存的偏见和不公正永久化。

（六）课程即社会改造

一些激进的教育家认为，课程不是要使学生适应或顺从社会文化，而是要帮助学生摆脱现存社会制度的束缚。因此有人提出"学校要敢于建立一种新的社会秩序"的口号。他们认为，课程的重点应该放在当代社会的问题、社会的主要弊端、学生关心的社会现象等方面，要让学生通过社会参与形成从事社会规划和社会行动的能力。学校的课程应该帮助学生摆脱对外部强加给他们的世界观的盲目依从，使学生具有批判意识。

然而，正如一些批评者所指出的，剥削与压迫是美国阶级结构的基本特征，不可能因学校的小修小补而得到改观。以为学校课程能起到指导社会变革的作用，那也未免太天真了。在我们看来，最重要的是，在不同的社会制度里，对社会改造的理解有本质的区别。

上述各种课程定义，从不同的角度或多或少都涉及课程的某些本质，但也都存在明显的缺陷。

第二节　数学教学的概念及历史沿革

一、"教学"的词源

在英语里，教学概念涉及了 teaching、learning 和 instructing / instruction 三词，teach（教）和 learn（学）两词同源，系派生自中古英语 lernen。而 lernen 一词源自盎格鲁撒克逊语的 leornian，词干为 lar，词根为 lore。lore 的原意为 learning 或 teaching，现在则指所教内容，特别是指传统事实与信念。instructing/instruction 源于拉丁语动词 instruere，词根为 struct，原意为建设，在后期拉丁语中其意延伸为教学。instruere 的过去分词为 instructus，衍生出法语 instruction 一词，并为今天英文所借用。因此，instruction / instructing 的词源意义是建设，进而引申为传授知识，即教学。

对 teaching 与 instructing 的释义一直存在分歧。在西方，instructing 往往指特定技能的训练，意义接近 training。而 teaching 则是指知识的传递和能力的培养。有学者认为，teaching 的范围很广，除了包括 instructing 含义外，还有训练、灌输和条件作用。所有 instructing 都可称为 teaching，反之则不然。instructing 应该是最标准的 teaching。

另外有学者持相反观点，认为 instructing 包含 teaching，后者仅仅是前者六个组成部分中的一个要素，即班课行为和相互作用。不过，许多人都认为这两个词可以相互代替，是同义的。

在我国，"教学"涉及"教""学"与"教学"三个词。

"敎（学）"，"学""教"，在造字之初就包含了教师的教和学生的学，本为一字，后来分为二字。

《说文解字》："教，上所施，下所效也。从攴、从季。""攴，小击也。普木切。""季，放也。从子。""子，十一月易气动，万物滋。"

徐错系传："攴，所执以教道人也……言……以言教之。"

"教"字，教学依据、教学内容与对象、教学方式、教学手段全包括在里面，是一幅生动的教学场景。

《礼记·学记》："学然后知不足，教然后知困。知不足，然后能自反也；知困，然后能自强也。故曰教学相长也。""建国君民，教学为先。"

至宋代，欧阳修《胡先生墓表》云："先生之徒最盛……其教学之法最备。"

教与学不可分割的思想依然存在并得到发扬。这样，双音词"教学"的含义，一指教育，如《礼记·学记》所云；二指教师教学生读书、学习的"教"的活动，这种活动是"上所施，下所效"的双边活动，既能觉人，也能觉己。

"教学"的含义较早出现在《战国策》中。《战国策·秦五》云："王使子诵。子曰：'少弃捐在外，尝无师傅所教学，不习于诵。'王罢之，乃留止。"这里的"教学"，就是指师傅教徒弟习诵之事。汉末曹魏以后，"教学"一词开始大量出现在文献中，从而流播于世。

二、 数学教学法

我国数学教学历史悠久。据记载，中国周代典章制度的《礼记·内则》就有明确的要求："六年教之数与方名……九年教之数日，十年出就外傅，居宿于外，学书计。"

《周礼·地官》："保氏掌谏王恶，而养国子以道，乃教之六艺，一曰五礼；二曰六乐；三曰五射；四曰五驭；五曰六书；六曰九数。"

《汉书》："八岁入小学，学六甲、五方、书计之事。"

尽管自周代以来，历代史书多有关于数学教育的记载，然而正规的数学教育制度的确立和数学专门人才的培养却是从隋代才开始，而且规模很小，效果并不好，稍有名望的数学家、天文学家，如刘焯、刘炫、刘佑、王孝通、李淳风、一行、边冈等，都不是经过正规的官学（数学）教育培养出来的。

我国民间的数学教育起到了一定的作用，主要以师徒相传、民间书院中的数学教育、明代的商业数学等形式存在。

如北宋数学家贾宪是楚衍的学生，南宋数学家秦九韶"尝从隐君子受数学"，元初数学家王恂、郭守敬都是刘秉忠的学生。民间书院中的数学教育有李冶封龙山书院、朱世杰扬州书院。

清同治元年（1862），我国开始兴办学堂，创办京师同文馆。中国古代的数学教育作为官方教育的一个组成部分，完备于隋唐，式微于明清，其目的主要是培养管理型和技术型人才。

在西方，公元前3世纪，柏拉图就在雅典建立学派，创办学园。他非常重视数学，强调数学在训练智力方面的作用，主张通过几何的学习培养逻辑思维能力，因为几何能给人以强烈的直观印象，将抽象的逻辑规律体现在具体的图形之中。

柏拉图学院培养出不少数学家，如欧多克索斯就曾求学于柏拉图，他创立了比例论，是欧几里得的先驱。

柏拉图的学生亚里士多德也是古代的大哲学家，是形式逻辑的奠基者。他的逻辑思想在日后为几何学于严密的逻辑体系之中开辟了道路。

在数学教育发展的历史进程中，相当一段时间内主要是由数学家在从事数学研究的同时兼教数学。

这主要是因为学数学的人并不多，没有（也没有必要）形成专职数学教师队伍，自然就不需要对数学教育（学）进行系统的研究。

数学教师除了需要掌握数学知识，还要懂得教学法才能胜任数学教育工作。这一点直到19世纪末才被人们充分认识到。

"会数学不一定会教数学""数学教师是有别于数学家的另一种职业"这样的观念开始逐渐被认同。最早提出把数学教育过程从教育过程中分离出来，作为一门独立的科学加以研究的是瑞士教育家别斯塔洛齐。

1911 年，哥廷根大学的鲁道夫·席马克成为第一个数学教育博士。其导师便是赫赫有名的德国著名几何学家、数学教育学家 F. 克莱因。

有关数学教育、教学方面的课程逐渐在大学数学系（学院）开设。有些国家专门成立了数学教育系，有些设在教育学院，有些则设在数学学院。

我国最早的关于数学教育的学科称为"数学教授法"。在清末，京师大学堂里开始设有"算学教授法"课程。1897 年，清朝天津海关道盛宣怀创办南洋公学，内设师范院，也开"教授法"课。之后，一些师范院校便相继开设了各科教授法。1917 年北京大学就有专门研究数学教授法的学者胡睿济，20 世纪 40 年代商务印书还专门出版了中国人自己编写的数学教学法书籍。20 世纪 20 年代前后，任职于南京高等师范学校的陶行知先生，提出改"教授法"为"教学法"的主张，虽被校方拒绝，但这一思想却逐渐深入人心，得到社会的承认。

三、 数学教学论的含义、 地位和价值

我国著名的教学论专家王策三先生认为：教学论的根本问题，与任何一门学科的根本问题是一样的，就是如何保证真正揭示自己所研究的对象的客观规律，也就是如何保证教学论成为真正的科学。

简言之，教学论的根本问题就是如何科学化的问题。

我们判断、评价任何一种教学论思想、理论、主张的优劣，主要看它在多大正确程度、广度和深度上揭示了教学的客观规律。

教学论的科学化不能离开对各种具体问题如教学任务、课程和教学方法等的研究，但任何一个具体问题的研究只有与科学化联系起来才有意义。

数学教学论也是解决数学教学科学化的问题。德国学者罗尔夫·比尔勒在《数学教学理论是一门科学》中论述：自本世纪初（20 世纪）国际数学教育委员会（ICMI）开展工作以来，不能否认这样一个事实，即在数学教与学的领域中已经在做科学研究了，数学家、心理学家、教育科学家、数学教师培训人员和数学教师自己全都在进行这一研究。

全球性会议 ICME（国际数学教育大会）使数学教育工作者的一个国际性团体得以形成。我们称与这种研究有关的科学和以这种研究为基础的

开发工作为数学教学理论，至少在说德语和法语的国家中是这样，而在说英语的国家中也开始逐渐流行。

数学教学理论至少在社会意义上是作为一门科学而存在的。我们从杂志、研究规划与博士学位课程、科学的组织体系以及会议中都能看到它的存在。

与其他科学（如数学或心理学）相比，数学教学理论的确很年轻。数学教学理论是关于人类活动的一个应用领域，它与工程学、（应用）心理学和医学一样，科学研究和（建设性）实践之间的界限至少可以说是"模糊的"。

数学教学理论与上述学科一样面临着某种（社会）问题，那就是数学教育，它为此使用了许多方法。

美国数学家理查德·柯朗和赫伯特·罗宾认为，作为人类思维的表达方式，数学反映的是积极的愿望、缜密的思考和对完美的追求，其基本要素是逻辑和直觉、分析和构造、一般性和特殊性……

《普通高中数学课程标准》（2017 年版 2020 年修订）对数学进行了详细论述：数学是研究数量关系和空间形式的一门科学。数学源于对现实世界的抽象，基于抽象结构，通过符号运算、形式推理、模型构建等，理解和表达现实世界中事物的本质、关系和规律。数学与人类生活和社会发展紧密关联。数学不仅是运算和推理的工具，还是表达和交流的语言。数学承载着思想和文化，是人类文明的重要组成部分。数学是自然科学的重要基础，并且在社会科学中发挥越来越大的作用。数学的应用已渗透到现代社会及人们日常生活的各个方面。

随着现代科学技术特别是计算机科学、人工智能的迅猛发展，人们获取数据和处理数据的能力得到很大的提升。伴随着大数据时代的到来，人们常常需要对网络、文本、声音、图像等反映的信息进行数字化处理，这使数学的研究领域与应用领域得到极大拓展。数学得以直接为社会创造价值，推动社会生产力的发展。

数学教学论是数学教育学的一个重要组成部分，是研究数学教学过程中教和学的联系、相互作用及其统一的科学。数学教学论研究的数学教学是指数学活动的教学，它是教师的数学教学活动与学生的数学学习活动两个方面的统一过程。

数学教学论是将数学教育的理论与实践相结合的科学，它以一般教学论为基础，广泛地应用现代教育学、心理学、逻辑学、思维科学、科学方法论、数学教育等方面的有关理论、方法，结合国内外数学教育改革特别是我国新一轮基础教育课程改革的现状，依据师范大学数学系本科生的培养目标和人才规格要求，综合研究数学教学活动的目标、内容、过程与方法，揭示数学教学活动的规律、功能与价值。

广义地说，数学教学论所要研究的是与数学教育有关的一切问题，包括数学教学原则、数学教学组织形式、数学教学设计、数学教学模式的选择与应用、现代化技术手段的使用、数学教师的素养与培训、数学教材的编写与评价、学生学习规律的研究、数学思维的结构与培养、数学能力的含义与培养、数学教学过程的实质与规律、数学教学研究方法等。

数学教学论研究的对象主要包括：

（1）数学教学的本质问题：一般规律、特点、学科形成与发展、意义等。

（2）数学教学系统中的问题：目标、内容、方法、技术、组织、过程、结果等。

（3）与数学教学相关的问题：数学教育评价、数学观、认识活动的心理规律、课程编制、学习材料的开发、课堂文化、传播与媒体等。

数学教学论的研究来源于实践而又高于实践，是理论与实践相结合的一门科学。许多问题从教学过程中发生发展。例如，在高中"等比数列求和公式推导"中采用的"错位相减法"，许多学生在理解中可能会存在困惑——"如何想到两边同时乘以公比 q 的"，此时尽管教师可以使用案例解释这种方法的应用步骤，解决学生的疑惑，但是教师要思考为何学生不能理解或者理解的障碍是什么。这就要从学习理论、数学思维、教学方法等角度进行解析，通过理论与实践相结合，发现问题的本质，找到解决的办法。

数学教学论不仅研究如何开展教学，例如教学设计、问题解决、教学方法模式等，更要关注学生的数学学习。研究学生的数学学习，既要符合学生的身心发展规律，又要从数学学科的角度进行探讨。例如，在许多智慧课堂教学或者教育技术辅助教学研究中，倾向于智慧技术的使用研究，或者从一般的学习理论出发，例如行为主义、建构主义、信息加工理论等，但是对数学学科的特征并没有重点分析。这样的研究有可能不适用于学生的数学学习。

数学教学论还注重数学课程、教材的研究，对于课程设置、教学内容选择、顺序安排等都要进行设计与论证。

不同学段的数学内容、要求、体系和编排有什么特点？课程标准对于数学概念、定理、公式的规定如何？教材如何适应不同学习水平的学生？编写的原则是什么？如何开展实验课程的教学试验？等等。这些问题和数学教学论密切相关，也是数学教育整个研究体系的重要组成部分。

四、 数学教学的历史沿革

在人类历史上，数学很早就成为教育的基础学科。

我国的数学教育萌芽于夏、商，成长于周、秦，发展于汉、魏，繁荣于唐、宋，普及于元、明、清，长期居于世界领先地位。清末至解放前落后于其他欧美国家，现在正在努力追赶。西方的数学教育起源于希腊，后来在罗马时期得到发展，文艺复兴时期在学校教育中进行数学教学。工业革命以后，数学在欧洲得到普及并迅速发展，欧洲成为近现代数学的领先者，影响极广。

先秦时期，我国在夏、商之际就有了学校，从出土的殷墟甲骨文中就发现了十进位值制的数学，利用一、二、三、四、五、六、七、八、九、十、百、千、万等13个数字就可以计算成百上千的数，殷墟甲骨文中已发现最大的数是三万。

数学教科书包括：《周髀算经》《九章算术》《孙子算经》《五曹算经》《夏侯阳算经》《张丘建算经》《海岛算经》《五经算术》《缀术》《辑古算经》，总称为《算经十书》。

1840年的鸦片战争揭开了中国近代史的序幕。在那个剧变的时代，出现了洋务运动、戊戌变法。新学堂就是这些运动的一个产物。在"中体西用"的口号下，西方数学教育占据了学校的主要阵地，算术、代数、几何、三角等课程逐渐代替了传统的算经十书等著作。

1903年，清朝公布"癸卯学制"基本上仿照日本学制，各级学校都规定有数学课程。辛亥革命后，1913年颁布"壬子癸丑学制"。这个学制具有明显的反封建性质，反映了发展资本主义的要求。

当时的教科书包括《算术》《代数》《平面几何》《立体几何》《平面三角大要》等。

1952年，根据"学习苏联经验，先搬过来，然后中国化"的方针，中学数学教材采用了苏联中学数学教材。1959年，决定把算术下放到小学，高中增加解析几何。1960年受国内"持续跃进"和国际"新数运动"的影响，编写了九年一贯制中小学数学试用课本。

1963年，中小学恢复六三三制，编写了十二年制数学课本。1966年开始"文化大革命"，教育事业受到严重破坏。粉碎"四人帮"后，1977年编新教材。在中共十一届三中全会精神的指引下，1978年颁布《全日制十年制中学数学教学大纲（草案）》。

在西方国家，数学是从哲学的角度首先进入学校教育，几何和计算等数学知识成为古代埃及学校的教学内容之一。毕达哥拉斯的神秘数学，柏拉图的"不懂几何者禁入学园"的招牌，说明西方国家特别钟情于几何学。欧几里得的《几何原本》以其封闭的演绎体系、抽象化的内容和公理化的方法，成为古代西方数学的经典著作。15世纪，欧洲建立了多所大学，如法国的巴黎大学，英国的牛津大学、剑桥大学等，但是这些大学大多只有文、法、医和神学四科，作为基础知识的数学教育，也不过是简单的算术和几何知识。中世纪的数学教育处于没落的谷底。

从作为教育任务的数学发展来看，数学在古今中外，地位日益提高并受到越来越多的重视；数学的教育成为一个国家科技发展的必要条件，这就更加奠定了数学在基础教育中不可动摇的地位。

在19世纪末，我国的数学教育理论学科，叫作"数学教授法"。在清末，京师大学堂里开始设有"算学教授法"课程。

1897年，清朝天津海关道盛宣怀创办南洋公学，内设师范院，也开"教授法"课。

20世纪20年代前后，任职于南京高等师范学校的陶行知先生提出改"教授法"为"教学法"的主张。"数学教学法"，此名一直延续到20世纪50年代末。

20世纪30—40年代，我国曾陆续出版了几本数学教学法的书，如1949年商务印书馆出版的刘开达编著的《中学数学教学法》。

新中国成立后的20世纪50年代，我国的"中学数学教学法"用的主要是从苏联翻译的伯拉基斯的《数学教学法》。它介绍了中学数学教学大纲的内容和体系，以及中学数学中的主要课题的教学法。这些内容虽然仍停留在经验上，但比以往只学一般的教学方法有所进步。

　　受苏联教育家凯洛夫的教学"三中心"的影响，这一时期中学数学教学一般采用讲解法，而且要求"讲深讲透"。中学数学课堂教学模式一般按五个教学环节安排：组织教学、复习旧教材、讲解新教材、巩固新教材、布置作业。

　　20 世纪 70 年代，国外已把数学教育作为单独的科学来研究，而我国的"数学教学法"或"数学教材教法"一直是高等师范院校数学系体现师范特色的一门专业基础课。

　　1979 年，北京师范大学等全国 13 所高等师范院校合作编写《中学数学教材教法》《总论》和《分论》一套书，作为高等师范院校的数学教育理论学科的教材。这是我国在数学教学论建设方面的重要标志。

　　20 世纪 80 年代起我国派团参加了此后的各届国际数学教育大会（ICME），在数学教学活动和教育理论研究方面形成了自己的特色。

　　在数学教学法的基础上，开始出现数学教学的新理论。国务院学位委员会公布的高等学校"专业目录"中，在"教育学"这个门类下设"教材教法研究"（后改为"学科教学论"），使学科教育研究的学术地位得到确认。

　　20 世纪 80 年代中期"学科教育学"研究在我国广泛兴起，不少高等师范院校成立了专门的研究机构，对这一课题开展了跨学科的研究。1985 年，苏联著名数学教育学家斯托利亚尔的《数学教育学》中译本由人民教育出版社出版发行，产生了较大影响。

　　1990 年，曹才翰教授编著的《中学数学教学概论》问世，标志着我国数学教育理论学科已由数学教学法演变为数学教学论，由经验实用型转为理论应用型。张奠宙等著的《数学教育学》（1991 年）把中国数学教育置于世界数学教育的研究之中，结合中国实际对数学教育领域内的许多问题提出了新的看法，对数学教育工作者涉及的若干专题加以分析和评论。这是数学教育学研究的一个突破。

　　1992 年，由天津师范大学主办的《数学教育学报》创刊，对数学教育理论研究与实践探索发挥了重要作用。随后国内涌现了一批优秀的科研成果，出版了一系列数学教育学著作。

　　21 世纪，我国的数学教育和教学理论进入了全面更新与发展的新时期。

第三节　数学学习的概念

学习是具体的，涉及不同主体，因而就有不同的指称。

泛义上，学习指有机体即动物与人类的学习活动。

广义上，学习指人类的学习活动。

一般而言，教育领域所说的学习是指在校学生的学习。

狭义上，学习指在校学生不同阶段的学习，分为幼儿园学习、小学学习、中学学习、大学学习、研究生学习等。

具体而言，学习是指以特定内容为对象的具体学习活动。这往往为不少人所忽略，将特定内容的具体学习混同于一般学习。因此，我们在学习和研究中，一定要分清所涉及的学习指的是什么范围的学习活动，避免可能的逻辑与实践错误。

（1）数学学习是个体为适应数学知识的发展变化而进行的一种活动。

适应，心理学上指个体对环境变化所作出的反应。就数学学习而言，这种适应具体落实在个体对数学知识体系的发展变化所作出的应答上，其结果是个体的数学认知结构获得发展。是个体数学认知结构发展变化的动力。

宏观上，是因为现代社会处于一个数字化的信息时代，需要人们掌握较高水平的数学知识，需要人们不断进行新的数学学习。

微观上，来自于个体的认知需要。数学学习过程是作为主体的个体与作为客体的数学知识体系之间进行相互作用的过程，是两者之间的平衡不断被打破，并在新的基础上建立新平衡的动态变化过程。

数学知识的发展变化有其内在固有的规律，这种发展变化会打破个体与数学知识体系之间原有的平衡，并引起个体在心理方面的一系列反映数学知识发展变化的活动，在此基础上产生相应的数学认知行为变化，形成个体新的数学认知结构，从而使个体与数学知识体系之间在新的水平上达到新的平衡。

（2）数学学习由数学活动经验的获得并引起相应的数学思维方式变化所体现。数学学习作为一种适应数学知识体系发展变化的活动，以数学活动经验的获得并引起相应的数学思维方式变化体现。所谓数学活动经验，乃是主体对客观数学知识的反映，不是主观自生的。因此，数学活动经验的获得是在主客体相互作用过程中发生的。客观的数学知识的作用和主体的数学思维活动，乃是数学经验得以发生的前提。而数学活动经验本身则是主体数学活动的主观产物，是主体的数学思维作用于数学对象的产物。

数学学习的实质，是在个体作为主体与数学知识作为客体的相互作用过程中，通过主体的一系列反映动作，在头脑中构建其数学认知结构的过程。由于数学认知结构作为数学思维活动的调节机制而存在，因此数学认知结构的变化必然引起个体数学思维活动方式的变化。

由此可以得出数学学习的定义：数学学习是个体以自己数学认知结构的变化适应数学知识体系发展变化的过程，即个体数学活动经验的获得和累积或数学认知结构的构建过程。

数学学习的实质是数学认知结构的构建过程，这是个体的数学认知结构发生变化的内在过程，这个过程目前尚难直接觉察。但由于数学认知结构是数学活动的内在调节机制，所以其形成、发展状况可以根据个体数学思维方式的变化状况进行推断。

第八章将对数学学习进行详细论述。

第四节　数学课程与教学理论流派

一、学科中心课程论

学科中心课程是以文化遗产和科学为基础组织起来的各门学科最传统的课程形态的总称，是指分别从各门科学中选择适合学生发展阶段的内容，组成不同的学科，并按各自所具有的逻辑和系统独立地、并列地安排它的顺序、学习时数和期限。

从学校一产生，学科中心课程论就发展起来了，并随着社会政治制度的变迁和生产、科学技术的发展，经过长期的实践与研究，逐步形成比较系统的理论。

在我国古代，孔子（公元前 551—前 479 年）的"六艺"（礼、乐、射、御、书、数）、"四文"（诗、书、礼、乐）说，是我国最初形成的学科研究理论依据。

在西方，柏拉图（公元前 427—前 347 年）、亚里士多德（公元前 384—前 322 年）等认为，一个真正的自由普通教育的内容应当由少数经过仔细选择的学科组成，具体表现为"七艺"（即第二章第二节所提到的"三艺""四科"）。这个学说自古希腊时期至欧洲文艺复兴时期支配了欧洲的学校课程长达一千五百年以上。

文艺复兴时期以后，随着资本主义兴起，生产和科学技术有了很大发展，冲破了宗教的束缚，教育也获得很大的发展。英国教育家培根（1561—1626 年）首先提出"知识就是力量"，学校应当主要讲授自然科学知识。捷克教育家夸美纽斯（1592—1670 年）倡导"泛智主义"，在他的专著《大教学论》（1632 年）里提出"把一切事物教给一切人"，设置百科全书式的课程。他主张现实世界的一切知识都是有用的，是培养"全知全能"的"智慧接班人"所需要的，都应该包括在课程之内。

19 世纪德国教育家赫尔巴特（1776—1841 年）是最早以心理学为课程提供理论基础的人，他信奉"主知主义"，把发展人的"多方面的兴趣"看作一个根本的教育任务。他认为应当培养六种兴趣（经验、思辨、审美、同情、社会、宗教），并分别设置相应的课程。例如，为培养思辨的兴趣（进一步思考事物"为什么"的兴趣），应设数学、逻辑学、文法等学科，以锻炼学生的思维能力。

英国实证主义哲学家、社会学家斯宾塞（1820—1903 年）在学科中心课程论发展中起着重要作用。他从功利主义观点出发，提倡实用科学知识，反对脱离生产和生活实际的绅士教育课程或古典文科中学课程，主张适应资产阶级新需要的实科课程。这反映了工业革命或第一次技术革命时期科学和生产、科学和教育开始结合起来的趋势。斯宾塞认为，教育的作用是使人们为过"完满生活"作准备。他在《什么知识最有价值》（1859年）一文中说："什么知识最有价值？一致的答案就是科学。这是考虑到所有各方面得来的结论。"科学作为学校的课程内容，对学生来说，也具有最大的价值。斯宾塞还对所谓的"完满生活"活动进行了分析，划分出五个方面，并以此为依据对学科进行分类安排。例如数学、力学等学科，就是为了准备间接自我生存的活动，包括谋生、赚钱、设计、生产等而设立的。值得一提的是，斯宾塞的这种功利主义的教育思想对于佩里有极大的影响，促进了 19 世纪末 20 世纪初的数学课程近代化运动的产生和发展。

学科中心课程论的优点是：

（1）根据学科组织起来的教材，能够教人系统地掌握文化遗产。

（2）有条理地学习合乎逻辑的教材，能充分发展人的智力。

（3）把一定的知识、技术的基本要素有组织地传授和教导，符合教育任务的要求。

（4）受到悠久传统的支持，大多数教师对此感到习惯。

（5）课程的构成比较简单，易于评价。

它的主要缺点是：

（1）由于教材注重学科的逻辑系统性，学习时往往偏重记忆而忽视理解。

（2）偏重学科知识结果的传授，而忽视获得知识的方法和过程的教学，从而不利于激发学生的学习兴趣，不利于调动学生的学习主动性，也不利于培养学生解决问题的能力。

（3）因学科较多，对学生来说，难以将学习的知识进行综合与统一。

（4）教学方法划一，难以实施区别化教育。

二、　儿童中心课程论

儿童中心课程是以儿童的主体性活动和经验为中心组织的课程，即以选择和组织学习经验为基础，用儿童（学习者）的兴趣、需要、问题等组成的课程，其学习形式是通过儿童的活动解决问题。儿童中心课程又称活动中心课程或经验课程。

儿童中心课程论的思想首先应追溯到 18 世纪法国启蒙思想家卢梭（1712—1778 年）。他提倡"自然主义"，倡导"自然教育论"，主张采用摆脱封建统治影响的"适应自然"的教育方法培养"自然人"。卢梭的课程论的核心在于创造性地发现儿童内在的"自然性"，教育不能无视儿童的本性和现实生活，必须遵循儿童的"自我活动"，采取适应儿童"年龄发展阶段"的教育方法。卢梭非常重视"直接经验"，甚至提出"世界以外无书籍，事实以外无教材"。卢梭在所写的《爱弥儿》（1762 年）中，已经提出了活动中心课程论的基本思想。

给儿童中心课程以系统的理论基础的是美国实用主义哲学家杜威（1859—1952 年），他从垄断资产阶级的政治需要、主观唯心主义经验论以及本能心理学出发，提出"学校即社会""教育即生活""教育即生长""教育即经验的不断改组""儿童中心""从做中学"等一系列口号和原则。他说："学校课程中相关的真正中心，不是科学，不是文学，不是历史，不是地理，而是儿童本身的社会活动。"他认为应该通过活动和经验来学习，不同意把内容划分为各个学科科目，因为内容既依赖于学生，又依赖于现实。他提出用基于实际对象的设计教学代替传统的学科教学。

杜威的学生克伯屈（1871—1965 年）创立的"设计教学法"（1918年）把杜威的儿童中心课程论体现得最为完善。所谓"设计教学"就是要学校在学生的有计划的活动中进行教育。这种活动必须由儿童决定目的，由儿童制订活动计划，由儿童自己实施活动，由儿童自己评价活动效果，儿童在设计活动中获得知识，培养兴趣、能力和各种品质。1919 年成立了"进步教育协会"，使儿童中心课程在美国中小学（主要是小学）广泛流行，形成一个全国性的持续近五十年之久的教育改革运动。

在旧中国，陶行知先生倡导的"生活教育""教学做合一"以及其他一些实验学校的实验，都是以"活动中心课程"和"设计教学"的原则为依据的。新中国成立后批判了这种课程论，但在 20 世纪 60 年代"文革"期间，又曾出现"典型产品组织教学""以战斗任务带动教学"等做法，实质上也是贯彻"活动中心课程论"。

儿童中心课程论的主要优点是：

（1）从儿童（学生）感兴趣的问题出发，学习活动是积极的，活泼的。

（2）注意将学习与生活环境密切联系，将生活、经验、社会课题和其他丰富的内容吸收到学校课程中来，有利于丰富学校的教学内容。

（3）注意从活动、经验中学习，有利于培养学生解决问题的能力，使学生身心得到发展。

它的主要缺点是：

（1）课程内容局限于儿童的日常生活经验，轻视前人创造的文化科学，不利于掌握必要的基础知识和基本技能。

（2）偏重课程的心理结构，忽视知识的体系和科学的逻辑结构，不利于学生掌握系统的科学知识。表面上看它旨在发挥学生的主体性，但实质上却限制了学生主体的发展。

（3）以儿童为中心，容易轻视教育的社会任务。

三、 学问中心课程论

学问中心课程是经过精选的具有高质量知识内容的课程，同时通过学问研究方法提供给学生学习，使之掌握科学知识和科学的认识方法。

"学问中心"是20世纪60年代课程编制的主要倾向。1960年，在布鲁纳的《教育过程》出版以后，课程编制中的"结构"和教学中的"发现"这些概念，在20世纪60年代教育领域中被频繁地使用，尤其是在课程编制中，既重视科学的教学内容，又注意科学的方法。一方面，从"学问的结构"出发，追求学校学科的"现代化""科学化"，要反映某一知识领域的"基本结构"。另一方面，面临知识"爆炸"的时代，科学研究带来的知识量急剧增加，唯一的办法是教授"科学的结构"（基本概念）和学问的研究方法，通过提高"质"来解决"量"的问题。学问中心课程论就是在这样的情况下产生的。

学问中心课程论吸取了结构主义心理学的观点，主张按"学科的结构"来设计课程。瑞士心理学家皮亚杰和美国心理学家布鲁纳是结构主义心理学的代表。20世纪50年代，皮亚杰认为人对客观事物的认识过程，主观上有一定的"认识结构"，它是以图式、同化、调节和平衡的形式表现出来的，教育儿童应按照儿童认识结构的特点进行。布鲁纳根据结构主义心理学的理论，在《教育过程》等著作里阐述了以"知识结构论""学科结构论"为核心思想的课程理论。他一方面强调"不论我们选取什么学科，务必使学生理解该学科的基本结构"，并主张让儿童早期学习各门学科的基本概念；另一方面又强调发挥学生的主动性，"主动地发现而不是被动地接受知识"。为此，他对于加强教材的趣味性，加强对中小学教师的培训等提出了一系列的建议。

哥伦比亚大学教授福赛认为学问中心课程可以消除"儿童中心"与"学科中心"课程论的对立，其理由是："学问"是以问题为中心构成的，在学生理解科学基本概念的同时，还探究学习科学的方法。福赛从重视科学基本内容的意义上说，直接继承了要素主义的思想；在重视科学的研究方法这一点上，则继承了经验主义的传统。

布鲁纳的课程理论不是简单地否定实用主义的课程理论，也不是原封不动地照搬传统的学科中心课程论，而是在新的研究基础上提出了新的见解。在这种新的课程思想指导下掀起的课程改革运动以及数学、物理、化学、生物等课程计划与教科书的产生，是美国中小学课程发展史上一次很有意义的尝试。

根据布鲁纳的观点，学问中心课程论有如下优点：

（1）如果理解了学科的基本结构，那么也就比较容易理解学科的内容。

（2）学科内容的细节，如果能在结构化的概念网中给予一定位置的话，那么就能作为知识而保留下来。

（3）如果理解了基本的科学概念，那么就能恰当地"训练迁移"，即迁移到理解其他概念和领域。

（4）在初等、中等教育所学的教材中，对它的基本观点不断地钻研，就能缩小高深知识和初步知识之间的差距。

（5）在像科学家进行探究那样进行学习探究的过程中，学习科学方法有利于培养学生解决问题的能力。

然而，我们也应该看到，美国 20 世纪 60 年代的课程改革并没有取得理想的结果，暴露了布鲁纳倡导的学问中心课程论的一些问题：

（1）它过分强调学术课程，忽视了实用，因而不能适用于相当一部分将来不能成为科学家而准备就业的高中学生的要求。

（2）布鲁纳认为"任何学科可以按照某种正确的方式有效地教给任何年龄阶段的任何儿童"，要把新的科学成就引入中小学教材的想法是有道理的，但是这个假说却缺乏科学依据，这种片面观点使他对美国中小学师生的水平估计过高，导致这段时期改革教材的难度超过了学生的接受能力。这也是这场课程改革运动受挫的原因之一。

此外，20 世纪 60 年代的课程改革脱离了美国矛盾重重的社会现实。当时，美国黑人抗暴斗争此起彼伏，民权运动席卷全国，青年学生抗议政府对外侵略。面对这种现实，一些美国学者认为，中小学课程改革主要不是解决知识"爆炸"的问题，而是解决社会"爆炸"的问题。布鲁纳 20 世纪 70 年代开始对自己 20 世纪 60 年代的主张进行了反省，他在 1971 年的一次讲话中也认为，1959 年讨论课程改革时，单纯考虑智育和培养科学家与工程师，"实在是'天真无知'的"。他认识到"教育是一个深刻的政治问题"。在这样的形势下，应更多地注意与社会所面临的问题相关联的知识，对学科的知识结构不再那么强调了，于是另一个课程流派——问题中心课程论便活跃了起来。

四、 问题中心课程论

问题中心课程是以问题为中心设计的课程，其主要形式分为核心课程和以生活问题为中心的课程。核心课程介于"学科中心课程"与"儿童中心课程"之间，它打破学科界限，从问题出发，把两三门学科结合起来，一般由一个教师或几个教师组成教学小队，通过一系列的活动对一个班进行教学，每次教学活动在一个连续的单位时间（如两三节课）内进行。这种课程既强调内容又强调学生的兴趣与活动。以生活问题为中心的课程基本上与核心课程相似，所不同的是课程内容侧重于生活问题，每次教学活动不必安排在一个连续的时间内进行，一个班的指导工作不是由一个教师来担任。

问题中心课程论是改造主义教育学派的课程理论。早在 20 世纪 30 年代，以美国的康茨和拉格为代表，认为教育的目的在于按照主观设想的蓝图"改造社会"，把学校作为形成"社会新秩序"的主要工具。为此，他们主张围绕社会改造的"中心问题"来组织学校课程，并给予"天才生"以独立研究的机会。到了 20 世纪 50 年代，以布拉梅尔德为主要代表的改造主义教育学派有所发展。20 世纪 60 年代的课程改革遭到挫折以后，他们抓住美国社会存在的各种问题，如战争问题、贫富问题、种族歧视问题、环境污染问题等，设计问题中心课程，并在一些学校中实施。

第四章　数学课程的设计理论

第一节　课程设计概论

"课程设计"是一个在课程研究领域广泛使用的术语，与此相关的术语还有"课程开发"（也有人译为"课程发展""课程研制"）、"课程编制""课程建设""课程规划"等。在当今课程论研究领域，很多学者从广义上已将"课程设计"与"课程开发"通用，但也有学者认为，应该从适用范围上予以区分，即"课程开发"是一个比"课程设计"更为宽泛的概念。

课程设计是指决定课程的组织形态、方式或结构的有目的、有计划的活动。课程设计基于两个层面：其一是理论基础，即必须以制约课程发展的三大基本要素——社会、学科、学生为基点，据以产生均衡的课程；其二是方法技术，即指依照理论基础对课程各要素——目标、内容、策略（活动、媒体、资源）、评价等作出安排。课程设计是随教育观、课程观的不同而不同的。

基于不同认识理念之下的课程设计当然也就种类繁多。以课程设计所围绕的不同核心来区分课程模式，可以将课程设计模式大致分为以目标为核心的课程设计模式和以过程为核心的课程设计模式两类。

1. 以目标为核心的课程设计模式

该模式将课程的目标作为课程设计的基础和核心，围绕课程目标的确定及其实现、评价而形成课程。这是发端于20世纪初的基于实证的科学化运动的产物，它是课程设计的传统、经典模式，其代表性人物首推泰勒。泰勒在1949年出版的《课程与教学的基本原理》一书中把课程设计的基本课题概括为以下四个方面：

第一，学校应该试图达到什么教育目标？

第二，如何选择有助于实现目标的教育经验？

第三，如何有效组织这些教育经验？

第四，如何评价这些目标正在得到实现？

现代课程设计论中的许多学派及其相应的课程设计模式，尽管也有一些处理方式上的不同，但却离不开由以上方面所归纳出的目标、内容、组织、评价这四个基本问题，因此，它们大多是基于这四个基本问题的变形。

2. 以过程为核心的课程设计模式

这一模式通过对知识和教育活动的内在价值的确认，鼓励学生探索具有教育价值的知识领域，进行自由、自主的活动。这一模式特别强调过程本身的教育价值，主张教育过程给学生以足够的空间，并关注过程中教师与学生的交互作用。这一课程设计模式的代表人物是英国著名课程论专家斯腾豪斯。在1975年出版的《课程研究与开发导论》一书中，斯腾豪斯通过对"泰勒原理"的剖析与批判建立起自己的过程模式的理论框架。其理论的核心观点是，课程开发的任务是选择活动内容，建立关于学科的过程、概念与标准等知识形式的课程，并提供实施的"过程原则"。这一原则的本质含义在于鼓励教师对课程实践进行反思，以便更好地创造。而要有效地实施"过程原则"，就应该能鉴别什么是有价值的活动，他推荐了另一学者拉思的鉴别标准供人参考。这个标准共有12条，前提是"在所有其他条件相同的情况下……"如果所进行的活动具有如下特点，则认为"这项活动比其他活动更有价值"：

①若该项活动允许儿童在活动过程中作出自己的选择，并对选择所带来的结果作出反思；

②若该项活动在学习情境中允许学生充当主动的角色，而不是被动的角色；

③若该项活动要求学生探究各种观念，探究智力过程的应用，或探究当前的个人问题或社会问题；

④若该项活动使学生涉及实物教具，即真实的物体、材料与人工制品；

⑤若该项活动能够由处于不同能力水平的儿童成功地完成；

⑥若该项活动要求学生在一个新的背景下审查一种观念、一项智力活动的应用，或一个以前研究过的现存问题；

⑦若该项活动要求学生审查一些题目或问题，这些题目或问题是我们社会中的人们一般不去审查的，是容易被国家的大众传媒所忽略的；

⑧若该项活动使儿童与教师共同参与"冒险"——不是冒生命或肢体之险，而是冒成功或失败之险；

⑨若该项活动要求学生改写、重温及完善他们已经开始的尝试；

⑩若该项活动使学生应用与掌握有意义的规则、标准及准则；

⑪该项活动能给学生提供一个与别人分享制订计划、执行计划及活动结果的机会；

⑫若该项活动与学生所表达的目的密切相关。

课程设计是受课程观念，甚至教育哲学观念的影响的。尽管20世纪80年代以来，课程观念及思潮显得极为活跃和多样化，但各种观念既有对立、碰撞的一面，也有平衡、互补的一面，正是因为后者，才使得形成学术研究上的共识成为可能。反映在课程设计上也是如此。这里，借助范式这一术语来对课程设计范式（这里主要指课程设计的观念及价值取向）的一些变化趋势作如下简要描述：

（1）从"以学科为中心"到"尊重学习者"。以学科为中心的课程设计关注的重心是学科内容，课程设计也就成了学科内容设计，甚至是教材设计；尊重学习者的课程设计强调的是学习者的经验和体验，关注的是学习者的全面发展。学科知识成为学习者的发展资源而非控制工具。

（2）从强调目标计划到强调过程本身的价值。诚如前面所分析的，只有强调了课程的过程性才能使教师、学生活动的主体性得到充分发挥，也才能使教学计划无法预期的潜在教育价值得到发掘。从这个意义上看，教育过程即教育价值一点也不为过。

（3）从"单向、独白式"到"多元、交互式"。前者将课程设计为教师的权威性工具；后者则将课程设计为教师、学生共同组成的"学习共同体"，即一个相互之间能合作交流，且个性也能充分发挥的系统。

（4）从"形态单一"到"多种形态"。如活动课程、领域课程、探索课程、研究性课程以及基于各学科发展起来的多种形态课程。

（5）从"边界明晰"到"边界模糊、渗透"。边界渗透的课程设计注重课程与课程之间的交叉与融合，而所谓边沿性地带及结合部往往更具有课程价值的"生长性"。

（6）从"外显型"到"外显型、潜在型并存"。在现代课程设计理念下，那些非预期的、非计划的潜在课程或隐性课程对人的发展仍然具有重要的教育意义，应该通过相应的课程设计手段使隐性课程与显性课程相互协调，共同成为学校课程的有机组成部分。

（7）从"简单关联"到"生态发展"。即从强调课程的单因素（如教材或教师）以及它们之间的简单联系，到强调教师、学生、教学内容、环境四因素的有机整合，以形成动态的具有自生长力的课程生态环境。

（8）从"自我封闭"到"对外开放"。随着信息社会的到来和教育信息技术的广泛运用，学校课程与课程之间、学校课程与校外课程（社会、家庭、社区所蕴含的课程）之间将无"壁垒"可言。课程设计要顺应时代发展与变革，赋予课程更多的开放性，以实现学校课程与校外课程的一体化。

数学课程论专家豪森在《数学课程发展》一书中对 20 世纪 60 年代以来的数学课程设计从理论方法上作了界定，这一界定主要是以美国的数学课程活动作蓝本。他认为，美国的数学课程活动在 20 世纪 60 年代有着广泛的国际影响，而且在欧洲和其他国家也往往能观察到类似的倾向，只不过时间上要滞后一些，有些特点不那么明显，规模也可能小一些。英国学者欧内斯特在《数学教育哲学》一书中，对豪森的课程设计方法作了进一步概括，并将其称为"数学课程设计的模式"。

第二节　行为主义方法

行为主义方法的目的是促进学习改变行为。这种方法的理论基础是以美国心理学家华生（1878—1958 年）和斯金纳（1904—1990 年）为代表的行为主义心理学。它的理论目标在于预测和控制人的行为。华生主张心理学只研究人的外显行为，即研究"刺激—反应"（stimulus-response，$R-S$），不研究意识。斯金纳进一步提出操作条件反射学说，认为在行为和环境的因果关系中，反应、刺激和强化是顺序发生的基本"联结"。一个操作的发生（反应）接着呈现一个强化刺激，操作再次发生的强度（概率）就增加。

根据行为主义理论，任何学习过程都可以描述成一组刺激—反应模式，学习过程可以通过构造一个适当的刺激—反应程序来建立，学习的成果可以利用客观上能够觉察的行为改变来衡量。在这个程序里，学习的目的（目标）决定所要求的行为的改变，学习目标是否达到就表现在行为的改变上，而这是可以迅速检查核实的，从而学习的成果也就可以很容易地得到衡量。行为主义学派的课程编制十分重视学习目标的研究，提出各种各样的行为目标分类。

值得一提的是行为主义学派的倡导者之一加涅（1916 年— ）。他在《学习的条件》第 2 版（1970 年）中把人的学习分成八类，由简到繁、由低到高的顺次排成 8 个层级：①信号学习；②刺激—反应学习；③连锁学习；④言语联想；⑤识别学习；⑥概念学习；⑦法则学习；⑧解决问题。

行为主义的课程设计，最主要的表现是程序教学和计算机辅助教学（computer-assisted instruction，CAI）。

斯金纳依据他的操作条件反射学说提出著名的程序教学与机器教学。在程序教学中所使用的"学习程序"将学习内容分成许多小步骤，系统地排列起来，组织成便于学生学习的材料。学生对每一小步骤所提出的问题作出反应，并确认该反应正确之后，再进入下一步骤。这种学习大体上如图 4 -1 所示，通过一步步的累积达到学习的目标。

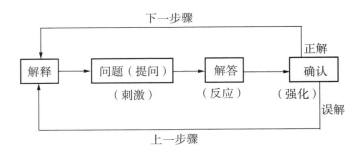

图 4 -1　学习程序

（一）程序教学的教学系统

1. 直线程序

比较典型的是斯金纳提出的程序，如图 4 -2 所示，把材料分成一系列连续的小步骤，每一小步骤提出一个相当简单的问题要求学生解答（反应）。学生可对照教材给出答案，如果答对了，就可进入下一步骤；如果答错了，学生只要与正确答案作一比较就可知道自己错在哪里，然后进入下一步骤。

图 4 - 2　斯金纳的学习程序

2. 衍支程序

比较典型的是克劳德提出的程序，如图 4 - 3a 所示，其基本做法是：把学习材料分成若干小的逻辑单元（主程序），如图 4 - 3a 中的①，⑤，⑭，每一单元的内容相对于直线程序的一个小步骤来说要大得多，每一单元（如图 4 - 3a 中的①）结束后给学生提出多重选择问题，根据学生解答的结果，决定下一步骤的学习。如果选择正确，即可转入下一单元（图 4 - 3a 中的⑤）；如果选择错误，按其错选的项目引导其进入补充的分支材料（如图 4 - 3a 中的⑨，⑬），告诉学生错误的性质，并提供一些补充知识，然后回到原来的单元重学或重选答案。对于学得快的学生可以不提供分支程序的帮助而是按直线程序方式直接通过主程序（图 4 - 3b）。

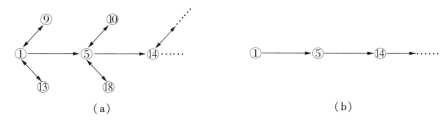

（a）　　　　　　　　　　　　　　　　　　　（b）

图 4 - 3　克劳德的程序

下面是关于"集合的并"的一个衍支程序的片断①，从中可以看到衍支程序的片断。

第 1 页	
集合 A 与 B 的并表示成" $A \cup B$ "，是由属于 A 或属于 B 或属于两者的所有元素组成的集合.	
问题：设 $A = \{1, 2, 3, 4\}$，$B = \{3, 4, 5, 6\}$. $A \cup B$ 等于什么？	
答案：	转到第…页
1. $A \cup B = \{1, 2, 3, 4, 3, 4, 5, 6,\}$；	2
2. $A \cup B = \{1, 2, 5, 6\}$；	3
3. $A \cup B = \{3, 4\}$；	4
4. $A \cup B = \{1, 2, 3, 4, 5, 6\}$.	5

第 2 页

你的答案错了.

一个集合的任一个元素在这个集合中只计入一次. 因此, 若有某个元素属于 A 和 B 两个集合, 则在集合 $A \cup B$ 中只计一次.

请回到第 1 页, 再选出正确的答案.

第 3 页

你的答案错了.

没有计入那些属于两个集合 A 和 B 的元素.

请回到第 1 页, 再次仔细读并的定义, 再选出正确的答案.

第 4 页

你的答案错了.

你只把同属于 A 与 B 两个集合的元素归入了集合 $A \cup B$.

请回到第 1 页, 再次仔细读并的定义, 再选出正确的答案.

第 5 页

你的答案是对的.

由两个集合的并的定义出发, $A \cup A = A$, 且 $A \cup \varnothing = A$.

问题: 如果 $A \subseteq B$, 那么 $A \cup B$ 等于什么?

答案: 转到第…页

1. $A \cup B = A$;   6

2. $A \cup B = B$.   7

第 6 页

你的答案错了.

如果 $A \subseteq B$, 则集合 B 中可能有元素不属于集合 A, 但却属于 $A \cup B$, 因为 $A \cup B$ 的元素属于集合 A 或集合 B 中的一个就可以了.

请回到第 5 页, 再选出正确的答案.

第 7 页

你的答案是对的.

设 M 是一个班级所有学生的集合，A 是班中运动员的集合，B 是班中优秀生的集合.

问题：$A \cup B$ 是哪些学生的集合？

答案：　　　　　　　　　　　　　　　　　　　　　　　　　　转到第…页

1. $A \cup B = M$；　　　　　　　　　　　　　　　　　　　　　　8

2. $A \cup B$ 是班中所有运动员或优秀生的集合：　　　　　　　11

3. $A \cup B$ 是班中所有或是优秀生或是运动员而且

　　只是两者之一的学生的集合；　　　　　　　　　　　　　　9

4. $A \cup B$ 是运动员并且又是优秀生的学生的集合.　　　　　　10

第 8 页

你的答案错了.

班里可以有既非运动员又非优秀生的学生，他们都不属于 $A \cup B$. 请再次仔细读第 1 页上集合的并的定义，然后回到第 7 页，再选出正确的答案.

第 9 页

你的答案错了.

$A \cup B$ 中也含有那些同属于 A 和 B 两个集合的元素.

请再次仔细读第 1 页上集合的并的定义，然后回到第 7 页，再选出正确答案.

第 10 页

你的答案错了.

$A \cup B$ 不仅仅包含那些同属于 A 和 B 两个集合的元素.

请再次仔细读第 1 页上集合的并的定义，然后回到第 7 页，再选出正确答案.

第 11 页

你的答案是对的.

集合的并的定义可以简写为：$A \cup B = M$（$x \in A$ 或 $x \in B$）.

问题：在什么意义上（结合的还是区分的）理解命题"$x \in A$ 或 $x \in B$"中的连

接词"或"？换言之，这个命题与组成它的命题"$x \in A$"及"$x \in B$"的真值有什么样的联系？

答案：　　　　　　　　　　　　　　　　　　　　　　　　转到第…页

1. 在结合的意义上理解，即当两个组成的命题中，
仅有一个为真时，这个复合命题为真；　　　　　　　　　12

2. 在结合的意义上理解，即当两个组成的命题中，
只要有一个为真时，这个复合命题即为真；　　　　　　　15

3. 在区分的意义上理解，即当两个组成命题中只要
有一个为真时，这个复合命题即为真；　　　　　　　　　13

4. 在区分的意义上理解，即当组成命题中仅有一个
为真时，这个复合命题为真．　　　　　　　　　　　　　14

第 12 页

你的答案错了．

你正确地指出了在命题"$x \in A$ 或 $x \in B$"中连接词"或"应当在结合的意义上理解，但错误地理解了这是什么意思，如果两个命题用在结合的意义上的连接词"或"连接起来，那么只要有一个组成命题为真（即或第一个，或第二个或两个都真）时，得到的复合命题就为真．

请回到第 11 页，再选出正确答案．

第 13 页

你的答案错了．

第一，在命题"$x \in A$ 或 $x \in B$"中连接词"或"在区分的意义上理解是错的（见 14 页）。第二，你错误地理解了连接词"或"的区分的意义．若两个命题用区分意义上的连接词"或"连接起来，则只有在组成命题中只有一个为真，即或第一个或第二个真，但不是两个都真时，所得的复合命题为真．

请回到第 11 页，再选出正确答案．

第 14 页

你的答案错了．

如果把命题"$x \in A$ 或 $x \in B$"中的连接词"或"理解为区分意义时，那么集合 $A \cup B$ 中就不包含同属于 A 和 B 两个集合的元素了．

请再仔细读第 1 页上并的定义，然后回到第 11 页，再选出正确答案．

第 15 页
　你的答案是对的．
　（接续程序）

讲一个并集运算的这一小段衍支程序的"长度"告诉我们，要是讲一年课程材料的程序化教科书该会有多么厚！

通过具体了解衍支程序教材，可以看到程序教材的篇幅要比传统教材多得多。

（二）行为主义程序教学的优点

行为主义程序教学的优点包括：

（1）程序教学的序列化有助于学生对知识的学习，按逻辑顺序编排内容，循序渐进，使学生易于学习和掌握。

（2）程序教学要求学生对所提出的问题作出回答，并直接给学生提供证实，从而可推动学生（特别是差生）的学习。

（3）能及时控制和调节教学过程，能及时反馈学习的结果，使正确答案得到肯定和巩固，使学生的错误率减少，学习速度加快。

（4）学生在学习速度和步调上有自主权，适合个人特点，便于自学。

以初中人教版教材为例，七年级上册"一元一次方程的应用"可以体现出行为主义课程设计理念。列方程解应用题是初中数学的重要内容之一，其核心思想就是将等量关系从情景中剥离出来，把实际问题转化成方程或方程组，从而解决问题。

列方程解应用题的一般步骤（解题思路）如下：

（1）审题。认真审题，弄清题意，找出能够表示本题含义的相等关系（找出等量关系）。

（2）设出未知数。根据提问，巧设未知数。

（3）列出方程。设出未知数后，表示出有关的含字母的式子，然后利用已找出的等量关系列出方程。

（4）解方程。解所列的方程，求出未知数的值。

（5）检验，写答案。检验所求出的未知数的值是否是方程的解，是否符合实际，检验后写出答案。

步骤可重复，行为主义强调反复训练。

（三）行为主义程序教学的缺点

行为主义程序教学的不足包括：

（1）较简单的数学问题也许可以用该方法，但是复杂的数学问题可能不能使用该方法，学生不会按照预设的问题解释所犯错误，学生犯错也不能说明就是对问题的不理解。

（2）该方法只强调外部刺激而完全忽视学习者的内部心理过程，否定意识，片面强调环境和教育的作用，忽视了人的主观能动性，不利于学生思维发展。

（3）该方法的某些思想与人们的日常经验存在很大的差异，按照这一理论基础设计的计算机辅助教学课件往往忽视了人们认识过程的主观能动作用，因此仅仅依靠行为主义学习理论框架设计的课件具有很大的局限性。

1957 年马里兰大学建立的数学设计（UMMaP）是在加涅指导下研制出的新数学课程理论，它把教育目标分类和数学的目标相结合，并编制出一般的和详细的目标。"新数"设计引入的新内容也很快被行为主义者所吸收，即使是困难的内容也可以用学习行为目标的方式形成完备的、规则系统的组成部分，从而实现程序学习。行为主义学习理论和"新数"概念相结合，产生了一系列设计。例如，美国教育研究协会大克利夫兰数学大纲（GCMP）和个别处方教学的数学。

1963 年瑞典国家教育委员会开始一项教育研究并提出一种个别化教学设计（IMU），它可以划为行为主义方法的设计。这个设计研究出一套全新的针对七、八、九年级的数学课程方案，在数学的 17 个领域里使得 208 个独立的教学目标达到了统一，并对每个目标编制出课程的教材。在第 5 版里，每个学年的课程分为三个单元，各单元由 10 个作业本组成。学生自己学习这些材料，利用测验指导自己学习。影片、磁带、实验课材料以及专为小组和正式课堂教学而设计的作业本，是教学系统的组成部分。

IMU 设计了"方法—教材—体系"（Methods – Materials – Systems）方法，提出的目标是："利用课程和学习计划所给予的机会，按照学生的才能和兴趣来选择题材；适合于学生的个别教学，即按照学生的学习能力来选择说明、阐述例题、阐述求解的经验和方法；按照学生的能力，选择适当难度和数量的练习布置给学生；使每个学生按照自己的速度学习。"

从 1964 年开始，IMU 教材共出了 5 版，并进行了全国范围的试验。到 1971 年，约有 12000 名瑞典学生使用 IMU 教材的第 3 版。IMU 教材在国际上也有很大的影响。不幸的是，由于资金削减，1972 年就结束了这项试验。

应该指出，以刺激—反应理论为基础的行为主义，片面强调外在的行为，忽视人的思维，忽视人的认知特点，存在着致命的弱点。例如，对于按学习行为将教育目标分类，奥莫尔曾指出，尽管人们希望教育目标的达到要以行为的方式加以验证，但不应把目标限制在能够直接可靠地度量的目标上。爱森伯对行为主义的抨击更为激烈，他认为把教育与训练等同起来，不能抓住数学学科的本质。在加涅所提出的八种学习类型中，实际上也只有三种"最低级"的可用严格的行为主义术语来表述。

同时，行为主义的程序教学显得机械、刻板，学生所学的知识比较死板，不利于在总体把握的基础上对教材作综合性的理解和学习。它限制了学生独立思考能力的发展，甚至有可能扼杀学生的创造性。而且，程序教学的教材不易反映科学知识的发展，不能随时针对学生可能产生的问题进行教学，这势必影响学生智力的发展。

然而我们也应该指出，尽管在全部课程里普遍采纳行为主义方法的主张后来被放弃了，数学课程的编制也不能全面采用行为主义的方法，但是斯金纳的行为主义观点在美国早期程序教学运动中影响很深，他设计的学习程序，以及由他提倡而发展起来的机器教学等技术，对了解学习、提高学习效率具有一定的启示和参考意义。随着对程序教学各种因素的实验研究的广泛开展，各种非行为主义学派的心理学家也投入程序教学的研究。20 世纪 60 年代初，苏联、英国、日本以及其他欧洲国家都先后开展了程序教学运动，产生并发展各种适合各国国情的程序教学理论、方法以及计算机辅助教学。

行为主义数学课程设计的主要思想，即行为主义的课程观表现为：第一，在课程与教学方面强调行为目标；第二，在课程内容方面强调由简至繁的积累；第三，强调基本技能的训练；第四，主张采用各种媒体进行个别教学；第五，提倡教学设计或系统设计的模式；第六，主张开发各种教学技术；第七，赞同教学绩效、成本—效应分析和目标管理等做法。

在行为主义者看来，任何学习过程都可以用刺激—反应模式来加以描述，学习过程可以从拟定适当的刺激—反应程序开始，而且学习的结果可以"物化"为观察得到的行为变化，而这种行为变化又是可以检验的。对学习目标，应加以细分使其具体化，简单的目标通过若干个别的、分离的刺激来实现，复杂的目标则通过简单目标的叠加来实现，但其中这些简单目标必须构成一个精心安排的、尽可能以经验为基础的序列。

斯金纳、布鲁姆、加涅等人的工作充分体现了行为主义的课程观。斯金纳提出程序教学模式，其基本思想就是把课程内容分解成很小的单元，然后按照逻辑程序排列，一步一步地通过强化手段使学生逐步掌握课程内容，最终达到预期的课程目标。布鲁姆建立了目标教育分类学，他将教育目标分成认知领域、情感领域和操作技能领域等3类，其中每个领域又分为若干学习水平，每种学习水平又有一定的行为界定。他认为这样制定的教育目标便于客观地评价，因为这些具体的、外显的行为目标是可以测量的。加涅则提出了累积学习理论，其基本观点是，学习任何一种新的知识技能，都是以已经习得的、从属于它们的知识技能为基础。加涅将人类学习分为8种类型：信号学习、刺激—反应学习、连锁学习、词语联想学习、识别学习、概念学习、规则学习、解决问题学习。其中前4种学习属于行为主义学习理论，从中，加涅的累积学习模式为行为主义课程观提供了理论依据[1]。

第三节 "新数学"方法

19世纪20年代以来，随着非欧几何的发现、抽象代数的建立、各种抽象空间的研究以至集合论的产生，现代数学迅速发展，数学的观念发生了根本的变化。法国一群现代数学家用笔名"尼古拉·布尔巴基"出版了多卷《数学原理》，形成了著名的布尔巴基学派。"新数学"方法的产生是与布尔巴基学派的影响分不开的。

现代数学以集合论为基础，注重结构，采用公理化方法，运用统一的现代数学语言。数学的结构化、精确化、形式化为大学数学教学提供了丰富的内容和极好的组织、表达方式。可是，直到20世纪40年代，中学数

---

[1] 喻平.基于行为主义的数学教育理论［J］.浙江师范大学学报（自然科学版），2003（4）：6－10.

学的内容仍是传统的一套，未能涉及现代数学的思想、概念、语言和方法，中、小学的数学教学与大学的数学教学严重脱节。在这种情况下，一批数学家主张用"新数学"方法改革传统的中学数学课程，掀起了一场数学教育现代化运动。法国数学家、布尔巴基学派的成员狄奥东尼1959年在莱雅蒙会议上的讲演，阐明了"新数学"的概念，提出了中小学数学的新思想。他说：

"近50年来，数学家们不仅引入新的概念，而且还引入新的语言。一种根据数学研究的需要，由经验产生的语言，这种语言能简明精确地表达数学，这种功能被反复检验，并已赢得普遍的认可。"

"但是直到现在中学里还顽固地反对介绍这种新术语（至少法国是如此），他们死抱住过时的单调的语言不放。因而当学生进入大学时，很可能从未听到过如集合、映射、群、向量空间等普通数学词汇。当他们接触到高等数学时感到困惑、沮丧也就不足为怪了。"

"近来中学的最后两年或三年已经介绍了一些微积分初步、向量代数和一点解析几何，但这些课题常被置于次要地位，兴趣中心仍和过去一样，纯几何或多或少是按照欧几里得几何并用一点儿代数和数论来教的。"

"我认为，拼拼凑凑的时代已经过去，我们的使命是进行更深刻的改革——除非我们甘愿使状况恶化到严重妨碍科学进一步发展的地步。如果把我思想中的全部规划总结成一句口号的话，那就是：欧几里得滚蛋！"

狄奥东尼在这篇讲演中就中学数学课程内容的改革提出了自己的设想。

用"新数学"方法编制数学课程的着眼点是内容的更新。一方面增加了不少新内容，例如集合、映射、群、环、域、向量空间、布尔代数、概率、统计、计算机科学等，同时删减了传统的欧氏几何、烦琐的三角式变形等内容；另一方面利用现代数学的基本思想，用集合、映射、结构等概念将中学数学的各分支统一成一门学科。即使是传统的课题，也力求用新的思想来改造。在课程的处理上，十分强调公理化方法，强调演绎体系，重视推理、证明而忽视计算、应用。再有，它广泛地使用现代数学语言，使用集合论和数理逻辑初步的符号。

"新数学"方法的目标是面向少数尖子，满足升大学特别是继续学习的学生的需要，弥补中学与大学数学教学的脱节，以便培养新一代高质量的数学家。

在法国，大学数学教学早就按照布尔巴基学派提出的结构思想进行了改革。1958年7月，法国邀请共同市场各国代表对新的中小学数学教学大纲进行讨论、提出意见，然后修订公布。这个大纲已经包含向量、数论初步、微积分初步、概率统计、力学、画法几何等内容，但尚未引入集合的知识，并不突出结构思想。1960年7月，颁布了新的中小学数学教学大纲，它比1958年的大纲更现代化，广泛使用集合的概念与符号，引入代数结构、拓扑结构等内容，微积分先用直观方法介绍，最后一年再给以一定程度的严格化。1969年7月又颁布了一份新大纲，在现代化程度上又前进了一步，从初中一年级开始就系统学习集合论的初步知识，把集合与集合间的关系看成数学的基本研究对象；从初中三年级起逐步系统地引入数学结构的概念；大量删减综合几何的内容，用向量几何替之，使几何内容代数化。

在美国，1951年伊里诺斯大学建立学校数学委员会（UICSM），其目的是研究9—12年级的数学内容和数学教学问题。由该委员会制订的一项设计是美国课程研究一个时代的典型，许多现代中学数学课本一直受到该委员会的影响。这项设计的目标是为了大学的利益而改善准备进入大学的学生的数学教学，从而弥补中学与大学数学之间的脱节，以保证新一代的数学家具有良好的素质。

UICSM早期采用的是"新数学"方法。下面我们摘引UICSM《高中数学（第一册)》里的一段内容，从中足以看出"新数学"方法重视结构化、系统化、抽象化，重视数学语言的运用，但是对教学方法却是很不讲究的，见表4-1。

表4-1　"新数学"方法

	引入原理	唯一性原理	定义原理
减法	$\forall x$，$\forall y$，$(x-y)+y=x$	$\forall x$，$\forall y$，$\forall z$，若 $x+y=z$，则 $z=x-y$	$\forall x$，$\forall y$，$x-y=x+(-y)$
相反数	$\forall x$，$x+(-x)=0$	$\forall x$，$\forall z$，若 $x+z=0$，则 $z=-x$	$\forall x$，$-x=0-x$
除法	$\forall x$，$\forall y\neq 0$，$(x\div y)y=x$	$\forall x$，$\forall y\neq 0$，$\forall z$，若 $zy=x$ 则 $z=x\div y$	$\forall x$，$\forall y\neq 0$，$x\div y=x\dfrac{1}{y}$
倒数	$\forall x\neq 0$，$x\dfrac{1}{x}=1$	$\forall x\neq 0$，$\forall z$，若 $xz=1$，则 $z=1/x$	$\forall x\neq 0$，$\dfrac{1}{x}=1\div x$

1958 年成立了美国最大最著名的数学课程研究小组 "学校数学研究小组"（SMSG）。它编写从幼儿园到 12 年级的全套数学课本，还编写了 43 种关于它的活动的通讯刑物。SMSG 的课本被译成 15 种语言，影响很大。它给全世界的数学教育改革者以鼓舞，并提供了一个模型，从 20 世纪 60 年代的许多出版物里都可以看到它的思想。SMSG 还培训了一代新教科书的编写者，并为讲授新数学培训教师。

英国 1961 年编写的《中学数学方案》（SMP 教材），一开始就带有 "新数学" 的气息。它反映现代化，介绍像线性代数、变换几何等新课题，也重视代数结构。但它在处理上与其他 "新数学" 教材有所不同，它在形式上并不抽象，没有采用严格的公理化表述，而强调数学的趣味。它的主要目的也不是为学生上大学作准备，而是向学生介绍数学在技术社会中的现代应用。由于 SMP 教材是工业界资助的，因而它强调计算机数学、统计、概率、运筹学等学科的广泛应用。SMP 教材以市场渗透的形式获得了很大的成功，一半以上的英国中学使用了 SMP 教材。三十年来，SMP 教材有了很大的变化，得到进一步的改善。

"新数学" 方法的数学课程设计偏重数学内容，忽视教学方法；着眼于少数尖子，忽视了面向大多数学生；偏重理论，忽视应用；偏重数学结构，忽视技能培养；要求偏急偏高，脱离学生和教师的实际状况，存在着一定的片面性。加上其他一些原因，使多数国家不能坚持纯 "新数学" 方法，到 20 世纪 70 年代以后甚至出现了在 "现代化" 方向上 "后退" 的倾向。但是应该看到，这个 "后退" 并不是 "退" 到 "新数学" 之前的状况。"新数学" 方法在更新中学数学教学内容、改革传统的数学课程体系、力求提高中学数学的教学水平的方向是对的，"新数学" 的一些课程设计的经验也为此后的课程发展提供了有益的借鉴。

到 1980 年代中后期，随着在 "新数学" 改革期间尤其是在其巅峰时期就开始出现和形成的一些理解方式和立场（如 "建构主义" 的学习观、学生—社会—学科之间关系的新认识、在 "特殊利益群体" 意识之下对 "所有人" 的关注、对个体权力和潜力的新认识、多元化的出现和认同，等等）逐渐地走向成熟并为教育界所接受，一个新的 "改革的时代" 也就来临了。这场新的科学和数学教育改革在美国以 1985 年美国科学促进协会启动的 "2061 计划" 为重要标志。在启动这个项目之后，美国科学促进会先后发表了《为了全体美国人的科学》（1989 年）、《科学素养基准》（1993 年）和

《改革蓝图》（1998 年）等系列改革建议文件，掀起了科学教育改革在世纪之交的一个高潮。在数学方面，美国的全国数学教师理事会也于 1989 年在所有学科中率先发表了《数学课程和评价标准》，成为此后数学教育改革的重要参照基准。数学教育的改革，到目前为止，似乎再也没有出现过像"新数学"那样声势浩大、涉及范围广阔、影响较大（当然，教育改革要根本地在课堂层面上产生"很大影响"从来都是困难的事）的课程改革。从这个意义上说，"新数学"课程改革无论是在数学教育发展史上，还是在一般的课程改革史上都应该算是一个值得一瞥的"事件"①。

第四节　结构主义方法

结构主义方法是以布鲁纳的"学问结构"理论为基础的。概括说来，学问结构理论认为：认知结构是已有的概念和思维能力的结合，由少数几个概念组成的简单结构通过补充新的概念而发展成为复杂的结构。认知结构发展到最高阶段就相当于科学结构，它可以看作科学所包含的全部概念和过程的精华。科学结构是十分复杂的，它包括科学的全部见识、概念和过程，但它同时也是极易表达的，以致能在低水平的认知下传播。传播科学结构的目的不是让学生获得这些结构的知识，也不是像传播教育内容一样用初等方法传播这些结构，而是要展示其过程的特征。这在很大程度上是科学结构和认知结构相适应的基础，使学习者有机会熟悉结构并且较好地理解其复杂性，从而进一步获得新概念，如此等等，直到学习者的认知结构与科学结构完全一致为止，这时学习者便成了一名科学家。为了说明这种进展方式，布鲁纳采用了"螺旋式课程"的概念。根据他的理论，可以得出这样的结论：科学结构适合于最优化方式的学习进程，因此应努力把课程改革的方向放在科学的学问结构上。

结构主义方法主张采用螺旋式课程。布鲁纳 1960 年在《论数学学习》一文中谈到教学与课程设计时说："首先要处理课程的次序，其次是处理具体的细节。"

---

① 王建军．"新数学"：一个课程改革的故事及其启示［J］．全球教育展望，2007（3）：31－36．

布鲁纳还说："我们需要的是近乎螺旋式的课程。在螺旋式的课程里，概念是以某种同义语的形式提出来的，随后变得更精确更有力，再进一步发展与扩充，直到最后学生已经感觉到至少已经掌握了知识的一些主干部分。"

螺旋式课程保证了由低水平到高水平的学习进程。在认知的较低阶段，数学对象是学生凭借其环境经验发现的。随后，分析的思维一步步地发展，同时公理化方法被用来解释和分析结构。此外，螺旋式课程也保证同一对象循环地在更高的认知水平下被重新处理。

结构主义方法既注意科学结构，又注意认知结构，力求做到两者的平衡和统一。在课程设计中，既要注意内容，也要注意方法，二者相辅相成，协调发展。结构主义方法提倡用发现法学习，学生通过探索、发现获得知识的结构。而这种做法在行为上就像精通了这些结构的数学家一样。科学结构往往表现为高度的抽象性，例如群、环、域、线性空间等概念，对于中学生来说是很抽象的。为了能教给低年级学生，课程编制要体现基本结构的发现过程，设计直观、有趣而有意义的教学模式。

布鲁纳在上面提到的那篇文章里说："在数学课程设置方面有一部分现在正处于发展中的状况，在我看来实际上还是一片空白。必须对不同年龄的学生通过直觉掌握不同的数学概念和结论的语言和概念进行调查，这就是儿童在精确地掌握的过程中必须将数学翻译成的那种语言。关于这一点，心理学家可以提供帮助。作为课程建设者的助手，我认为应该设计出填补数学中的概念和学生理解这种概念的方法之间裂痕的方法。"

著名数学家和心理学家迪恩斯于 1973 年提出了"数学学习过程的六个阶段"。简单地说，这六个阶段从低水平到高水平分别为：①自由活动、②游戏、③探究共性、④复现、⑤符号语言、⑥公理化。他认为数学材料应当适当安排，在学生接触到概念的、更加抽象的表现之前，先让学生以游戏的形式演算概念的具体表现。迪恩斯还为低年级学生设计"逻辑积木"，由具体的集合操作转到相应的智力活动，在形成具体的逻辑联系时清晰地理解演绎推理结构。

1963 年在麻省召开的剑桥学校数学讨论会基本上是以结构主义方法为基础的。发现法学习已被认可为数学教学的适宜方法，在选择内容与所提倡的方法之间已达到了某种平衡。这次会议的成果《学校数学的目标》成为以后课程设计和教学的指导方针。

在这份报告中所设想的目标是：

（1）现代数学教学的总目标除了其他内容外，讨论还涉及"技巧与概念""技术词汇与符号"、在课程编制中纯粹数学与应用数学的关系以及数学的潜力与限度。

（2）教育学原则与技巧。"发现法"是作为核心教学方法提出来的；讨论了练习的作用以及开放式问题和学生间的自由讨论的需要；所有这些都试图与训练作对照。

（3）数学教学的内容。根据不同的年级来安排，课题目录包含许多要求的课题，是大学数学的一种缩写版，就中学水平来看，它有很强的"新数学"倾向。

《学校数学的目标》谈到关于"现代数学的作用"时指出："有人主张，安排数学课程应该尽快地引入当代的数学研究。我们不赞成这个观点。当代的数学研究已给我们提供了许多新概念用以组织我们的数学思维。该学科常有这样的情况：一些最重要的概念是非常简单的，诸如集合、函数、变换群、同构等概念可以用简单的形式介绍给年幼的儿童，然后反复地应用直到建立起深刻的理解。我们相信，这些概念之所以属于该课程，并不是因为它们是现代的，而是因为它们在组织我们想要提供的题材时是很有用的。"

以上所摘引的几段文字说明了结构主义方法的意图，可以看出结构主义方法所谓的"认知转换"即从"新数学"方法转向结构主义方法。

1965 年，美国又成立了"中学数学课程改革研究小组"（secondary school mathematics curriculum improvement study，SSMCIS），总部设在哥伦比亚大学教育学院，主任是费尔。据情报交换所的一份报告说："这个研究小组是专门为 20% 学习能力居上等的学生创立的，并为他们编制一套数学课程，使所讲授的内容和现代的数学概念一致起来，并使内容达到北欧和俄国新近制定的大纲的同等水平。"1970 年 10 月的一份《情况简报》中还说："我们正在进入重新建设中学数学的第二阶段，其目的是把数学作为知识的统一整体提出来，以便反映出这门学科现代概念的形成，并反映出整个 60 年代这门学科在世界范围内的革新情况。正在发生的这种革新，对于 70 年代数学的不断创新有重大意义。"

SSMCIS 认为，某些基本概念是所有数学体系结构的支柱，也是新的统一数学的基础。在课程中，应当逐渐增加广度和复杂性，并且建立集合、关系、二元运算、函数（映射）等基本概念和群、环、域、向量空间等基本结构，以及这些抽象结构中最重要的一些例子，如数系、各种几何、概率和微积分，包括和数字计算机有关的数值分析。这样组成的课程就是双蜗牛（借用现代生物学的一个名词，意即螺旋形）的一种。

研究代数结构，应当从非常具体的群、环、域和向量空间的运算体系开始，从简单到复杂，从具体到抽象。同时，在说明这些结构时，应以有穷的时钟算术和实数、复数系为例，逐步地复杂化和抽象化。

SSMCIS 所提出的这些目的与原理，充分体现了结构主义的方法和思想。按照这些设想为七至十二年级编写了一套中学数学新课程《统一的现代数学》，利用螺旋式方法发展概念，把现代中学数学统一起来。1972 年 SSMCIS 修订的大纲是按下列课题排列的：（课程 1~6 分别供七至十二年级学生使用，每学年一册）

课程 1：有限数系、运算体系、数学的映射、整数、整数相乘、格点、集合和关系、数论、有理数、概率和统计、平面内的变换、有理数的应用。

课程 2：度量和测量、集合和结构、数学推理和语言、群、域、仿射几何、实数系、坐标几何、描述统计学、实函数和图像。

课程 3：矩阵代数、线性方程组、矩阵几何、多项式、有理函数、概率和组合、圆函数、非正规的立体几何、向量空间。

课程 4：计算机程序编制、二次方程、复数、圆函数、条件概率、随机变量、向量代数、线性程序编制、序列和级数、指数函数、对数函数、向量空间。

课程 5：连续、极限、线性近似、导数、线性映射、线性程序编制、期望、马尔科夫链、积分。

课程 6：无穷、二次曲线、圆函数的解析性质、指数函数的解析性质、对数函数的解析性质、积分技巧、积分应用、无穷结果集、解题方法。

结构主义课程改革运动总体上归于失败。一般认为改革失败的主要原因在于按照基本结构编写的教材难度过高，枯燥晦涩，因此被学生和教师所拒绝，从而导致学生学业成绩明显下滑。尽管数学教学的结构主义课程改革即新数运动失败了，但它对数学知识结构的研究和教材内容螺旋式编排的努力，特别是它在教学目标上注重学生知识结构的形成和认知能力的发展，教学实践中倡导学生独立思考、主动学习、自主活动、发现学习，这无疑契合了时代变迁对人才培养的教育要求。我国《义务教育阶段数学课程标准（2011）》强调掌握"知识技能"、掌握"基本数学活动经验"、"基本"学会"探究发现"等，其实就有明显的结构主义痕迹①。

第五节　形成主义方法

形成主义方法的建立，是以如下两点假设为基础的：第一，任何学校教育的目标都应赋予学生良好的基本认知能力和情感、动机、态度。第二，这些因素可以用个性品质来刻画，这些品质包括创造能力、智力、行为动机等因素。这些因素的发展过程取决于个性发展的结构，而不是科学的结构。因此，科学学问与认知理论的相对地位在总体上发生了变化，课程编制的重点从学科方向转向个性方向，形成主义方法也就逐渐产生，并从结构主义方法中分离开来。

皮亚杰通过对儿童数学概念形成过程的研究逐渐认识到这些数学概念是通过具体对象及其抽象的操作活动图式的内化形成的。他把从具体的操作水平到逻辑的操作水平的不同阶段的抽象称为"操作智力的水平"，儿童概念的形成过程是在由儿童自己操作实际对象的具体操作水平上建立起来的。皮亚杰 1965 年在《教育科学和儿童心理学》一书中说："现代数学的最一般的结构同时也是最抽象的，在儿童的思想上从不会出现与此相同的给构，无论是语言的还是物质的，除非是以具体操作的形式出现。"他还说："我们不应相信，关于抽象和演绎的扎实的训练必须先尽早地使用专业语言和专业符号，因为数学抽象是操作性的抽象，它是通过一系列连贯的阶段发展起来的，并且最先的起源是非常具体的操作。"皮亚杰认为："数学教学的中心问题是智力特有的内在操作结构和有关于所教的专门数学分支的大纲和方法之间相互适应的问题。"同时，皮亚杰还认为，数学的推理和抽象的源泉是以活动为基础的，它不同于以物质为基础的抽象（这是物理领域或其他非数学领域实验的源泉）。他强调儿童要通过自身的

① 张红．数学的结构性及其课程教学中的结构主义［J］．宜春学院学报，2013，35（3）：29－31，95.

活动得到知识。

形成主义方法的课程单元的基本特点是开放性，它用于启动学习，但不能决定学习过程，因为很难确定学生的自发活动会出现什么结果，所以在某种程度上教学过程的进展是不确定的。因此，课程设计不能以编制现成的教学单元教材为目标，而应帮助教师发挥主导作用，即创设儿童能够从事"实际活动"的情境，并把活动转变为学习过程。为了做到这一点，必须为教师提供主要的信息和思想，并附以解释性的材料，以便对可能的过程给予典型的描述并提供建议，使教师能在特定的教学情境有所依循。学生使用的教材仅仅作为掌握情境的辅助，作为某一阶段学习过程中处理和同化在活动中所获经验的强化物。

由于皮亚杰和其他心理学家的研究几乎都只涉及智力发展的早期水平，因而形成主义方法主要应用于小学的课程设计中。

皮亚杰在《教学科学和儿童心理学》一书中摘引了国际公共教育会议（国际教育局和联合国教科文组织）1956年会议的第43号推荐书《中学数学教学》的几段文章，以帮助我们具体理解形成主义方法。现转引如下：

"下列事情是重要的：①指导学生形成自己的观念并自己去发现数学关系和特性，而不是把现成的思想强加给他（学生）；②在介绍形式化结论之前首先保证他获得操作的过程和思想；③不要相信未经同化的任何操作的自动作用。

"下列几条是绝对必要的：①确保学生首先获得数学实体和关系的经验，然后才开始学习演绎推理；②逐步地扩充数学的演绎结构；③教会学生提出问题，收集数据，利用数据并估计结果；④宁愿启发式地研究问题，而不要学究式地说明定理。

"下列几点是必要的：①研究学生产生的错误，并把它看作是了解学生数学思维的手段；②在自我检验和自我纠正中培养学生；③给学生灌输近似的观念；④把思考和推理放在首位。"

美国的梅迪逊设计、英国的纳菲尔德设计和苏格兰的法爱富设计等可以典型地反映形成主义方法。

梅迪逊设计提倡开放式课程，并编写出多才多艺、富有想象力的教材以支持它对教学过程的观点，他把大学内容作相应精简下放到中学的想法受到赞赏。然而，这个方法对于课程理论的影响远比对中学实践的影响大得多。这项设计所设想的变革，在课堂实践上远远没有完成，一方面，目标与实际具备的条件和理解力之间差距太大以致难以弥合；另一方面，对教师要求过高，教师实质上得不到现成的给学生用的教材，而且"教师作为一个发展者"的观念，难以为多数还抱有"教师是一个传授者"观念的教师所接受。

梅迪逊设计是由从事教师培训的一些大学数学家制订的，他们发起各种课堂实验来探索怎样才能最好地培养兴趣、数学活动能力、创造力以及发现能力。他们研究的结果认为，教师在教学过程中必须起主导作用，因而在课程发展中也应起核心作用，现行使用的教材不能实现所期望的变革，必须努力改善教师的业务能力。为此，梅迪逊设计制作了《教师——讨论和课堂作业》电影片，编写了各种帮助教师组织课堂活动的资料。

新泽西大学教授戴维斯为教师编写了由梅迪逊设计的影片的说明《教学法和课程的一些问题》，讨论了帮助儿童学习数学特别重要的 17 个问题，反映了梅迪逊设计的工作和指导思想。概括说来，主要有下列几点：

（1）采用发展式的方法，即用适合儿童发展阶段的提法来讲授概念，而不是一开始就把一个概念的成熟结论教给儿童，也不要求"第一次就把任何事情弄得正确无误"，因为这往往是不可能的。

（2）给学生提供清楚的具体例子，使儿童通过体验和思考这些生动的例子或自己所做的事来学习新的数学概念，而不是直接说教，告诉学生这个概念。

（3）精心设计合适的数学概念的序列，以便理解，而不是死记硬背。

（4）省略新的数学概念的严格文字定义，以采用使这些概念通俗化的体验以及随后对这些体验所进行的讨论来代替。这个过程通常称为"先做，后讨论"。教学不能"从严格的定义开始"。正如戴维斯所说："严格定义是用来组成成熟的数学理论的一种方式，使之有可能形成严密的证明并达到可靠的抽象概括。儿童的知识是不可能按照如此严格的方式来组织的，而且他通常也不需要这种精确的数学定义。"

（5）既要提供充分的经验使儿童能发展直觉概念，又要使他们有机会把这些概念告诉我们并加以描述和澄清，从而使它们变得更清晰。

（6）用数学命题描述现实，因此数学是由"现实的经历"所组成的。

（7）方便时要让儿童作决定，而不是由成人帮儿童作决定。

（8）好的数学教学法的一个重要目标是使儿童深信数学是合情合理地回答合乎情理的问题。任何课题最好推迟到学生能体会到它是"合理问题的合理回答"时再提出。

（9）要把问题的意义分析清楚，让儿童自己设法解决问题，而不是教师去解决问题再让学生模仿。

（10）细心观察来自学生的暗示，更多地关心由学生传给教师的信息。包括学生说什么、写什么、迟疑、面部表情、姿态、眼神等。教师工作的主要部分是诊断，而不是讲解员、演员或街头宣传员，教师应该是诊断者、助手，也是正确的成人行为的表率。

英国的纳菲尔德数学设计，是与形成主义方法有关的又一重要的设计。英国大量的小学都遵循了它的建议。

这项设计尝试创造一个促进学习的情境，在这个情境中，数学是作为解决问题的工具，并且鼓励思想交流。在这个过程中，数学是理解和表达思想的有用的、精确的语言。纳菲尔德设计受了梅迪逊设计的影响，它与梅迪逊设计有着类似的目标，两者的区别主要表现在教育体制的不同。英国的开放式课程预先假定并允许以课堂为基础的课程编制，教师的介入促进建立儿童中心课程。

苏格兰的法爱富数学设计也可归为形成主义方法，它强调的是教学方法而不是数学内容，强调教育目标胜于数学目标。

它的教育目标是：①通过儿童积极参加的作业来激发其学习和理解；②允许学生多方面自行支配时间，从而培养学生的责任感；③通过提供一系列能为学生很快接受的参考资料来树立其自信心；④让学生体验通过独立的或合作的努力而取得成功的感受，从而发展其自信心。

它的数学目标是：①使学生熟悉数与形的基本概念，以及映射与关系的概念；②发展学生的逻辑思维能力和由简单模型明确地进行概括的能力；③给学生体验独自钻研一系列经过仔细挑选的作业的情境，从而有助于他今后去发现更形式化的数学的含义和重要性。

第六节 整体化方法

整体化方法与形成主义方法有着相同的认知理论基础，但整体化方法不仅限于组织学习过程的方法，而且还考虑教学的内容，无论是学习过程的组织，还是学习内容的选择，都注意考虑学生认知发展的要求，以发展学生的个性为目标，以学生的需要和兴趣为出发点。

整体化方法取消分科教学，根据实际问题的需要把各个学科综合起来。实际问题及其所涉及的领域，往往不能局限在某一学科范围内来处理，也不能用某一门学科的教材、概念和方法来解决。在解决任何一个问题时，往往需要综合运用几门学科的知识。这就是采用整体化方法的基本原因。

在整体化方法中，数学的作用主要是数学化，建立实际问题的数学模型，从而把现实情境与数学体系联系起来。在整体化方法中，数学概念的实际内容成为教学过程的主题。

整体化方法十分强调学生的学习动机，提倡让学生自己动手去解决问题。当然这也不排斥教师给学生以必要的诱导与指点。同时，课程单元非常灵活，给学生提供尽可能多的进入或导出问题的通路，使学生自己能控制解决问题的过程，从而控制学习的进程。

整体化方法主要被用于小学的数学和自然科学的综合课程设计。其中比较典型的是美国小学统一的科学和数学设计（united science and mathematics for elementary schools project，USMES），它是 1970 年由牛顿（数学）教育发展中心遵循《基础数学和数学的相关目标》的作者的建议作出的。

USMES 进一步发展了梅迪逊设计的思想，增加了根据解决实际问题来考虑内容的构想，教材通过一些专题来组织。USMES 提供了"教材包"，其中 26 种已经编制出来。每一单元都提出取材于现实世界某一领域的具体问题，例如，"在学校进餐""涉行过交叉路口""描写人物""教室管理""消费者调查""学校动物园""跟踪大自然""气象预报"等。

这些单元可以由教师与学生来完成。各单元并没有严格的次序，并不按其难易程度安排，大多数单元可在一至八年级（即小学、初中）的任一年级使用。这样设计可激发学生的学习兴趣，鼓励学生将科学的各个方面综合起来学习。这种做法，必须在学生的认知水平尽可能高的情况下进行。

英国学校委员会发起了若干种设计，试图把数学、环境、物理、社会研究和语言等的各种特征综合成一个整体。1967 年开始的"面向多数人的数学"（MMP），基本上是仿照纳菲尔德的组织方式，仅提供教师的指导。后来，认识到需有上课的教材，于是在 1971 年建立了"继续"的设计（MMCP），它包括工作卡、小册子、模型、磁带、游戏、智力题等一整套资料，它的课题有"建筑物""交通""银行""体育娱乐"等。由此不难看出，MMCP 的设计可以更明显地归为整体化方法。

下面我们转引 MMCP 的"体育活动"这一专题资料的目录，见表 4 - 2，从中可以发现这个专题包含多样化的数学，同时也可了解大量的再创造活动是怎样促进数学课题、概念和方法的学习的。

表 4 - 2 "体育活动"和数学

题目	论题	数学内容
1. 跑道	绕圆圈行走；测量圆周；跑道	圆的周长和直径；圆作为轨迹，螺线（较复杂的）；计算和度量
2. 肺活量	1 升有多大？你肺里的空气	很大的数；测定；尤其是米制单位的体积；模型制作
3. 游泳比赛	测定游泳时间，比赛记分	平均数；泳道全程；估计和精确测量
4. 足球	投球，进球；射门	坐标；透视；固定顶点的张角；同弧上的圆周角
5. 阵式足球	规则；阵式足球	将矩阵形式的有序数对看作向量位移，利用负数说明向左、向右及向上、向下的规则
6. 浮起来吗	浮在水面上的物体；物体下沉原因；不同重量的船要造多大才行	长方体积；阿基米德原理；密度概念
7. 帆船	帆船；航道；定方位	目标方向和角度

题目	论题	数学内容
8. 登山	等高线；湖区行程；山的高度	应用公式；标尺；斜率；可从等高线引出的拓扑概念，如连续性与不连续性
9. 山（续）	山的模型；湖区景观；距离	解释等高线；模型制作；同锥与楼锥
10. 风	风速；风速表	图上区域的解释；角速度；旋转对称
11. 拔河	爆发力；弹性；张力	绳子的摩擦力与张力（定量）；置换代数（这里可补充大量内容，例如"排次序"比赛等）；">"和"<"次序关系的传递性，即 $A>B$，$B>C$，$A>C$，注意次序关系不是等价关系，因为 $C>A$ 或者 $C>B$，$B>A$ 皆不成立
12. 力和方向	力量与体重之比；方向；地图参照系	比率；按千米进行测量；角度；方向；坐标系尤其是地图参照系
13. 钓鱼	钓鱼游戏	分数和百分比
14. 钓鱼线	钓鱼线的类型；钓鱼技巧	度量单位；圆的直径；分数与小数部分；读图；函数关系；阿基米德原理

这种课程设计方式和"跨学科"课程、"STEM"、"STEAM"课程类似。跨学科课程，即选择一个对学生有意义的现实问题或学科主题，将问题转化为探究主题，学生运用两种或两种以上学科的观念、知识与方法对主题展开持续探究，形成观念物化的产品，由此发展跨学科理解及核心素养。当前基础教育领域日益兴盛的跨学科课程直接源于世界范围内兴起的"跨学科运动"。该运动发轫于 20 世纪 70 年代，自 20 世纪 90 年代以来，伴随信息时代的到来，获得蓬勃发展。跨学科课程本质上是在学科之间建立联系以实现跨越，并最终让知识成为"统一体"，帮助学生更好地理解并创造世界，发展批判精神和完善人格。其基本特征有以下三个方面：第一，它以跨学科理解及核心素养为直接目标。若不能产生跨学科理解及核

心素养，"跨学科课程"就会导致"为活动而活动"的常识化学习。第二，它以学科观念、知识和方法为基础。若忽视学科基础，"跨学科课程"就失去了连接的对象和探究的手段，必然导致浅层学习。第三，它实现了不同学科彼此间的整合。倘若不能在两门以上学科之间建立联系实现一定程度的跨越或融合，"跨学科课程"必然走向形式主义的"学科拼盘"，丧失其教育价值。《义务教育课程方案（2022 年版）》确立了"加强课程综合，注重关联"的基本原则，其主要内涵包括三个方面：第一，就每一门课程而言，均须加强课程内容与学生经验、社会生活的联系，强化学科内知识整合。第二，优化道德与法治、科学、艺术等"学科群"综合课程设计，以及综合实践活动等"生活类"综合课程设计。第三，增设跨学科主题学习。开展跨学科主题教学，即围绕学生感兴趣的现实世界主题，以一门学科为主体跨越其他学科，设计系列探究活动，帮助学生开展探究学习。所有这些举措，均旨在"培养学生在真实情境中综合运用知识解决问题的能力"①。

---

① 张紫屏. 跨学科课程的内涵、设计与实施［J］. 课程. 教材. 教法，2023，43（1）：66－73.

第五章 数学课程开发

第一节 数学课程的设计

数学课程设计是指依据教学目标，在教育学、心理学等理论的指导下，对数学课程内容的编排方式的设计，以使课程的展现过程不仅具有可接受性，而且有助于使学生形成良好的数学素养。

要开发数学课程，首先要组织数学课程的设计。数学课程的设计是从数学家、教育科学专家或课程研究人员、数学教育专家的角度来研究数学课程的类型（如采用学科课程还是活动课程，综合课程还是核心课程等），研究编订有关课程文件的具体内容，包括教学目的和任务、教材选择的范围（包括深度和广度）以及编排体系、各部分教材的分量和教学时间的分配、各项教具的使用等。

课程设计内容主要包括教育方针、课程方案、课程标准、教材体系等，其中核心内容是课程方案与课程标准，教育方针是依据，教材体系是表现形式。课程设计是课程改革的理论准备和文本形成阶段，是一个复杂的过程。课程设计的复杂性，不仅由课程设计和审议工作本身的复杂性使然，而且受课程设计模式多样化的影响，还要对不确定的课程实施问题进行规范与引导。不仅政府官员、教育管理者、课程专家、学科专家、教学人员、研究人员等不同的主体参与课程方案的设计与课程标准的研制，甚至学生家长、社区成员和学生都可以直接参与其中。

第二节　数学课程的实验研究

数学课程的开发关系到基础教育水平的提高，所以设计思想必须既积极又稳妥。一个好的设计必须考察以下几点：按这个设计编出的课程和教材是否体现设计的指导思想，这些指导思想是否符合实际需要；数学课程是否具有合理性、优越性；课程教材是否便于学生学习，能否达到预期的教育目标，课程和教材是否具有可行性，还需作哪些改进和完善等。这些都要通过实验研究来回答。数学课程开发可分为五个阶段：计划、研究、发展、传播和应用。其中研究、发展和传播是数学课程开发的三个核心阶段。先由数学家和数学教师共同编写教材，然后在试点学校进行实验，经修改后再进行实验，如此可能循环多次，最后再分发到更多学校加以传播、推广。实验研究是开发数学课程重要而且艰巨的一步。

数学课程实验研究的方法是给实验对象制造一个人为环境，引入可控制的变量，根据研究的目的进行系统的观察，并对实验资料进行解释，以期达到验证目标的目的。

数学课程实验研究的方法虽然也可采用观察、调查、记述、统计、分析等实证的研究方法，但上述方法和实证的研究方法有本质的区别。实验研究方法人为地制造了验证实验假设的系统和环境，因此其结论具有相当的可靠性。

一、　实验研究方法的基本要求

（一）要提出实验问题，明确实验目标

数学课程实验研究的任务是要验证所设计课程的教育目标是否恰当，能否达到；内容选择、结构体系是否必要、合理、优越，是否可行。所以实验前先要围绕上述任务提出需要验证的一些明确、具体的研究问题。例如，《实验教材》的实验研究就曾提出过：数系通性（运算律）在由算术到代数的转折中的作用；集合逻辑在由实验几何到论证几何的转折中的作用；向量在由定性几何到定量几何的转折中的作用；逼近法在微积分中的

地位、作用等课题。此外，它从教学和学习方面也提出了一些实验研究问题。比如，着重通性通法对能力培养的作用；逻辑知识对培养论证能力的作用；学习兴趣与学习效果的相关程度等。

为了明确实验目标，必然要提出实验设想，即实验假说。所谓假说就是以假设的形式，对实验条件和实验后的预期结论加以明确陈述，从而使被论证的实验问题更加明确化。数学课程实验的假说就是对所设计的数学课程可能得到的实验结果作出的推测性假定。当然这种推测不是凭空的，它是在科学观察和经验归纳的基础上所作的合乎逻辑的某种命题或命题体系。因此，假说可以通过类比、归纳、演绎等方法获得。假说的价值在于它是理论的先导。

对假说有以下要求：

假说用语应力求明确严密。假说用语只有明确严密，验证假说才具有科学意义。

假说应是可验证的。由于数学课程实验假说是对数学课程可能得到的实验结果所作的推测性假定，而实验的目的就是验证这种推测的正确程度和可靠性，因此实验假说必须是通过实验可以验证的。

假说须简要。即假说作为一个命题组，应该条理分明，表达清晰。

假说须充分。实验假说命题的根据应是充分的；假设命题的成立是可能的；假设命题本身在逻辑上应是无矛盾的。

（二）要确定实验的总体，抽取的样本要有代表性

用统计方法分析实验资料的基本思想，是从样本的特征去推断总体的特征。显然实验不可能对总体中每个对象都进行考察，只能从总体中抽取一部分有代表性的样本进行实验，以便从样本所提供的特性信息去推测总体的特性，从而对相应的研究作出结论。

从总体中抽取样本，抽样时必须注意以下几点：

（1）抽样要具有随机性。它指的是从总体中抽取样本时，要尽可能使每个被抽取的个体都具有均等的机会，使被抽取的任何个体之间是彼此独立的。

（2）抽样要具有代表性。它指的是尽可能使抽取的样本能代表总体。为了保证这一点，分层抽样是一个常用的方法。

（3）抽样时必须考虑样本的容量。估计样本的容量，就是确定样本的

大小。对样本观察研究得到关于总体的一般性结论，其中必然会产生一定的误差，这种误差和样本容量大小有密切的关系。例如，在某一实验中，实验班成绩比对照班成绩有所提高，为了确定这种差异的真实性，就必须作实验结果的显著性检验。如 x 值、相关系数、平均数、标准差等，都有各自的标准来估计样本可能产生的误差，而样本容量的大小将会影响上述统计方法对实验误差的估计和由样本估计总体的真实价值。样本大小的确定要受许多条件的限制，如地区、学校、教师、学生、研究课题及时间、人力、财力等因素的制约。

（三）　要控制实验变量

实验变量指实验条件。所谓实验条件就是在实验中有目的、有计划变化的条件。实验变量一般有以下三种：

（1）自变量，由实验者主动操纵而变化的量。

（2）因变量，由自变量变化引起的并被测量的变化的量。

（2）无关变量，在实验中被控制保持不变的实验变量。它通常指那些不引起实验中因变量变化的无关实验条件。

控制实验变量就是在实验中控制以上三种实验变量。

（1）控制自变量。主要是要求保持自变量的单纯性，也就是在实验中要保持自变量在变化时不改变其自身的性质。这就要求在自变量变化时，严格控制其他无关变量干扰自变量的变化，从而确保观测到的因变量变化的可靠性，并获得实验的真实结论。

例如，在进行一种数学课程、教材的实验时，必须让实验班自始至终坚持使用实验教材，对照班也要坚持使用对比教材，不能使两者混淆或掺杂使用其他教材。否则将无法说明实验教材的优劣。

（2）控制因变量。首先要求目的明确，由自变量的变化所引起的变化因素可能较多，而我们在实验中要控制的是那些我们感兴趣的因变量的变化。其次要能够正确观测因变量的变化，使观测值具有有效性。再次要使因变量的观测结果具有可靠性，最大限度地减少因偶然因素引起的误差。最后要使对因变量的观测具有客观性，即在一定条件下可以重复进行。

（3）控制无关变量。主要是把其他可能引起因变量变化的变量控制在一定水平上，或让它们基本上保持稳定。这就要求在具体实验中，使实验组与对照组的条件保持相当。例如，为了确定某数学教材的可行性和有效性，在选取实验组和对照组时，要考虑使它们的实验条件相当。它包括使实验组和对照组的学生的年龄、性别、智力（或学力）等条件基本相当；实验组和对照组教师的学业水平、教学经验和教学能力也应大体一样；实验组和对照组的教学时间、测验成绩的评价也保持在同等水平上。这些做法就是为了控制无关变量保持在相对稳定的水平上。

有时要把无关变量控制在相对稳定的水平会有一定的困难，所以我们还经常采用使无关变量的效果相互抵消的方法来控制它对其他变量的影响。

（四）实验结果的测试和评价应满足的要求

首先应明确测试的目的。测试只是检验实验结果的一种手段，测试的项目、内容和范围等都应该对照实验目标，明确它们的目的，这个测试才有意义。

其次测试必须是科学的。科学的测试应具有一定的效度、信度、难度、区分度，以保证测试的有效性和可靠性。

再次测试的组织程序、实施方法必须严密，以便减少测试的系统误差和随机误差。

最后对测试结果要根据"定性与定量相结合"的原则作出客观的评价。

（五）实验报告或论文

实验报告一般应由以下几个部分构成。

（1）导言部分。给实验研究课题简明命题，简要说明课题的背景，并对实验的意义、重要性和实验目的作出论证，提出假说。

（2）研究方法概述。阐明研究过程的基本内容和方法，包括怎样组织实验，如何取样和获得资料，进行了哪些调查或测验，是否使用了测验量表，等等。

（3）阐明实验过程和实验结果。主要是阐明执行实验计划的大致实验过程，一般要提出对各种实验图表、测验资料进行分析归纳和数据处理并得到相应的结论。实验者在分析和处理实验结果时要避免主观性和片面性。要根据大量实验资料大胆提出自己的见解，去肯定假说、否定假说或修改假说。总之要用科学的态度去观察、理解所做的实验，并作出恰当的评价。

（4）对研究结果的讨论。由于数学课程的实验研究不像一般技术科学的实验研究那样精确，因此对实验结果的阐述、推断或评价要持谨慎的态度，要加以推敲和必要的讨论。例如，结论成立的条件是否准确，结论的适用范围，取样和获取资料的误差估计，需要进一步验证的有关本实验的问题等，都应在讨论部分提出。这样做是为了进一步提出实验问题，便于同他人交流信息和资料。

（5）必要的资料、图表等要附在报告正文后面供备查。

（6）最后要按参考文献著录规则列出参考材料，如书籍要指出书名、作者、出版社、出版日期，文章则须写出刊物名称、期数等以备查阅。

上面只是提供了一个实验报告的大致轮廓。不同的实验，它的实验报告可有不同的写法，具体写法还应从实际需要出发。

二、　评价实验结果的几种常用统计方法

下面通过几个实例来具体介绍评价实验结果的统计方法。

（一）　两组数据比较的 t 检验

例1　某数学教材的实验中，为了观察实验班与对照班的学习效果，进行了一次统一命题、统一评分的考试，有关的统计量数见表 5-1.

表 5-1　实验考试中的若干统计量数

班级	人数 n	平均分 $\bar{x}$	标准差 S
实验班（A）	49	89.75	11.459
对照班（B）	50	84.5	13.675
对照班（C）	5	87.5	10.248

$$\bar{x} = \frac{1}{n} \sum_{i=1}^{n} x_i$$

$$S = \sqrt{\frac{1}{n-1} \sum_{i=1}^{n} (x_i - \bar{x})^2} \quad (i = 1, 2, \cdots, n)$$

x_i 为各学生的测验分数. 试比较实验班与对照班的考试平均分的差异.

这个问题可用"两组数据比较的 t 检验"来解决.

首先比较 A 班与 B 班. 计算统计量

$$t = \frac{\bar{x}_1 - \bar{x}_2}{\sqrt{\dfrac{(n_1 - 1)S_1^2 + (n_2 - 1)S_2^2}{n_1 + n_2 - 2}}} \times \frac{1}{\sqrt{\dfrac{1}{n_1} + \dfrac{1}{n_2}}}$$

$$= \frac{84.5 - 89.75}{\sqrt{\dfrac{49 \times 13.675^2 + 48 \times 11.459^2}{50 + 49 - 2}}} \times \frac{1}{\sqrt{\dfrac{1}{50} + \dfrac{1}{49}}}$$

$$= -2.0683$$

由显著性水平 $\alpha = 0.05$ 和自由度 $\gamma = 50 + 49 - 2 = 97$，查 t 分布表，得 $t_{0.05} = 1.98$.

因为 $|t| = |-2.0683| = 2.0683 > 1.98$，所以 A，B 两班的平均分之间有显著性差异，也就是说 A 班这次考试的平均成绩优于 B 班的平均成绩. 下这样的判断，错误的可能性是 5%（因为 $\alpha = 0.05$）.

再比较 A 班与 C 班. 计算统计量

$$t = \frac{84.5 - 89.75}{\sqrt{\dfrac{49 \times 10.248^2 + 48 \times 11.459^2}{50 + 49 - 2}}} \times \frac{1}{\sqrt{\dfrac{1}{50} + \dfrac{1}{49}}}$$

$$= -1.0359.$$

由 $\alpha = 0.05$ 及 $\gamma = 51 + 49 - 2 = 98$，查 t 分布表，得 $t_{0.05} = 1.98$.

因为 $|t| = |-1.0359| = 1.0359 < 1.98$，所以 A，C 两班的平均分之间无显著性差异. 下这样的判断，错误的可能性仍是 5%. 但须注意，这是在实验数据服从正态分布和标准差大体相等的基础上得出的. 如果标准差相差太大，那么就不能随便使用这种方法了.

（二）秩和检验

例2 某课程改革实验后，甲、乙两组学生的考试成绩见表 5 - 2. 问两组学生成绩之间有无显著性差异.

表 5 - 2 甲、乙两组学生的考试成绩

甲组	65	98	93	88	96	70	78	90	83
乙组	95	85	70	72	58	80	90		

现在我们用"秩和检验法"来解决这个问题.

"秩和检验法"的具体步骤是先将两组数据混合起来,按大小顺序排列,并统一编名次,每一个数据对应的名次称为它的秩.当大小相等的数据同时出现于两组时,以应排名次的平均数作为它们的秩.然后计算数据个数(如 n_1)较少的一组数据的各秩数之和,记作 T.再由给定的显著性水平 α 和 n_1,n_2 从秩和检验表中查出秩和的下限 T_1 及上限 T_2.若 T 落在区间 $[T_1,T_2]$ 外,则认为两组数据间有显著性差异;否则就不认为有显著性差异.

对于 $n_1 \leqslant n_2 \leqslant 10$ 和 $\alpha = 0.025$,$\alpha = 0.05$,秩和检验表给出了 T_1 和 T_2 的数值.当 n_1 和 n_2 较大时,可以证明秩和 T 近似地服从正态分布:

$$N = \left(\frac{n_1(n_1 + n_2 + 1)}{2}, \frac{n_1 n_2(n_1 + n_2 + 1)}{12} \right)$$

因此,可用统计量 u 进行 u 检验:

$$u = \frac{T - \dfrac{n_1(n_1 + n_2 + 1)}{2}}{\sqrt{\dfrac{n_1 n_2(n_1 + n_2 + 1)}{12}}}$$

可以证明,u 近似地服从标准正态分布 $N(0,1)$.这样,当 $\alpha = 0.05$ 时,若 $|u| > 1.96$,则有显著性差异;否则无显著性差异.

对于本例来说,可根据表 5-2 所列出的考试成绩,设乙组的个数为 $n_1 = 7$,甲组的个数为 $n_2 = 9$.将这两组学生考试成绩混合并由小到大编排名次,见表 5-3.

表 5-3 甲、乙两组学生考试成绩的秩表

分数	58	65	70	72	78	80	83	85	88	90	93	95	96	98
甲组(秩)		2	3.5		6		8		10	11.5	13		15	16
乙组(秩)	1		3.5	5		7		9		11.5		14		

然后计算成绩个数较少的乙组的秩和:

$$T = 1 + 3.5 + 5 + 7 + 9 + 11.5 + 14 = 51$$

由 $\alpha = 0.05$ 和 $n_1 = 7$,$n_2 = 9$ 查秩和检验表得 $T_1 = 43$,$T_2 = 76$.因为 $T = 51$ 落在 $[43,76]$ 内,所以甲、乙两组学生的考试成绩之间无显著性差异.

三、 开展数学微型探究课程改革的实验案例分析

（一） 实验目的

微型探究课程教学促进了高一学生的数学学习吗？微型探究课程教学对高一学生的数学学习的影响有显著性差异吗？我们可通过教学实验来检验分析这些问题．因此本研究通过开展一个阶段的教学实验来研究微型探究课程教学对学生数学学习的影响，并得到相关的研究结论．具体研究目的如下．

（1） 探讨微型探究课程教学对学业成绩是否有积极作用；

（2） 探讨微型探究课程教学对学生数学问题探究能力的影响；

（3） 探讨微型探究课程教学对学生对数学学习的兴趣、态度的影响；

（4） 通过实验研究，对微型探究课程教学进行再思考，提出有价值的教学建议，以期对一线教学有一定的指导作用．

（二） 实验假设

数学课堂中采用数学微型探究课程教学与常规课堂教学相比：

（1） 实验班学生与对照班学生前测的学业成绩无显著性差异；

（2） 实验班学生与对照班学生后测的学业成绩有显著性差异；

（3） 实验班学生与对照班学生前测的数学问题探究能力无显著性差异；

（4） 实验班学生与对照班学生后测的数学问题探究能力有显著性差异．

（三） 实验设计与过程

1. 选取被试

本研究的教学实验在东莞市某中学进行，参加教学实验的两个班级都为周老师执教的两个平行班．周老师是师范专业毕业的年轻教师，有五年教龄，对课堂有一定的掌控能力，对开展微型探究课程教学也有一定的研究．在开展微型探究课程教学实验的过程中，周老师与笔者共同探讨微型

探究课程教学设计，按照教学设计开展课堂教学.

任意抽选一个班级为实验班，另外一个班级为对照班，两个班的学生样本的基本情况见表5-4.

表5-4　教学实验被试学生样本基本情况

班别	班级	人数
实验班	高一（14）班	48
对照班	高一（12）班	47

在实验之前，为调查选取的实验班和对照班的总体数学水平和数学问题探究能力是否存在差异，我们采用学生的学业成绩和数学问题探究能力测试卷的测试卷 A 对学生进行前测分析.

（1）实验前测学业成绩分析. 以开展实验前的第二次月考作为实验班和对照班学业成绩的前测数据，使用 SPSS 20.0 统计软件对获得的数据进行夏皮罗—威尔克检验来检验正态性，进而进行独立样本 t 检验，结果见表5-5，表5-6.

表5-5　前测学业成绩的正态分布检验（正态性检验）

班别	科尔莫戈罗夫—斯米尔诺夫检验[a]			夏皮罗—威尔克检验		
	统计量	df	Sig.	统计量	df	Sig.
实验班	0.058	48	0.200*	0.974	48	0.371
对照班	0.102	47	0.200*	0.980	47	0.578

[a]　Lilliefors 显著水平修正；

*　真实显著水平的下限.

表5-6　前测学业成绩的独立样本 t 检验

	方差方程莱文检验		均值方程 t 检验				
	F	Sig.	t	df	Sig.（双侧）	均值差值	标准误差值
方差相等	1.349	0.249	-0.793	93	0.430	-2.60638	3.28872
方差不相等			-0.791	90.072	0.431	-2.60638	3.29430

由表5-5和表5-6可知，两个班的前测学业成绩数据的正态检验的

p 值都大于 0.05，服从正态分布．方差方程莱文检验的 p 值为 0.249，均值方程 t 检验的 p 值为 0.430，均大于 0.05，即在前测中两个班学业成绩的方差差异和均值差异不显著，即实验班和对照班的总体数学水平相差不大．

（2）实验前测数学问题探究能力分析．

采用测试卷 A 对学生的数学问题探究能力进行前测，使用 SPSS 20.0 统计软件对获得的数据进行夏皮罗—威尔克检验来检验正态性，进而进行独立样本 t 检验，整理汇总得到以下结果，见表 5 - 7 和表 5 - 8．

表 5 - 7　测试卷 A 成绩的正态分布检验

班别	科尔莫戈罗夫—斯米尔诺夫检验[a]			夏皮罗—威尔克检验		
	统计量	df	Sig.	统计量	df	Sig.
前测总分实验班	0.069	48	0.200[*]	0.984	48	0.730
前测总分对照班	0.113	47	0.169	0.987	47	0.871

[a]　Lilliefors 显著水平修正；

[*]　真实显著水平的下限．

表 5 - 8　测试卷 A 各题得分的独立样本 t 检验

数学问题探究能力	方差方程莱文检验		均值方程 t 检验				
	F	Sig.	t	df	Sig.（双侧）	均值差值	标准误差值
问题提出能力	0.017	0.896	- 0.258	93	0.797	- 0.292255	1.13258
推理与证明能力	0.076	0.784	- 0.522	93	0.603	- 0.87057	1.66786
拓展与推广能力	0.274	0.602	- 0.431	93	0.667	- 0.42819	0.99281

由表 5 - 7 和表 5 - 8 可知，两个班的测试卷成绩数据的正态性检验的 p 值都大于 0.05，服从正态分布．问题提出能力、推理与证明能力和拓展与推广能力的方差方程莱文检验的 p 值分别为 0.896，0.784，0.602，均比 0.05 大，说明两个班在这三个能力维度上的方差差异不显著．对应均值方程 t 检验的 p 值分别为 0.797，0.603，0.667，均大于 0.05，即两个班在这三个能力维度上的均值差异不显著．总体上，实验班和对照班在数学问题探究能力上相差不大，无显著性差异．

以上前测分析发现，实验班和对照班在总体数学水平上旗鼓相当，具体到数学问题探究能力上的表现也相差不大，可以较好地控制无关变量，实现实验目的.

2. 实验变量

自变量：对实验班与对照班进行的教学实验采用两种教学模式，数学微型探究课程教学和常规课堂教学.

因变量：高一学生的学业成绩、数学问题探究能力、学习兴趣与态度.

无关控制变量：实验班和对照班的教学均由同一位数学教师任教，教学的总课时数相同，对教学内容的安排相同，规定完成的作业量、批改量等基本相同.

3. 实验过程

本实验采用等组前后测实验设计，基本模式见表5-9.

表5-9　等组前后测教学实验设计

班别	实验处理		
实验班	前测	微型探究课程教学模式	后测
对照班	前测	常规课堂教学模式	后测

前测阶段：根据实验设计，实验班和对照班在实验前完成测试卷A，并对前测结果进行统计，了解高一学生的数学问题探究能力水平的现状，并结合该校教学进度和具体教学内容，了解学生在数学课堂中探究方面存在的问题. 邻近实验前的第二次月考成绩也作为前测数据，通过数据分析了解两个班的总体数学水平的状况.

课堂教学阶段：实验班按照微型探究课程教学设计引导、组织学生进行课堂活动，对照班进行常规课堂教学.

后测阶段：教学任务结束之后，笔者运用测试卷B对实验班和对照班进行数学问题探究能力水平检测，并对后测结果进行统计，分析此时高一学生的问题探究能力水平的状况，完成教学实验后的期末成绩也作为后测数据，通过统计与分析了解这两个班学业成绩的状况.

数据统计阶段：本研究采用Excel软件和SPSS 20.0软件进行数据统计分析，采用描述性统计了解高一学生学业成绩和数学问题探究能力的总体情况，利用独立样本t检验对实验班与对照班相关变量进行差异性分析.

（四） 实验结果与分析

1. 微型探究课程教学后学生学业成绩的变化

怎样的教学方式对学生的成绩有利？教育工作者在这个问题上有不同看法．那么，微型探究课程教学对学生的学业成绩是否有促进作用呢？这是一个无法回避的问题．为此，我们进行了比较研究．

实验班和对照班在前测的学业成绩中无显著性差异．以下对两个班后测的学业成绩进行差异性分析．以教学实验结束后的期末考试作为后测数据．

使用 SPSS 20.0 统计软件对后测数据进行夏皮罗—威尔克检验来检验正态性，见表 5 - 10，进而进行独立样本 t 检验，与前测数据汇总，对比见表 5 - 11.

表 5 - 10　后测学业成绩的正态分布检验

班别	科尔莫戈罗夫—斯米尔诺夫检验[a]			夏皮罗—威尔克检验		
	统计量	df	Sig.	统计量	df	Sig.
实验班	0.113	48	0.166	0.971	48	0.280
对照班	0.090	47	0.200[*]	0.962	47	0.127

[a]　Lilliefors 显著水平修正；

[*]　真实显著水平的下限.

表 5 - 11　实验班与对照班前测、后测的相关数据对比

评价内容	第二次月考（前测）			期末考试（后测）		
评价指标	均值	方差方程莱文检验 Sig.	均值方程 t 检验 Sig.	均值	方差方程莱文检验 Sig.	均值方程 t 检验 Sig.
实验班	84.50	0.249	0.430	84.83	0.479	0.732
对照班	87.11			83.36		

由上述两个表中的后测数据可知，两个班后测成绩的正态性检验的 p 值为 0.280 和 0.127，均大于 0.05，服从正态分布．均值方程 t 检验的 p 值为 0.732，大于 0.05，即在第二次测试中两个班的均值差异也不明显，然

而对比前测、后测的均值差,由原来的 -2.56 到后来的 1.47,相较于第二次月考,在期末考试中,实验班的成绩确实有所提高,说明微型探究课程教学确实对学生的数学学习有促进作用,让学生在探究中自主建构知识,加深对知识和思想方法的理解与运用,锻炼学习技能,从而提高了数学能力.

然而,两个班在后测成绩中无明显差异,可能有以下两个原因:其一,学生还没有完全适应微型探究课程的教学方式和学习环境,在短期内实施效果不明显;其二,微型探究课程教学对学生的影响有许多是内隐的、长远的,需要经过一定的时间内化为知识体系的一部分,因此短时间内难以体现在学习成绩上.

2. 微型探究课程教学后学生数学问题探究能力的变化

在"空间几何体"和"点、直线、平面之间的位置关系"的教学内容结束后,运用测试卷 B 对实验班和对照班的学生进行数学问题探究能力测试,使用 SPSS 20.0 统计软件对获得的数据进行夏皮罗—威尔克检验来检验正态性,进而进行独立样本 t 检验,考查实验后两个班的数学问题探究能力总体得分和各能力维度的差异情况.

首先检验测试结果数据的正态性,检验结果见表 5 - 12. 实验组的 p 值为 0.969,对照组的 p 值为 0.318,均大于 0.05,服从正态分布,具有整体代表性,可进一步深入研究,也符合独立样本 t 检验的数据要求.

表 5 - 12 测试卷 B 成绩的正态分布检验

班别	科尔莫戈罗夫—斯米尔诺夫检验[a]			夏皮罗—威尔克检验		
	统计量	df	Sig.	统计量	df	Sig.
后测实验班总分	0.052	48	0.200[*]	0.991	48	0.969
后测对照班总分	0.098	47	0.200[*]	0.972	47	0.318

[a] Lilliefors 显著水平修正;

[*] 真实显著水平的下限.

其次,运用 SPSS 20.0 软件得到实验班与对照班关于测试卷 B 的得分情况,与测试卷 A 的数据汇总,对比见表 5 - 13.

表 5 - 13　实验班与对照班关于测试卷 A，B 的具体得分对比情况

数学问题探究能力	对应题号	班级	人数	均值	
				前测	后测
问题提出能力	1	实验班	48	13. 25	19. 25
		对照班	47	14. 04	17. 91
推理与证明能力	2（1）、（2） 3（1）	实验班	48	18. 72	18. 87
		对照班	47	19. 79	18. 65
拓展与推广能力	3（2）	实验班	48	8. 14	11. 92
		对照班	47	8. 55	9. 32
总分		实验班	48	40. 11	50. 04
		对照班	47	42. 38	45. 89

由统计结果可以看出，对比前测、后测总分的均值差，实验班相比对照班由前测的 - 2. 27 到后测的 4. 15；问题提出测试题的均值差由前测的 - 0. 79 到后测的 1. 34；问题解决测试题由 - 1. 07 到 0. 22；改编题目测试题由 - 0. 41 到 2. 6. 由此，相较于测试卷 A 的测验，在测试卷 B 的测验中，实验班的成绩确实有所提高，各能力维度也相应有了提高.

观察后测数据发现，两个班在问题提出和改编题目的测试题得分上相差较大，实验班关于第 1 题的平均分比对照班高出 1. 34，关于第 3（2）题的平均分比对照班高出 2. 6. 为了检验实验班和对照班在数学问题探究能力各维度能力之间的差异是否显著，运用 SPSS 软件进行独立样本 t 检验，结果见表 5 - 14.

表 5 - 14　实验班与对照班测试卷 B 各能力维度得分的独立样本 t 检验

数学问题探究能力	方差方程 莱文检验		均值方程 t 检验				
	F	Sig.	t	df	Sig. （双侧）	均值差值	标准误差值
问题提出能力	0. 031	0. 861	2. 012	93	0. 047	1. 33511	0. 66364
推理与证明能力	0. 018	0. 892	0. 132	93	0. 895	0. 21543	1. 62667
拓展与推广能力	3. 137	0. 080	2. 018	93	0. 046	2. 59752	1. 28696

在问题提出能力上，首先，莱文检验的 p 值为 0.861，大于 0.05，接受方差相等的原假设．对于独立样本 t 检验来说，双侧检验的 p 值是 0.047，小于 0.05，说明两个班在问题提出能力上存在显著差异．其次，通过计算得到实际效应的大小为

$$\eta^2 = \frac{t^2}{t^2 + \mathrm{df}} \approx 0.042,$$

由于 $0.01 \leqslant \eta^2 < 0.06$，表示教学方式的差异对学生的问题提出能力具有小效应．因此，检验结果表明：实验班与对照班在问题提出能力上存在显著性差异，数学微型探究课程教学对学生的问题提出能力有一定的效应．

在推理与证明能力上，根据莱文检验的 p 值为 0.992，大于 0.05，接受方差相等的原假设．对应的双侧检验的 p 值为 0.895，大于 0.05，与原假设没有显著性差异．由 $\eta^2 = 0.00018 < 0.01$，表明教学方式的差异对学生的推理与证明能力几乎没有效应．因此，检验结果表明：实验班与对照班在推理与证明能力上没有显著性差异．

然而，在拓展与推广能力上，莱文检验的 p 值为 0.08，大于 0.05，接受方差相等的原假设．对于独立样本 t 检验来说，双侧检验的 p 值是 0.046，小于 0.05，说明两个班在拓展与推广能力上存在显著差异．通过计算得到实际效应为 $\eta^2 \approx 0.046$，由于 $0.01 \leqslant \eta^2 < 0.06$，表示教学方式的差异对学生的拓展与推广能力具有小效应．因此，检验结果表明：实验班与对照班在拓展与推广能力上存在显著性差异，数学微型探究课程教学对学生的拓展与推广能力有一定的效应．

由以上分析可以推测，开展数学微型探究课程教学对学生的数学问题探究能力的总体水平有提高的作用，特别是在问题提出能力、拓展与推广能力上有明显的体现，即实验班关于问题提出能力、拓展与推广能力较对照班明显增强了．经过实际效应大小的分析也表明，数学微型探究课程教学对学生的问题提出、拓展与推广能力具有一定的效应，而对学生的推理与证明能力的提高作用不明显．

第三节　数学课程实施过程中的评价方法

在数学课程实施过程中，要作出客观的、科学的、正规的评价，应遵循以下原则。

（1）要有明确的价值观。要评价课程，首先评价者的心目中要有一个明确的价值观。如果相信"不论选教什么学科，务必使学生理解该学科的基本结构"，那么在评价这门学科的教材时，就要优先考虑它是不是把这门学科的概念都讲明白了，是不是能够让学生理解这门学科的基本原理。如果做到了，那么它就是符合我们价值标准的好教材。

（2）要确定学科的教学目标。学校的课程标准首先要确定学科的教学目标：要教给学生哪些知识、技能，培养学生哪些能力，形成学生哪些思想、观点和信念，养成学生哪些品德、行为和习惯，等等。这些既是教学目标，也是课程的任务。

（3）课程评价的内容要广泛。课程评价要考虑课程实施以后教学目标实现的程度。因此评价的内容要包括知识、技能、技巧、能力、思想、观点、信念、行为、习惯等方面。当然，这些方面也有主次之分。

为了使课程的评价能包括广泛的内容，就要采用多种不同的评价方法，创设多种不同的情境，搜集学生不同的反馈信息，观察他们不同的表现，等等。

（4）要有连续的程序。课程评价的程序应有连续性。有人把课程编制过程中的评价称为形成性评价，而把课程编制完成以后的评价称为总结性评价。这两个程序应该前后衔接、彼此联系、互相沟通。

此外，进行多次形成性评价可以为总结性评价提供有用的资料。这也是课程评价程序连续性的一种含义。

（5）要综合整理评价的结果。课程评价中所搜集的资料不能是零散的，互不相关的，应该对资料加以客观的综合整理。

劳雷·布莱迪在《澳大利亚的课程研制》中总结了以下课程评价的方法：

（1）问卷法。问卷法可以用来搜集教师、学生等有关人员对课程评价的信息。编制问卷时要采取以下步骤：

①确定问卷调查的目的。

②编制问卷。

③请专家或教师检查各个项目的效度。

④让少数有代表性的人来试答问卷，这些人的年龄、性别、身份的分配要同正式调查的对象大致相同。

⑤根据试用的情况修改问卷。

⑥使用修改后的问卷作正式调查。

（2）访问法。访问法是在一些人之间进行有目的的谈话。它的最大优点是可以得到被访者直接作出的反应。这是问卷法无法做到的。访问法的缺点是在访问过程中访问者往往会受主观因素的干扰，因此，访问者应当预先编制访问表格，列出一组问题，并且确定记录反应的方法。编制问题的步骤与编制问卷类似。

（3）日记法。日记法是用日记的形式来记录那些显著事件、全天经常发生的事项。它可以为评价者提供可以查阅的资料。

（4）评级法。评级法是用系统的方式来评判教师的工作效率、学生的作业成绩或者学校的组织管理等教育情况。常采用评级量表进行评价。

（5）课堂里的系统观察法。按评价目的，可以编制观察项目一览表。在编制观察项目的时候应注意高级判断与低级判断之间的区别。如果高级判断的项目列得过多，这个观察记录表的可靠性就不大。反之，如果表中只列低级判断的项目，又可能会无法观察到某些重要的行为。

（6）书面能力测验法。需要测量学生作业时，评价者可以采用书面测验。这些测验是专门用来测量学生的成绩或态度的。

（7）师生注释教材法。对一门课程的教材进行注释，有时可以给课程评价者提供非常适当的评判或检查的机会。实施这种评价方法要根据教材的性质和学生的特征来决定。

（8）学生作业分析法。这里说的作业包括学生的书面作业和实习作业。这种评价方法有助于提供学生对教材的反应信息。

（9）人为的观察法。人为的观察法是使用现代技术如录音、录像等记录下学生在集体作业中的真实反应的一种评价方法。

以上各种数学课程的评价方法要依据实际评价的问题的性质加以选用。

总之，课程评价的目的是搜集事实材料，衡量课程实施后教育目标实现的程度。为了使课程评价公正客观，最重要的是编制好教育测量的工具。对此我们还要做深入的研究。

第四节　数学课程的审定

课程编制的好坏关系到教育目标能否实现，因此各国都对课程、教材的改革和建设采取严肃认真的态度，课程除了要经过实验研究、科学评价外，一般还要经全国或省级中小学教材审定委员会审定后才能选用。下面简要介绍我国中小学教材的审定制度。

（一）　审定的依据和原则

我国教育部中小学教材审定委员会曾规定：教材要贯彻国家的教育方针，体现教育的宗旨，符合课程计划和课程标准。

中小学各学科教材的审定原则是：

（1）符合国家的有关法律、法规和政策，贯彻党的教育方针，体现教育要面向现代化、面向世界、面向未来的要求。

（2）体现基础教育的性质、任务和培养目标，符合国家颁布的中小学课程方案和学科课程标准的各项要求。

（3）符合学生身心发展的规律，联系学生的生活经验，反映社会、科技发展的趋势，具有自己的风格和特色。

（4）符合国家有关部门颁发的技术质量标准。

根据以上原则要重点审查以下几个方面：

（1）思想性。要根据学科的特点确定思想政治教育的要求，结合学科的教学内容进行思想政治教育和品德、意志、情感的培养。

（2）科学性。教材的内容和表达方法应符合学科的基本原理，引用的材料、数据要符合事实，符合国家制定的有关规范要求。

（3）可行性。教材应适合学生的年龄特点、认识规律和认识水平，具有启发性、可读性和趣味性，有利于全面促进学生生动活泼地、主动地发展。

（4）教材在编写体系等方面应有自身的特点。

（二） 审查委员审查教材

审查委员要仔细审查教材、试验报告，对教材按下列各项逐项分析、评价、填写审查表并作出综合评价。

（1）教材内容是否符合我国的有关法律、法规和方针政策？

（2）教材内容能否达到教学大纲所规定的教学目的？对教学大纲规定的各方面的要求落实得如何？有哪些要求没有落实或落实得不当？有哪些地方与教学大纲不同？是否有根据？

（3）教材的知识要求、能力训练等是否符合教育的目的要求？有无不当之处？教材在根据学科特点加强思想政治教育（包括近、现代史及国情教育）方面体现得是否适当？是否重视进行辩证唯物主义和历史唯物主义观点的培养？

（4）教材是否注意了对学生进行品德、意志、情感、态度等方面的培养？是否有助于学生健康个性的发展？

（5）教材的知识结构和内容的编排是否科学有序？是否有弹性？各阶段的内容、要求是否符合学生的年龄特征（生理、心理特点）和认识规律？尚存在哪些问题？怎样改进为好？

（6）教材的内容有无科学性错误？语言、文字、图表、符号、计量单位等是否规范？

（7）教材的内容是否注意了本学科各部分之间与其他相关学科之间知识、能力的联系？各年级（或各册）间内容的衔接怎样？

（8）教材内容在发展思维、开发智力、培养能力（包括动手操作能力）方面体现得如何？有哪些特点？有哪些不足？

（9）教材内容在联系我国国情和生活、生产实际方面做得如何？是否体现了时代精神？

（10）在教学计划规定的课时内完成教材中的教学内容有无困难？学生的负担量如何？

（11）教材中的习题、练习等与教学内容配合得怎样？对教学目的、教学要求体现得如何？各种题型的比例怎样？习题、练习的数量、质量、梯度如何？大多数学生能否在规定的作业时间内完成？负担量如何？能否适应不同程度学生的学习要求？

（12）教材是否适应本套教材所面向的地区和学校的需要？是否符合

这些地区、学校的实际情况？

（13）教材有何特色？是如何体现出来的？这些特色对提高教学质量的实际作用如何？

（三）审查会议

审查委员分别仔细审阅送审报告、教材和实验报告，并按审查项目对它们作分析、评价，填好审查表以后，国家教委正式召开审查会议审定教材。

审查会议按学科进行，分别由各学科召集人主持。全体审查委员、审定委员携带审阅的教材及所填写的审查表参加审查会议。审查会议经过集体研讨、审查对教材作出审查结论。

审查会议要严格遵守编审分开的要求。编写教材人员不参与对所编教材的审查。学科审查委员会认为编写人员有必要到会听取意见时，可以请有关的编写人员参加审查会议，但在讨论审查结论时，编写人员必须回避。

审查会议要坚持公正、民主的原则，以严肃科学的态度对送审的教材认真地进行全面的审查。经过充分的讨论由学科审查委员会负责写出审查报告。

（四）审查报告

审查报告包括审查意见、修改意见、审查结论。

审查意见：对送审教材的特点、优点和缺点、不足作出全面客观的评价，并且指出该教材进一步修改完善的方向。

修改意见：明确指出教材存在的错误和不妥之处，并提出较为具体的修改意见。对教材的政治性、科学性错误要全部写明，不应遗漏。编写单位必须依照修改意见对教材进行修改。

审查结论：根据被审查教材的情况，审查结论可分为以下四类。

第一类，审查通过。教材达到审查标准，其中又分以下两种情况：一是按审查意见修改后，可作为试用本使用，不需要复核；二是按审查意见修改后，需要经学科委员会指定的两位审查委员复核后，才能作为试用本使用。

第二类，复审。教材基本达到审查标准，但存在的问题较多，须作较大的修改，按审查意见修改后由编写单位将修改稿寄送本学科审查委员、审定委员审阅，再由国家教委组织召开复审会议复审。

第三类，在原试验范围继续试验。教材问题较多，但确有特色，按审查意见修改后在原试验范围继续试验，待教材修改完善后由送审单位按《送审办法》重新送审。

第四类，不宜作为教材使用。教材质量低劣，或存在严重的政治性、思想性、科学性问题，或不适合教学。

参加审查的全部审查（定）委员都必须在审查报告上签字。审查结论只有获得到会半数以上审查委员的签字同意，才是有效的。当意见不一致时，应按多数人的意见写出审查结论。不同意见者，可在审查报告上写明其意见并签字。

完成上述程序后，各学科委员会将审查报告送审定委员会审阅。经签字同意后，再送审定办领导审阅。经签署意见后，送国家教委有关领导签署意见。

（五）审查要求

我国的中小学教材审定制度对审查委员、审定委员提出了以下审查要求。

（1）审查委员、审定委员要在审查会议前认真填好审查表，无特殊原因，应坚持出席审查会议。

（2）审查教材应做到客观、公正、实事求是，不应以个人学术观点或某一学派的学术观点作为衡量教材的标准。

（3）对所审查的教材既要严格把关，又要采取积极扶持态度，帮助编写单位提高教材质量。

（4）审查委员、审定委员在任期内不应担任教材的编者、主编或顾问。已担任的，在审查该教材时要回避。

（5）审查委员、审定委员都要严格遵守保密纪律，任何人都不得将审查会议讨论的情况和意见私下透露给编写者、出版单位及有关人员。

（6）参加教材审查工作的全体人员应团结合作，通过共同努力，圆满完成教材审查的任务。

第五节　数学课程的实施

课程教材一经审定后，就要加以具体的实施。这时教师、学生、教材等各方面教育因素都会对课程实施产生影响和作用。

一、　学生在课程实施中的作用

教育目标能否通过课程来实现，学生在其中起着重要的作用。学生在学习课程中所表现出来的种种反应，比如他们爱不爱学、能不能接受、有没有兴趣、思维能力是否得到发展等，和课程教材本身有密切关系。

学生在课程实施中起着检验课程教材的内容、范围、程度、编排的顺序、结构体系等是否合适的作用。

二、　教师在课程实施中的作用

教师在课程编制的过程中要提供好的建议，一部分优秀的教师可参与课程的编制。而在课程的实施中教师则必须发挥主导作用。为此必须做到：

（1）要深刻领会教育方针，透彻了解培养目标，熟悉课程计划（教学计划），要对任教学科在整个课程中的地位有明确的认识。

（2）要熟悉任教学科的课程标准（教学大纲），明确本学科的教学目的要求，掌握教材的内容体系、重点、难点，并作适当的教学安排。

（3）要熟悉任教学科的全套教材，掌握教材的全部内容，注意教材的纵向衔接。

（4）要了解相关学科的教学内容和进度，注意教材的横向联系。

（5）要制订全学年或一学期的教学进度计划，安排好教材的进度，做好教材和教具的配备、课内和课外作业的安排以及实习作业的设计等教学工作。

（6）要制订好教学设计。

（7）教师要成为探索课程改进的积极参与者，要能主动提出改进课程和教材的建议。特别是在如何联系各科教材的内容、重视实践环节、培养学生创造能力和革新精神等方面，要为课程改革作出创造性的贡献。

事实证明，课程编制得再好，教材编写得再好，若没有合格、称职的教师执教，也无法发挥它们应有的作用。所以教师在课程实施中起着关键作用。有了好的教师，即使教材有缺陷，他也可以弥补；没有好的教师，即使教材的优点很多，教学中也发挥不出教材的优势。

第六章　数学教学的基础

第一节　数学教学设计要素

关于教学设计，20 世纪的美国心理学家加涅在《教学设计原理》中曾经给出界定：教学设计是一个系统化规划教学系统的过程。教学系统本身是对资源和程序作出有利于学习的安排，任何组织机构如果其目的旨在开发人的才能均可以被包括在教学系统中①。国内关于教学设计的研究有很多，例如张大均教授认为："教学设计是根据教学对象和教学内容确定合适的教学起点和终点，将教学诸要素有序、优化地安排，形成教学方案的过程②。"冯学斌等认为，教学设计是运用系统方法，将学习理论与教学理论的原理转换成对教学目标、教学内容、教学方法、教学策略、教学评价等环节进行具体计划、创设教与学的系统"过程"和"程序"。而创设教与学系统的根本目的是促进学习者的学习③。数学教学设计是教师根据学生的认知发展水平和课程培养目标来制定具体教学目标、选择教学内容、设计教学过程各个环节的过程。数学教学设计要解决以下三大问题：

（1）要达到什么目标？这个问题必须以课程培养目标为依据，结合学生的认知水平，制定出切实可行的具体目标，如知识与技能目标、过程与方法目标、情感态度与价值观目标。

（2）如何实现目标？这个问题要求结合具体的教学目标、教学内容，设计相应的教学环节。

（3）设计效果如何？这个问题要求通过教学实践对所设计的教学目标、教学内容、教学环节的科学性、合理性、可行性进行评价反思④。

---

① 加涅. 教学设计原理［M］. 皮连生. 等译. 上海：华东师范大学出版社，1999.

② 张大均. 教学心理学［M］. 重庆：西南师范大学出版社，1997.

③ 冯学斌. 教学设计的理论基础［J］. 电化教育研究，1998（1）：27－30.

④ 何小亚. 中学数学教学设计［M］. 北京：科学出版社，2008.

为了上好一节数学课，教师要考虑多方面的问题，例如数学内容的分析、学生已有的数学基础、教学的方法、达成的目标等。要顺利、有效地完成高质量的数学教学，教师要做好充分的准备，除了要深刻理解数学之外，还要具备丰富的教育思想、观念，能够从学生的认知基础出发，充分剖析课程内涵，合理设计教学方法，并合理开展评价与反思。

做好数学教学设计的前提是解决下面六个基本问题（图6-1）。

1. 教育思想

作为一个教育工作者，要在学习中形成教育思想，在实践中发展教育思想，在反思中提升教育思想，在积累中丰富教育思想。思想，是人类在一定社会活动中的开悟，是支撑一切事业永远向前的灵魂。教育，是开发生命的事业，也是思想者的事业[①]。数学教师的教育思想是基于对教育的理解，以数学教学理论、学习理论、课程理论为基础逐步形成的数学教育观念。数学教师不仅要讲数学，而且要更新教育观念，反映先进的教育思想和理念，关注信息化环境下的教学改革，关注学生个性化、多样化的学习和发展需求，促进人才培养模式的转变，着力发展学生的核心素养[②]。

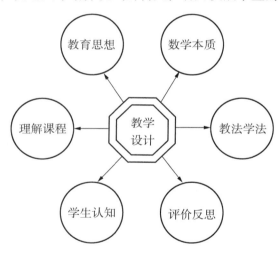

图6-1

---

①　卢化栋. 做一名有思想的教育者［N］. 中国教育报，2009-11-27（5）. DOI：10. 28102/n. cnki. ncjyb. 2009. 002617.

②　中华人民共和国教育部. 普通高中数学课程标准（2017年版2020年修订）［M］. 北京：人民教育出版社，2020.

2. 数学本质

数学是什么？对于数学的不同认识，也将影响着数学教学的效果。形式主义的数学，还是现实主义的数学？数学的教育价值何在？数学是思维的体操？数学是产生经济效益的技术？数学是绝对真理吗？数学是经验的，还是理性的①？对于数学的理解体现了教师的数学专业素养。如果教师在数学的内容知识、实质性结构知识等方面有欠缺，那么他们将对知识的发生发展过程、重点、难点和关键等不甚了了，从而就抓不住内容的核心，不能设置有利于学生理解知识的教学主线，也很难在教学中提出具有启发性和挑战性的问题，对学生数学学习指导的针对性、有效性也就大打折扣②。把握数学的本质就要"理解数学"，也就是要了解数学概念的背景，把握概念的逻辑意义，理解内容所反映的思想方法，挖掘知识所蕴含的科学方法、理性思维过程和价值观资源，区分核心知识和非核心知识等③。这在数学教学设计中至关重要。

3. 理解课程

不同的课程设计者对课程达到的目标和实现这些目标所具备的条件可能有不同的理解，对课程的认识和观点可能也有所不同。因此在具体设计课程的时候就会出现不同的设计方案，产生不同的课程设计形式。在数学教学中，是强调基础知识、基本技能的训练，还是重视培养学生的多种能力？是以学科知识的内容体系来表现课程内容，还是以学生的发展为线索来展开所学习的内容？是着重数学知识体系本身的科学性和严谨性，还是更重视所学的内容与社会和生活实际的密切联系④？课程理解是教师对课程的解释和表达，通过解释和表达把握课程意义和丰富教师的精神生命，把教师视域和文本视域的对立状态化解为融合状态，从而创建一种新的和谐。教师在理解课程的过程中拓展自己的精神生命，并在课程实施中实

---

① 张奠宙，宋乃庆. 数学教育概论 [M]. 北京：高等教育出版社，2016.

② 章建跃. 理解数学是教好数学的前提 [J]. 数学通报，2015，54（1）：61–63.

③ 章建跃. "卡西欧杯"第五届全国高中青年数学教师优秀课观摩与评比活动总结暨大会报告 理解数学 理解学生 理解教学 [J]. 中国数学教育，2010（24）：3–7，15.

④ 马云鹏. 如何理解课程与课程评价 [J]. 现代中小学教育，1997（5）：18–21.

践，进入一个"理解循环"①。对于数学课程而言，教师要解释和表达数学课程意义和自身对数学的认识，这包括正确理解用教材教、创造性地使用教材；理解课程理念，分析教材，例如教材的编写意图、教材的结构体系、内容顺序等。

4. 教法学法

数学的教学要讲究方法和策略，数学的学习方法也要科学。"教无定法"，但是针对不同的教学内容、教学对象、环境等，要采用相应的方法。数学教学的方法多种多样，例如讲解传授、引导发现、数学探究、研讨活动等。在设计中要合理采用适当的教法，这样才能有效地进行数学教学。新课程以发展学生数学学科核心素养为导向，在教学方面老师应注重创设情境，启发学生思考，引导学生把握数学内容的本质①；同样，老师也要对学生的学法进行指导，鼓励学生在研究问题中养成独立思考、自主学习的学习习惯，促进学生在开展数学活动的时候进行合作与交流，并且注重数学反思。

5. 学生认知

学生是数学教学中的主体。数学教学要从学生的认知发展水平出发，基于学生的数学基础和理解层次合理设计情境、问题、例题、习题等，提高学生数学学习的效率。学生的学习过程是学生原有认知结构中的有关知识和新学习内容产生相互作用，形成新的认知结构的过程。数学教学要遵循学生的认知发展规律，激发学生的数学学习兴趣，引导学生主动参与数学学习活动：从具体到抽象，让学生充分感受和理解知识的发生、发展过程；面向实际，从学生原有认知结构出发组织教学活动；循序渐进，不断完善学生的数学认知结构②。数学教学设计方案的实施与评价标准的维度非常多，学生的认知方式是其中最为重要的标准之一，依据学生的认知方式的教学设计方案才可能是有效的，才能实现数学课程目标。因此，教师

---

① 吴南中．理解课程：MOOC 教学设计的内在逻辑 ［J］．电化教育研究，2015，36（3）：29－33，88. DOI：10. 13811/j. cnki. eer. 2015. 03. 004.

② 解正己．遵循学生认知发展规律　完善学生数学认知结构 ［J］．中学数学教学参考，1999（11）：12－15.

要充分理解学生具体的学习数学知识的心理活动①。

6. 评价反思

对于数学教学的评价可以从多个维度开展，宏观的可以从教学目标、教学方法、教学手段、教学本质、教学逻辑、教学创新等方面进行分析；微观的可以评价课堂的引入、学生的参与、数学思维的深度和广度、例习题的设计、数学问题解决的方法策略等。在教学设计中，开展自我评价与反思，是对数学本质理解的升华，是对教育思想的再认知，是对教材使用、教学、学习方法的评估，也是对学生认知是否恰当的思考。评价与反思可以对教学设计进行修正，对教学过程、教学方法、教学效果进行深入审视与优化，合理预测教学目标实现情况，预测重难点的落实情况，评价与反思教学整体思路清晰度以及学生的数学理解、参与和思维活动等。

在教学设计中，除了以上六个基本问题之外，还要考虑教学的目标、内容、进度、呈现形式、教学辅助工具等。教学设计是一个系统工程，从教学目标开始，合理选择教学方法和学习方法，通过各种教学手段达成目标，并进行评价与反思；教学设计是教师对课堂教学的事先筹划，是对学生达成教学目标、表现出学业进步的条件和情境做出的精心安排。教学设计的根本特征则在于如何创设一个有效的教学系统②。

第二节　数学教学目标

教学目标的设计体现了教师的数学理解、教育观念、课程理解以及对教学方法的使用情况。从课程标准的理念到具体的一节课的教学目标设定，这是从抽象目标逐步具体化的过程。那么，课时目标该如何表述？核心素养导向的课改要求在单元整体设计基础上进行课堂教学设计，从而充分体现数学的整体性、逻辑的连贯性、思想的一致性、方法的普适性、思维的系统性，切实防止碎片化教学，通过有效的"四基""四能"教学，使数学学科核心素养真正落实于数学课堂，在单元设计中对课程标准给定

---

① 杨晓霞. 研究学生认知规律，提高数学教学效果：以浙教版"直角三角形全等的判定"为例［J］. 数学教学通讯，2021（35）：41-42.

② 盛群力. 教学设计的涵义与价值. 浙江教育学院学报［J］. 2008，5（3）：45-49.

的"内容要求＋学业要求"进行"目标解析"，也就是对其中的"了解""理解""掌握"以及"经历""体验""探究"等的含义作出解析，给出学生在学完本单元后在"四基""四能"上应达到的要求（会做哪些以往不会做的事情），在此基础上再给出课时教学目标。课时目标的呈现要注意过程与结果的融合、隐性目标与显性目标的融合①。

对于一节课而言，目标的设定要注重实践性、过程性、生成性、一致性、可评性、综合性。所谓实践性是指设计要紧密结合教学知识、技能和学生的学习情况，从实际的教学环境出发，预设的教学任务和过程具有可操作性。过程性是数学核心素养具有可培养的特征，因为数学核心素养是在数学学习和应用的过程中逐步形成和发展的。生成性指的是在教学过程中除了预设之外，课堂实际可能出现的意外活动。这也是数学应用与创新的表现，教学目标不是一成不变的，而是一个能动的动态过程。教学中应及时根据教学实际调整目标，开放地纳入弹性灵活的成分，接纳始料未及的信息，根据实际情况合理地删补、升降预设目标，促进更高价值目标的生成②。一致性是教学与课程、学生的一致，不是脱离现实或者教材、课标而随心所欲的讲授。教学目标要和培养学生的核心素养、促进学生发展保持一致。可评性是指教学目标具有可以观察、测量的特征，根据目标的设定和实践教学，能够分析差异。综合性是数学核心素养培养的表现，就是在教学中以知识、技能为外显的形式，让学生经历数学活动过程，体会数学思想方法，学会数学地思考问题，注重合作交流、探究发现，形成数学学科核心素养。

根据数学教学目标的特性，教学目标的设计可以从外显表现和内隐活动两方面综合考虑，体现数学教学的过程与结果，以及预设与生成。其中外显的主要是数学任务、知识、技能、问题解答等；内隐的包括数学思想方法、思维过程、关键能力，见表6－1。

---

① 章建跃. 为什么说"三维目标"已经"过时" ［J］. 中小学数学（高中版），2021（Z1）：124－130.

② 李祎. 基于教学生成的数学教学设计［J］. 天津师范大学学报（基础教育版），2006（3）：65－68.

表6-1　数学教学目标分类及应用

	目标内容	行为表现	目标特征	案例
外显	数学情境（实例、文化、应用等）、数学知识、技能、活动、问题	结果：了解、理解、掌握、运用	情境适当运算准确推理正确交流互动问题典型作业合理	案例　《椭圆的定义和标准方程》的教学目标之一：通过实例和数学史的介绍传授数学文化；观察圆锥曲线的形成过程，了解圆锥曲线的背景及其应用
内隐	数学思想和方法、思维过程、关键能力、活动经验	过程：经历、体验、感悟、探索	蕴含数学思想和方法，体现数学活动过程，展现数学思维品质，形成关键能力	

设计教学目标要注意四个问题：

（1）目标指向学生的变化。教学目标是学生要到达的"目的地"，不是教师的教学程序或活动安排，因此必须指向学生的学习结果，主要是学生通过教学要达到的"四基"变化。

（2）与教师教的任务和学生学的任务相区别。教师教的任务、学生学的任务是达成教学目标的载体，不是教学目标本身。任务的完成并不一定意味着目标的达成。

（3）与内容紧密结合，避免抽象、空洞。

（4）目标表述要明确。表述教学目标，就是要指明学生通过学习而产生的变化，以便教师设计一定的教学活动来达到目标。明确表述的目标为教学指明了方向①。

课时教学目标内容方面，首先考虑课程标准的课程目标，分析《普通高中数学课程标准2017年版》的教学要求，从数学的整体性角度思考本课时的地位与价值，在讲授数学知识、技能、方法等过程中有效地融合数

---

① 章建跃．基于数学整体性的单元教学设计之课时教学目标［J］．中小学数学（高中版），2020（增刊2）：128-130．

学核心素养。其次，教学目标也要结合教材的设计与呈现方式。教材是根据课程标准编写的，蕴含着编写者对数学、课程、教学、学习等多方面的理解，也体现了编写者的教育思想和观念。只有充分理解教材才能把握教学目标、合理设计教学目标。再者，目标内容也要结合学生的实际情况，了解学生的认知基础、学习特点、思维方式等，有效开展数学活动，促进学生数学核心素养发展。

在数学教学目标确定之后，也就可以明确教学的重点、难点了。重点是数学学习中贯穿全局、应用广泛、起到核心作用的内容、思想和方法；难点是学生理解方面存在困难的知识、方法、思想等。在核心素养的视角下，教学的重点要从关注学生对知识、技能低阶认知上升到高层次的数学思维过程，也就是注重学生学习数学知识、训练技能的同时，促进关键能力的发展以及思维品质的提升。

同时，要选择合适的教学方法和学习方法。教学方法是多种多样的，如讲授式、探究式、活动式、合作式等；学习方法也有很多，如自主学习、小组合作、讨论交流等。针对教学目标和学生学习特点，采用的教法、学法要能够培养学生的数学核心素养，让学生体验数学发生发展的过程，应用数学解决问题，体会数学思想方法。

在教学辅助方面，可以采用多种形式，例如信息技术平台，包括一些常用的数学软件、数学教具，例如几何体模型、概率统计模拟实验工具、科学计算器等。学生能够参与并操作的辅助工具更有助于数学核心素养的培养，能够将抽象数学可视化的辅助工具也可以帮助学生理解概念、定理和问题。

第三节　数学教学的过程

一、　数学教学过程

数学教学过程是指通过教师的引导和讲解，帮助学生理解、掌握和应用数学概念、定理和解题方法的过程。这一过程旨在培养学生的数学思维、解题能力和创新能力，为他们的未来学习和职业生涯奠定坚实的基础。通过数学教学过程，学生可以更好地理解数学知识，提高解题能力和数学应用能力。因此，教师还需要根据学生的实际情况和需求，灵活地调整教学策略和方法，以实现最佳的教学效果。在新课程下，数学教学过程是实现课程目标的重要途径，以学生为主体，教师为引导，创造性地教学，充分理解信任学生，让学生成为课堂真正的主人。

1. 从结构上看数学教学过程

数学教学过程是一个以教师、学生、教材、教学目标、教学设计和教学方法为基本要素的多维结构。《普通高中数学课程标准（2017 年版）》在教学建议中的基本要点是：教学目标制定要突出数学学科核心素养，重视信息技术运用，实现信息技术与数学课程的深度融合。这是一种"新教学"的要求，它不同于知识为本的教学理念。知识建构立意的教学设计、问题探究方式的教学设计、深度学习倾向的教学设计是实现"新教学"目标的有效途径。

2. 从功能上看数学教学过程

数学教学过程是一个教师引导学生掌握数学知识、发展数学能力、形成良好心理品质的认识和发展相统一的过程。在提倡发展学生核心素养的大背景下，教学过程的功能不再局限于学生掌握知识，学会解题，而是更多地聚焦于发展数学六大核心素养，其包括数学抽象、逻辑推理、数学建模、数学运算、直观想象和数据分析。要让学生学会用数学眼光观察世界，用数学思维思考世界，用数学语言表达世界。

3. 从教育心理学上看数学教学过程

数学教学过程是一个有目的、有计划的师生相互作用的双边活动过程。本质上，教学过程是师生交往的动态过程，是在教师指导下学生的特殊认识过程，是一个促进学生身心发展的过程，是教书育人紧密结合的过程。教师应根据皮亚杰的认知发展理论，理解学生数学学习的理论视角，指定相应的教学策略。根据学习动机理论，教师应激发学生的学习兴趣，给予适当的挑战和奖励增强学生的学习动机。根据情感教学理论和人本主义学习理论，教师应关注学生的情感需求，营造积极的课堂氛围，以人为本，尊重学生的主体性，鼓励他们主动参与学习的过程。

4. 从内容上看数学教学过程

数学教学过程是一个多方面的、复杂的过程，它涉及演绎推理、解决问题、归纳总结、练习与反馈等各个方面。通过演绎推理，由已知条件一步步推导出结论，让学生更好地理解数学知识的逻辑结构和内在联系。在数学教学过程中，教师需要引导学生掌握解决数学问题的基本方法和技巧，如分析法、归纳法等。学生通过运用这些方法和技巧，可以有效地解决各种类型的数学问题，提高他们的解题能力和数学应用能力。解决问题不仅是数学学习的核心目标之一，也是学生未来学习和职业生涯中必备的重要能力。通过归纳总结，学生可以更好地理解数学知识的本质和内在联系，提高数学思维和创新能力。练习和反馈是数学学习中的一个重要过程。在数学教学过程中，教师需要提供足够的练习题目，以便学生能够巩固和应用所学的知识和方法。同时，教师还需要对学生的反馈进行及时的处理和反馈，以帮助他们发现自己的错误和不足之处，并引导他们加以改进。

二、 数学教学原则

（一） 抽象与具体相结合原则

1. 内涵

在数学教学中既要促进学生通过各种感官去感知数学的具体原型，形成鲜明的推理表象，又要引导学生在感知材料的基础上进行抽象思维，形成正确的概念、判断和推理。

2. 在数学教学中的具体要求

（1）首先着重培养学生的抽象思维能力。思维的基本形式是概念、判断、推理。所谓抽象思维能力，是指脱离具体形象，运用概念、判断、推理等进行思维分析的能力。抽象思维按不同的程度可分为经验型抽象思维和理论型抽象思维。我们应着重发展理论型抽象思维，因为只有理论型抽象思维得到充分发展的人，才能很好地分析和综合各种事物，才有能力去解决问题。

（2）其次培养、提高学生的观察能力和抽象、概括能力。在数学教学中，创设大量直观感性材料（实物、模型、实例等），抽象出数学一般概念或规律，是从具体到抽象的常用方法。比如在空间立体几何的教学中，可以展示实物模型，或者让学生亲手制作相关模型。这对于学生理解空间直线、平面间的平行、相交、垂直、异面等抽象关系是非常有利的。

案例 在指数函数 $y = a^x$（$a > 0$ 且 $a \neq 1$）教学中，教师用以下这个实例引入海拉细胞问题。1951 年，科学家们发现了一种几乎可以无限繁殖的人体细胞。这是从一个癌症患者体内切除的癌细胞，它在适宜的环境下能以每 24 小时增加一倍的速度繁殖。科学家称之为"海拉细胞"。它是一种特殊的癌细胞。为了攻克癌症，世界各地的科学家纷纷培养海拉细胞，到现在，世界上到底存在着多少海拉细胞已无法统计。同学们感兴趣的话，可以计算一下，如果一个海拉细胞在适宜的环境下培养一个月，那么我们可以得到 $2^{30} = 10^{30 \lg 2} \approx 10^{30 \times 0.3} = 10^9$ 即大约 10 亿个海拉细胞。据统计，美国一家专门生产海拉细胞的公司每个星期能生产两万盒即超过 6 万亿个海拉细胞。还有科学家估计，如果把现有的海拉细胞都集合起来，它们的重量会超过 5000 万吨——这相当于 100 个帝国大厦的重量！

（3）通过实物教具，利用数形结合、以形代数等手段进行教学。数形结合作为一种重要的数学思想，在高中数学学习中的地位举足轻重。高中生在学习中正确应用数形结合思想进行解题有助于理解数学问题、拓宽解题思路、提升数学素养。数学与图形的有机结合使数学问题在图形的帮助下变得一目了然，学生的解题效率大大提高；为学生解题提供了新思路，对学生发散思维的培养至关重要；数形结合能在很大程度上锻炼学生的问题转化能力，使学生的解题灵活性迅速提高。

案例 $y = ax^2 + bx + c$（$a \neq 0$）与 $y = ax + b$（$a \neq 0$）在同一坐标系中的图像是（　　）。

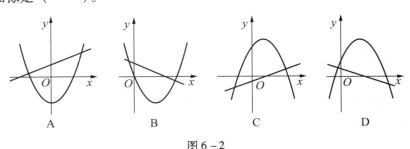

图 6-2

老师给学生讲解这道题时，带领学生将解析式与图像结合起来分析，用直观的图像解决问题，既可以通过图形去分析 a 值和 b 值的正负关系，又可以通过先假设 a 值和 b 值的正负关系，再将假设关系代入到图像中予以鉴别。

（二）严谨性与量力性相结合原则

1. 内涵

数学的严谨性，是指数学具有很强的逻辑性和较高的精确性，即逻辑的严格性和结论的确定性。量力性是指学生的可接受性。这一原则说明教学中的数学知识的逻辑严谨性与学生的可接受性之间相适应的关系，理论知识的严谨程度要适合学生的一般知识结构与智力发展水平。随着学生知识结构的不断完善，心理发展水平的提高，理论的严谨程度逐渐增强；反过来，恰当的理论严谨性也逐渐提高了学生的接受能力。

2. 在数学教学中的具体要求

（1）认真了解学生心理特点和接受能力。"备课先备学生"，只有全面地了解学生情况，才能使制订的教学计划与内容安排真正做到有的放矢、因材施教。在教学过程中设法安排使学生逐步适应的过程与机会，逐步提高其严谨程度，做到立论有据。

案例 对于初学平面几何的学生，对严格论证很不适应，教学时应先由老师给出证明步骤，让学生只填每一步的理由，鼓励学生"跳一跳，能够到"，然后合情合理地提出教学要求，逐步过渡到学生自己给出严格证明，最后要求达到立论有据，论证简明。但绝不能消极适应学生，人为地降低教材理论要求，必须在符合内容科学性的前提下结合学生实际组织教学。

案例 在高中数学教材中，等差数列通项公式的给出就是采用了不完全归纳法。这是根据学生的特点降低要求，直观验证。与其类似的，在说明三角函数、指数函数、对数函数等的单调性时，也是结合图像来论述，并没有给予严格证明。

（2）从准确的数学基础知识和语言出发来培养严谨性。要求教师备好教材，达到熟练准确，不出错误。另外，不要忽略公式、法则、定理成立的隐含条件，要注意培养全面周密的思维习惯，逐步提高严谨程度。因为一般数学中所研究的是一类事物所具有的性质或它们元素之间的关系，而不仅仅是个别事物。这就说明要求学生思考问题做到全面周密是理所当然的。但是，让学生真正懂得这样做的必要性并养成习惯却是一件难事。

案例　比如在初中分式内容的教学中，对于等式 $\dfrac{ab}{bc} = \dfrac{a}{c}$，老师往往是这样总结的"我们约去分式中分子、分母相同的式子就能得到化简结果"。其实在这里"相同的式子"是不够准确的，应该强调"相同的因式"，否则学生的理解容易造成概念外延的扩大，导致 $\dfrac{ab + x}{ab + y} = \dfrac{x}{y}$ 错误的产生。老师在教学过程中，应要求学生解题过程有根有据，推理完整严密。

（三）理论与实际相结合原则

1. 内涵

理论与实际相结合，既是认识论与方法论的基本原理，又是教学论中的一般原理。数学理论与数学实际结合，数学教学要充分考虑到学生的实际情况。这一原则是数学的特点所决定的，也是培养学生的创新意识和实践能力所需要的。数和形的概念完全是从外部世界得来的，而不是在头脑中由纯粹的思想产生出来的，而研究数学理论和发展理论的目的最终还是为了用于实践。数学的发展正是沿着"实践，认识，再实践，再认识"的规律不断发展的。每一次实践，肯定了一些理论，提出了一些问题，推动着理论的发展。

2. 在数学教学中的具体要求

（1）随时让学生掌握基础知识的简单用途和用法。老师应在每个基础知识点的讲解过程中相应地提到它们的简单应用，为学生今后解决实际问题奠定基础。同时，学生通过实践更能体会抽象理论的用途，更能牢固地记忆且获得一定技能，从而培养其分析问题和解决问题的能力。

（2）采用创设情境法帮助学生获得新知。可以使学生迫切地想要了解将要学习的内容。与此同时学生的思维相对来讲也更加活跃，思考问题方式也很积极。创设情境可以通过讲故事、做游戏、做实验等方式来实现。这正是理论与实际相结合的体现，用一种别具一格富有趣味的方式来达到引入新课的目的。

案例　教师在对学生进行"相似三角形性质"课程教学的时候，可以结合教学内容创设如下生活情境："在某一天阳光高照的时候，小明同学拿着教师的教鞭与卷尺进入了操场，同时测量出了旗杆的高度。你觉得他是怎样测量的呢？你们能够测量出来吗？"通过这一生活情境来吸引学生的兴趣与注意力，之后引导学生参与到实践操作之中。之后老师再为学生演示一下教鞭、旗杆、投影所形成的两个直角三角形示意图，以此来有效引出"相似三角形性质"这一内容。这样就能真正有效深化学生对这一知识点的理解，同时有效提高教学效果。为此，老师在初中数学教学过程中，一定要意识到生活情境法的价值，将其有效应用到初中数学课堂，以此来有效发展学生思维以及实际应用能力。

（四）巩固与发展相结合原则

1. 内涵

所谓巩固性原则，就是要求学生牢固地掌握已学基本知识、基本的数学思想和数学方法，熟练使用数学技能和技巧，能够把知识、数学思想和数学方法保持于记忆中，而在需要时能够想起和应用这些知识。发展性原则就是指教学应当依靠学生那些已有的知识、数学思想、数学方法及将要成熟的心理过程，创造"最近发展区"，让学生自己努力在智力的阶梯上提高一级，即思维得到发展。

2. 在数学教学中的具体要求

（1）在教学中处理好新旧知识的联系。为了使学生巩固所学知识，教师在教学中应注意结合新知识教学，使新旧知识穿插对比进行，要求学生牢固地掌握所学知识，随时在记忆中再现这些知识，结合新知识的学习巩固旧知识，指导学生与已学过的知识进行联系、类比找出两者之间的共性和差异。

案例 如图 6 – 3 所示，已知 BC，AD 分别是 $\triangle ABE$ 两边上的高，$AB = 2$，$\angle E = 60°$，且点 P 为 AB 边的中点．求 $\triangle DCP$ 的面积．

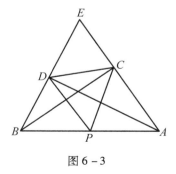

图 6 – 3

解题教学的关键不在于教会学生解一道题，而在于帮助学生建构解题方法与思想，让学生从解一道题中获得新的感知与感悟。因此，老师在解题教学时，不能就题论题，而应由浅入深地帮助学生回顾旧知，契合学生的最近发展区进行教学激起学生共鸣，从而使学生自主发现解决问题的方法。

（2）注重知识传授与能力发展的关系。在数学课堂教学中，学生不仅仅是教师传授知识的接受者，如果能给他们以充分的思维时间和空间，加上适当的激励机制，那么便能发现他们同时也是知识的发现者。在课堂教学中，要启发学生进行猜想，首先要激发学生主动探索的愿望。教师不能急于把全部结论都吐露出来，而要引导在前，要引导学生归纳知识。

例如老师在讲到点、线、面之间的关系时，引导学生独立学习，并对学生进行提问，使学生对三者之间的关系进行思考，进而延伸出"相交""平行"这两个知识点，还可通过做实验让学生明白"两点之间直线最短"的概念，让学生在探索中能够找到学习的乐趣，进而积极主动地投入到学习中，使学生的动手能力和应用能力得到发展。

第四节　数学教学技能

1958 年，美国开始了大规模的全国教育改革运动。改革涉及课程设置、教育结构、教师培训、教学方法、教学管理和评价等各个领域，其中以现代科学技术的应用促进教育的发展是这场教育改革运动的重要特色之一。作为教育改革的一部分，师范教育和教学方法的改革十分活跃。根据行为主义心理学理论，利用教育工艺学的方法对教师的教学过程进行微观分解，将复杂的教学活动分解为各种可操作、可控制的教学技能，并运用录像进行反馈，这样微格教学便应运而生。"分项技能、录像反馈"的教学技能训练方式就称为"微格教学"。随着对教师行为研究的深入，微格教学内容与模式不断发展。

一、　微格教学的历史演变

微格教学即"Micro teaching"。"Micro"含有"微小"的意思，"teaching"指教师的教学，合在一起为"微小的教学"之意，通常译成"微格教学""微型教学""微观教学""小型教学""录像反馈教学"等。根据微格教学设计的心理学基础，可以将其历史演变大致地划分为三个阶段：行为发展取向阶段、认知发展取向阶段、综合化发展取向阶段。

（一）行为发展取向阶段

曾在美国加利福尼亚州斯坦福大学教育系任教的阿伦等率先研究教师的教学技能，并开创了运用微格教学训练中学物理师资力量教学技能的先河。阿伦将微格教学定义为："一个有控制的实习系统，它使师范生有可能集中解决某一特定的教学行为，或在有控制的条件下进行学习。"曾在英国乌斯特大学任教的布朗称微格教学是"一个简化的、细分的教学，从而使学生易于掌握"。于是，"可控制""分项技能""逐一训练"成为微格教学最初的基本特征，并由此形成了"斯坦福大学模式"。

微格教学在斯坦福大学产生后，迅速在美国各地得到推广、应用和研究。美国伯克利大学的伯格提出，若要有效地促进教学技能的发展，务必满足三个条件：为学习者提供十分清晰的教学技能定义模式；学习者有实践这些技能的机会，而且这种实践可以在相对简单和对学习者要求较少的条件下进行；学习者能够获得其实践活动的反馈，且这些反馈有助于学习者调整自己的教学行为，使之更接近技能模式的行为要求。在这三点的基础上形成了以"分技能描述、训练、反馈评价"为特征的"伯克利大学模式"。20 世纪 60 年代末，微格教学传入英国、德国等欧洲国家。20 世纪 70 年代又传入日本、澳大利亚、新加坡等国家和我国香港地区。20 世纪 80 年代开始传入中国大陆、印度、泰国、印尼以及非洲的一些国家。

在英国，微格教学得到了全体教师的支持，该课程的每一部分都引起了教师的广泛兴趣。认为开展微格教学有助于师范生掌握处理教学过程中可能产生的问题的方法；分析有关人际交流的主要沟通因素；训练在课堂上如何与学生交流的方法，促进反馈评价。微格教学被安排在四年制的教育学士课程内，共用 42 周，每周 5 学时，共计 210 学时。师范生接受微格教学训练后，再到各中学进行教育实习。

在澳大利亚，悉尼大学成功地移植和改进了微格教学课程，他们编写的一套微格教学教材和示范录像带被澳大利亚 80% 的师资培训机构以及英国、南非、巴布亚新几内亚、印尼、泰国、加拿大、美国和中国香港的一些师范院校采用。悉尼大学的特尼等在坚持"细分"与"可观察的行为改进"基础上将部分与整体结合起来，把微格教学置于教育目的的引导下进行细分，并与课堂有效教学相结合。在 1983 年出版的教材中，培训的技能包括强化技能、基本提问技能、变化技能、讲解技能、导入技能、结束技能、高层次提问技能等。这些技能还配有完整的录像示范资料。

斯金纳强调塑造技术，以行为主义的学习观来理解教学行为，即掌握教学技能的最好办法是将其分解为若干子成分，在分别掌握每个小步骤后又将其整合起来，使之相互协调和有机联系。因而，斯坦福大学模式、伯克利大学模式、悉尼大学模式都是以行为主义心理学为基础：假设一系列的教学分项技能能够完全组合成综合的教学能力——恪守"1＋1＝2"的逻辑；在教学分项技能训练中，强调行为的有效描述与集中训练，认为可控的环境有利于将训练的注意力和重心集中到教师特定行为的改变上；强调反馈评价与反复练习对教学分项技能掌握的重要性。

（二）认知发展取向阶段

伴随着对行为主义心理学的批评、反思，质疑微格教学行为发展取向之声渐起，主张运用认知心理学的观点，认为教师的教学技能也是由一定的结构构成的。美国著名认知心理学家 J. R. 安德森在《认知心理学》一书中以"知道什么"和"知道如何"将知识划分为陈述性知识和程序性知识。不论是心智技能还是动作技能，都是不同形式的程序性知识，都要经历陈述性知识阶段。于是关注师范生的认知结构，认为师范生认知结构的改变是其教学行为改变的基础，微格教学因此而转向认知发展取向阶段。其中，具有代表性的是英国乌斯特大学的社会心理学模式和斯灵特大学的认知结构模式。

20 世纪 60 年代末，微格教学被引入英国之初，遭到斯通斯和莫里斯的质疑，他们认为：微格教学的目的和任务需要进一步澄清，应该将研究重心转到教学理论与教学实践的联系上。莫里斯将社会心理学的相关理论引入微格教学，对教学技能进行社会心理学描述，并以社会心理学的方式进行整合训练，试图以此增进教学理论与教学实践的一致性。这就是"社会心理学模式"。随后，布朗与哈奇将微格教学引入乌斯特大学，认为微格教学要兼顾计划、角色扮演与认知三方面的因素。计划指通过研讨将教学主题分解为若干个有序的内容，基于各个内容选择恰当的教学方法；角色扮演指先对各个教学分项技能进行训练，然后整合到课堂教学中；认知指通过反馈评价使学生对教学分项技能的训练和使用产生理性认识。因此，微格教学既需要改变教学行为，更需要改变认知结构，要在两者的结合中提升教师的课堂教学能力，实现有效教学。

20 世纪 70 年代中期，英国斯灵特大学的麦克因泰尔等在批判"斯坦福大学模式"的基础上提出微格教学的"认知结构模式"。认为师范生对教学活动的认知结构在其教学中起着决定性作用，因而技能训练不能仅仅满足于行为改变，而应通过微格训练改进师范生教学技能的心智结构。由于强调内部心理机制对外部教学行为的影响与调节作用，于是将微格教学的重心从外部行为转向内部认知结构，试图通过改进与完善师范生的认知结构，提高其课堂教学能力。

（三）综合化发展取向阶段

随着人文主义思潮的兴起，人们进一步拓展微格教学的内涵，不仅关注技能训练、认知的发展，还关注情感的体验与升华，以达成行为、认知与情感的综合化发展。

微格教学发展的历史折射出心理学发展的进程，也反映了人们对教育的思考越来越深邃与宽广。随着教师专业发展的人文性、综合化与实践性转向，微格教学将在传承中发展。

二、　微格教学在我国的发展

早在 1973 年，香港中文大学教育学院就采用微格教学的方法来培养师范生。在实践的基础上，又于 20 世纪 80 年代初开始对进修的在职教师开展微格教学培训实验，发现微格教学对在职教师同样有很大帮助。

20 世纪 80 年代，微格教学开始传入中国大陆。上海教育学院于 1986 年开始将微格教学用于在职教师的培训，取得很好的效果。北京教育学院的一部分教师也开始了对微格教学的学习和研究，并开展了实践探索。1989 年三四月间，北京教育学院举办了两期"微格教学研讨班"，全国有 70 多所教育学院的教师参加学习和研讨。从此，微格教学开始在全国各地推广。1991 年 6 月至 7 月受国家教委外贸贷款办公室委托，北京教育学院举办了"世界银行贷款项目院校教师教育与微格教学讲习班"，聘请了澳大利亚悉尼大学教育学院的特尼与阿尔提斯两位教授主讲，介绍师范教育中微格教学课程的地位、微格教学的基本教学技能分析与实践。1992 年 1 月，同样性质的讲习班在原北京师范学院举办，聘请了英国诺丁汉大学的布朗等三位专家为我国高等师范教育工作者介绍微格教学课程在师范教育中的应用，促进了微格教学在国内高等师范教育中的发展。1992 年 2 月，全国性的教学研究组织——"世界银行贷款中学教师培训项目"微格教学协作组在海南教育学院正式成立，协作组挂靠在北京教育学院，并定期出版《微格教学研究》专刊。1992 年 12 月，由北京教育学院与四川教育学院联合举办的全国首期微格教学高级研讨班在成都举行，讨论了微格教学的理论与实践问题。一些院校已开发出各具特色的微格教学示范录像带，开始编写适应不同层次教育工作者的培训教材和分学科的微格教学教材。1994 年 4 月，在海南琼山市召开了琼山市微格教学现场会暨全国微格教学研究会 1994 年年会。1997 年 4 月，在湖南常德召开了全国微格教学协作组 1997 年年会，云南教育学院的况梦佛教授分析了美国在微格教学实践方面的新方法。1998 年 10 月，全国微格教学协作组年会在云南教育学院召开，来自美国的微格教学创始人阿伦教授作了"关于微格教学新旧模式对比"的报告，展示了新型微格教学的实习与评价模式。至此，我国微格教学的研究与实践，经过十多年的探索，已渐趋成熟。

需要提及的是，北京教育学院在反思和批判国外微格教学模式的基础上，结合自己的文化背景对微格教学进行了相关研究。通过对微格教学的总结、反思与建构，他们将微格教学看成是一个理论与实践相统一的过程，提出了"教学行为、认知结构、情感因素"按技能方式同步发展的训练模式；对"教学技能"的概念进行了心理学意义的探讨；为保证技能的教学功能，研究了各项教学技能的教育学、心理学基础；提出了建立教学技能模式的任务分析法。并希望通过在微格教学中形成学生行为、认知与情感的统一，提升学生对教学活动的全面认识。

三、 微格教学的实施步骤

微格教学的实施一般采取如图 6-4 所示的基本步骤。

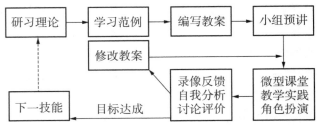

图 6-4

1. 研习理论

教学技能的形成要经历从陈述性知识到程序性知识的发展历程，因此要学习相关的理论与方法。不仅要解决如何做的问题，更要思考为什么这样做的原因，这样才能突破简单模仿的困局。同时，确定所要训练的具体技能，深入分析所练技能的要素与对应的行为模式。在学习教学技能的功能与行为模式时，尽可能结合案例让师范生理解行为模式与教学情境的关系。

2. 学习范例

在训练前，结合理论学习所练教学技能的示范录像，以便于师范生对所练技能的感知、理解和分析。范例一般以正例为主，也可以分析反例。除了音像外，示范者还可以是中学教师，或指导老师。从有利于师范生反复观看的角度，还应以录像示范为主。

3. 编写教案

每次训练集中于一项技能，以便于师范生掌握。微格教学教案不同于一般的教案，它围绕所训练的技能选取课堂教学的一个片段进行设计。微格教学教案要说明所应用教学技能的训练目标，详细预设老师的教学行为、学生的学习行为、教学进度时间分配，并把老师的活动与学生的活动分别预设好，填写在教案中（教案的基本结构见表 6 - 2）。对于老师的教学行为，还要说明该行为是所训练技能的哪一种要素。为了更好地理解所训练教学技能的价值，并为后面的教学技能整合——教学技能综合训练做准备，要求所有的同学先选择中小学数学的一节课内容，备好完整的 45 分钟课。每次进行技能训练时，从一节课中截取能够体现所训练教学技能一个连续的片段进行讲课。这样做，能逐步让师范生从整节课的目标要求出发，去思考所训练的教学技能怎样为实现整体目标服务，从而能够将知识表征系统与教学操作系统整合起来。

表 6 - 2

班级_____	姓名_____		学号_____	训练时间_____
课题名称_____			技能名称_____	
教学目标				
时间分配	教师行为	教学技能	学生行为	备注

4．小组预讲

将全班同学每 5 ~ 8 人分为一组，设组长 1 人以组织本小组活动。完成以后，以小组为单位自选地点或在微格教室预讲，每次讲课时间为 5 ~ 15 分钟。讲完后安排组长组织评课，先由讲课人介绍自己的设计目标、主要教学技能、教学过程安排等，然后由其他同学评议，最后由组长小结。

5．微格教学实践（微型课堂）

在微型课堂中，同一小组的师范生轮流扮演教师角色、学生角色、评价员角色。讲课者为老师，听课者既是学生，又是评价者。由一名指导教师负责实施，一名摄像操作员负责记录。

6．录像反馈

回放录像，教师角色扮演者自我分析，指导教师与其余同学一同评议。评议时每位同学依据评价单，提两条优点及一条建议，最后由指导教师小结。对于训练效果较差的同学，要求修改教案，并重新录像，再评议。

7．进入下一项教学技能训练

当一个小组中的每一位师范生都实现了所训练教学技能的基本要求：理解了所训练的教学技能的要素，掌握了该教学技能的行为模式时，可以进入下一个教学技能的训练环节。

四、 数学教学技能的分解

教师在课堂中运用的教学技能是复杂的，因此需要将复杂的教学技能分解为一系列微小的、可训练的、能习得的技能。对教学技能的分解是实施教学技能训练的关键。而分解的维度不同，则形成不同的模式。

斯坦福大学模式出现最早，它包括刺激的变化、导入、概括、沉默和非语言暗示、学习者参与学习的强化、提问的频率、提问的深度、高质量的问题、发散性的问题、留意对方的发言和行为的态度、解释和实例的作用、讲解、预定计划的反复、沟通的完成等。该模式以行为为中心进行分解，划分的技能较多，尤其是提问分解得非常细致。

苏联彼得罗夫斯基立足信息加工的认知理论，从逻辑层面进行分解，提出的技能有信息传递、引起动机、促进发展、定向。该模式过于抽象，操作性不强。

日本东京大学井上光洋提出的教学技能有教学设计技能、课堂教学技能（实施的技能、评价的技能、管理技能、决策技能、其他技能）、学校管理技能、普通教学技能、明确课题实质的教学技能。这一划分，将课堂教学技能置于学校教学的整体视野下考察，有利于更好地理解教学技能的背景。

李克东沿着"教学设计→教学实施→课外指导→教学研究"的主线，将教学技能划分为五大类：教学媒体使用技能、课堂教学技能、组织和指导课外活动的技能、教学设计技能、教学研究技能。

胡淑珍按照教学工作体系将最基本的教学技能分解为四大类：教学设计、教学技能（授课技能、课堂管理技能、试卷编制技能）、指导学生学习和活动的技能、教学研究技能。这种划分兼顾了表层行为技能与深层的个性心理品质职业化的内容。

基于上述分析，结合数学学科的特点，我们从实现有效教学的要求出发，将数学教学技能分解为五大类：教学技能整合的基础——教学设计技能、激发数学学习活动的技能（语言技能、导入技能）、维持数学学习活动的技能（组织教学的技能、讲解技能、板书板画技能、变化技能）、促进数学学习活动的技能（提问技能、反馈和强化技能、结束技能、指导探究的技能）、对数学教学技能的综合运用技能（说课技能、听评课技能、教学研究技能）。

五、 数学教学技能的训练要突出建构过程

为了技能建构的有效进行，一要激发学生的主体性，二要注意建构的多重性，三要促进技能的内化。因此，数学教学技能的建构过程可设计为下列七大环节以及实践反思：

（一） 创设情景，激发建构

1. 上镜表演

微格教学开始，安排各组同学依次在微格室作两分钟左右的表演或自

我介绍，内容自选，然后再让学生在愉快的气氛中观看评论。这样，一方面可以提高学生对微格教学的兴趣，另一方面可以消除学生面对摄像镜头的紧张心理，为扮演角色时的正常发挥打下良好的基础。

2. 角色换位

强化学生的教师心理、激发学生的从教欲望，帮助学生实现心理换位。有效实现角色转换是进行技能建构的心理基础。因而，在微格教学及相关课程中，一方面要求指导教师把师范生当成平等的教师来看待；另一方面要求师范生把自己当作教师，从教师的角度观察、思考问题。指导教师应常和同学们谈教师地位的变化，谈教师的喜乐甘甜，谈青年教师的成长，谈名师的成名轨迹，谈毕业班的同学找工作过程中体会到的酸、甜、苦、辣等，强化学生立志做一名好老师的心向。

（二）亲历体验，投入建构

1. 组织第一轮试教

各组自定课题，订好计划，并按计划开展试教。要求每讲完一人，先自评，后他评，组长记录。指导教师尽可能到各组查看，多看、多听、少讲。最后各组分析，总结试教情况，并由组长安排写好小结。

2. 引导学习与思考

根据自己的了解，结合各组小结，指导教师帮助学生分析首次试教过程中存在的问题，着重引导学生自己找原因，一起探索改进的办法，最终促使学生达成共识：要讲好课，必须系统训练各项教学技能。为此，一要认真学好教学技能的基本理论；二要大胆尝试，把理论化为实践；三要积极交流，相互合作；四要积极反思，不断完善。

（三）抓住关键，深入建构

技能建构的关键在于教学设计技能的训练。因为教学设计技能的形成需要引导学生把数学的方法、思想、观念与现代教育观、学生观建构成他们认知结构的一部分，并训练成内部心智技能，因此是其他技能有效形成的基础。另外，该项技能涉及编制教学目标、分析与处理教材、选择课型教法、设计教学过程、设计板书、编制教案等众多环节，学生在训练时容易顾此失彼，以至收效甚微。对此宜化整为零，各个击破。

1. 同步学习，分段训练

把教学设计技能涉及的七个环节安排成与学科教学论的学习大体同步的三个训练阶段。

第一阶段：学习编制教学目标、分析处理教材。

第二阶段：结合学科教学论的学习与其他技能的训练，练习选择课型与教法、板书设计。

第三阶段：随着学科教学论学习的深入，其他技能的大致形成，在重温编制教学目标与分析处理教材的基础上，集中攻克设计教学过程、编制教案两个环节，为技能全面综合训练做好准备。

2. 重点突破，全面推进

教学设计技能中的编制教学目标与设计教学过程是学生最难建构的两个环节，必须重点突破。下面以编制教学目标的训练来说明如何突破。首先，降低起点，帮助定向。让学生根据提纲自学教学目标的分类方式，同时给他们一节教材与相应的大纲要求，对照着学。其次，指导老师启发讲解知识目标、能力目标、情感目标，并提供范例展示编制过程。再次，要求学生依据大纲、教材，按照内外结合法陈述教学目标，完成作业，导师批阅点评后再练。最后，分组讨论，归纳应用内外结合法陈述教学目标的常用动词与陈述方式。

（四）逐项训练，扩大建构

按照一定程序依次训练组织教学技能、导入技能、结束技能、讲授技能、提问技能、板书技能、演示技能、学法指导技能。对每一项技能的学习，一方面要体现数学思想方法，如在语言技能训练中运用数学思想方法，在变化技能训练中运用数学思想方法等。另一方面要体现现代数学教学观念，如在导入技能训练中体现知识发现过程，在提问技能训练中体现思维活动过程，在结束技能训练中体现知识系统化过程，在讲解技能训练中体现技能的综合过程等。再一方面要体现现代学生观，如在教学设计技能的训练中体现学生的自主性、独立性与合作性等。训练的程序为：自学技能理论与评价量表→小组交流心得→撰写微格教案→看示范录像→导师作启发报告→修改教案→试教→结合评价量表采用"2＋2"模式评课→重教→小组总结得失，提出注意要点。

（五）突出重点，优化建构

进行逐项训练时，对于综合性强、涉及基本观念且具有较强迁移性的技能，应该作为重点予以练习，以达到优化建构的目的。由于讲授技能的构成要素包括讲授结构、讲授语言、使用例证与变式、进行强调、形成链接、获得反馈。所以，讲授技能具有综合性（是讲述、讲解、讲读、讲评、讲演的综合）、协同性（与导入、板书、演示、提问、组织教学、学法指导等技能的协调运用）、连贯性与开放性。因而讲授技能是需要重点训练的内容。训练时，从其构成要素入手，针对性地练习讲述技能、讲解技能、讲读技能、讲评技能与讲演技能。而学法指导技能，是学生意识中最淡漠的内容，因此到位的训练有助于学生形成正确的观念，并且有利于学生对教学过程进行微观探讨。所以说，学法指导技能是另一个重点。练习时，立足于中小学生必须掌握的基本学习方法，依次训练直授式、归纳式、点拨式、连接式、追溯式等学法指导的常用方式。

（六）转换角度，完善建构

教学技能的建构，必须按照整体原理的要求，不仅让学生掌握每一技能的内容与要领，更重要的是培养他们具备将每个技能灵活组合、相辅运用、融会贯通的综合运用能力。为此，转换训练角度，将微格教学的训练项目按知识内容划分为数学概念教学、数学命题教学、数学解题教学、数学思想方法教学与数学复习教学。在训练过程中，注重教学内容，强调思维过程，协调运用前面已经掌握的分项技能做好这一阶段的各项训练，如概念教学技能训练，根据概念的引出、抽象、界定、巩固与运用等环节综合运用导入技能、提问技能、讲解技能、强调技能与变化技能等。注意技能之间的协调与配合。最后，以教学设计技能为平台，尝试大综合，重点放在局部技能对完善整体系统的积极作用上。

（七）见习实习，反思建构

由于微格教学采用的是同侪训练法，因此训练过程中涉及的课堂交流等环节必然带有"虚假"的因素，致使经建构而形成的技能天然地带有"温室花木"脆弱的特性。要弥补这一缺陷，只有让学生感受实践。一方面，在技能建构过程中，穿插安排见习活动，让学生获得更多的感性认识，进而对技能建构进行更富有成效的理性思考与探索。另一方面，利用实习，让学生建构的技能接受真正的洗礼，要求学生课前认真设计好教学过程，并充分考虑如何发挥各项技能对完善整个教学过程的积极作用；课中努力实践教学技能的组合、协调与贯通；课后以写教学后记的形式回顾技能运用的得失。通过实习，全面检查技能建构的成效，找出以往训练中的不足，并在实习过程中开展有针对性的训练，或在实习结束后找指导老师进行矫正练习与进一步探讨。这样，学生经建构而形成的教学技能才能很好地适应中学数学教育教学的需要。

六、　数学教学技能建构应该遵循的原则

既然技能建构的有效进行，一要激发学生的主体性，二要注意建构的多重性，三要促进技能的内化，教学技能的建构就应该遵循下面六条原则。

（一）　系统性原则

建构教学技能必须以系统科学原理为指导，将系统科学的三条基本原理即反馈原理、有序原理、整体原理贯穿于技能建构的全过程。在技能建构中应用反馈原理，使学生在技能训练中及时得到反馈信息，从而及时修正与改进，使微格教学成为一个可控制的系统。在技能建构中应用有序原理，使教学技能训练形成一个开放的系统，不但向他人开放也向自己开放。在技能建构中应用整体原理，从课堂教学的整体结构出发，将技能微化、逐一训练、再和谐组合，从而产生良好的整体功能。系统科学原理的应用，最终使教学技能建构成为一个开放、有序、可控的系统，进而从系统的结构上提高功能，从要素的配合上谋求效果。

（二）　多重建构原则

建构教学技能必须体现多重建构。在教学技能训练过程中，既要突出技能建构这条明线，又要注重现代数学观、教育观与学生观对微格教学实践的指导这条暗线，使技能训练成为多重建构：既建构技能，又建构知识体系，还建构观念。

为实现多重建构，宜将微格教学分成两个阶段。前一阶段以技能的分

项训练为主，逐一学习并掌握各项技能。对每一技能的学习，第一方面要体现数学思想方法，如在语言技能训练中运用数学思想方法，在变化技能训练中运用数学思想方法等。第二方面要体现现代数学教学观念，如在导入技能训练中体现知识发现过程，在提问技能训练中体现思维活动过程，在结束技能训练中体现知识系统化过程，在讲解技能训练中体现技能的综合过程等。第三方面要体现现代学生观，如在教学设计技能的训练中体现学生的自主性、独立性与合作性等。后一阶段则将微格教学的训练项目按知识内容划分为数学概念教学、数学命题教学、数学解题教学、数学思想方法教学与数学复习教学。在训练过程中，要注重教学内容，强调思维过程，协调运用第一阶段已经掌握的分项技能做好本阶段的各项训练。如概念教学技能训练，应根据概念的引出、抽象、界定、巩固与运用等环节综合运用导入技能、提问技能、讲解技能、强调技能与变化技能等。

（三）"评""建"相随原则

建构教学技能务必做到"评""建"相随。

"评"指评课，"建"指技能建构。"评""建"相随，是指评课应贯穿在整个技能训练过程中。不论是单一技能的建构，还是不同技能的综合，都应与评课紧密结合。评课本身是一种技能，它不仅促进其他技能的形成与完善，而且在其他技能的训练过程中得以锤炼与提高。因此，技能训练应该做到以评（即评课）促建（即技能建构），以评促改（即技能完善），评建结合，注重建构。这样，通过自主建构，学生在形成教学技能的同时，也逐步在观念中建构起一堂好课的标准：

①激发学生学习的主动性；

②促进师生有效的互动性；

③加强学生自行获取知识的实践性；

④实现学生真正的理解性；

⑤达到预备学习材料良好的组织性；

⑥强化学生学习的反思性。

（四）激励性原则

建构教学技能要重视激励的作用。教学技能的建构需要较长的时间，因此要让学生始终保持高昂积极的心态，就要不断地给予激励和强化。激励与强化的措施，可从下面几个方面来考虑：一是穿插安排见习，让学生到附近中学去听课，以感受真实的课堂环境气氛。若有条件，还可以让学生讲一讲，真刀真枪地练一练解题教学技能，或让学生参加中学教学研究活动、座谈会等。二是让学生观看技能训练录像，既看名师授课，也看往届学生的教学录像。这些丰富且各具风格的材料使学生感到可望可及可信。三是开展丰富多彩的教学技能竞赛，给学生的技能建构注入活力。依据不同的训练阶段，举行技能单项赛、全能赛、综合赛；根据不同的参赛对象，开展小组赛、组间赛、班级赛、师生赛。并且可以组织全系或全校的教学设计技能大赛、说课比赛、板书比赛以及优质课竞赛等。

（五）灵活、实效性原则

为了促进技能建构的高效进行，在教学技能的训练过程中必须做到下列九个结合。

对学生的要求：正面鼓励与严格要求相结合，技能训练与学习研究相结合，基本要求与创新探索相结合；

对训练方式的要求：自主选材与统一要求相结合，分散练习与集中测试相结合，传统方式与现代手段相结合；

对训练过程的要求：单项训练与综合训练相结合，注重过程与关注结果相结合，培养优等生与扶助后进生相结合。

（六）与时俱进原则

教学技能的建构应该反映新一轮课程改革的要求。在新课程中，数学课程理念、课程目标、课程内容、学生学习方式、课堂教学方式的变化，势必引起数学课堂教学行为的变化：课堂教学行为关注点由"客观性知识"转向"主观性知识"；课堂教学行为取向由单向性转为多向性；课堂教学行为指向由老师转向学生；课堂教学行为态势由静态的知识传授转向动态的数学活动。上述教学行为的变化为我们考虑新课程中的教学技能提供了方向和思路：一是对原有技能的改造，对传统的教学技能在保留基本框架的前提下赋予新的内涵；从更多地关注教师的"教"转向更多地关注学生的"学"。二是开发与实践适应新课程改革需要的一些新的教学技能，如课堂观察技能、课堂倾听技能、课堂反应技能、学法指导技能、教学资源开发利用技能、教学设计技能等。

　　上述六条原则构成一个整体，切实指导着数学教学技能的建构。其中，激励性原则是先导，系统性原则是基础，多重建构原则是核心，"评""建"相随原则是保证，灵活、实效性原则是关键，与时俱进原则是灵魂。

第七章　数学教学方法与策略

第一节　数学教学的基本方法与策略

一、教学方法

教学方法是指"为了完成一定的教学目的和任务，师生在共同活动中所采用的方式、手段，既包括教的方法，也包括学的方法，是教法与学法的统一"。

对定义的一个解读：教学方法包含两个方面，一个是教法，一个是学法。教师的教法必须根据学生的实际情况和认知规律特点来选用。教授法必须依据学习法，否则便会因缺乏针对性和可行性而不能有效地达到预期的目的。但由于教师在教学过程中处于主导地位，所以在教法与学法中，教法处于主导地位。

教学方法的演变发展：

在原始社会以及封建社会早期，生产力水平较低，教学与生产和生活联系紧密，直接为生产服务。父母或者师傅通过口耳相传的方式，传授生产和生活经验。这其实就是讲授法的雏形。

随着生产资料不断丰富，个别教学逐渐取而代之，成为我国古代主要的教学组织形式，形成颇具特色的私人讲学传统。例如孔子创办的私学。私学规模比较小，教师有精力和条件针对每个学生身心发展水平制订教学计划。孔子提出启发教学法与因材施教教学理论。

虽然我国古代工商业发展缓慢，但是在宋朝，学生数量增多，出现了集体教学模式。发展到后期，已经具备分科教学、理论教学与实习锻炼结合的特征，比如发展成为分斋教学法。在传统教学组织形式下，教育者在实践基础上总结出一系列的教学方法，比如清朝的六等黜陟法、监生历事。我国历史文化悠久，积累了很多教学方法，例如启发教学法、问答法和自学辅导法。传统教学方法是前人教学经验的积淀，直到现在对我们的教学还存在指导意义。

21世纪是信息技术时代，现在的教学体系已经发展得很完善。教学方法一般有以下几种：讲授法、借助多媒体的演示法、培养团队意识的合作学习法、示范模仿法、实验法、练习法等。

二、 教学策略

教学策略是指"在不同的教学条件下，为达到不同的教学结果所采用的方式、方法、媒体的总和"。

例如先行组织者教学策略，再如建构主义中的支架式教学策略、抛锚式教学策略，还有协作式教学策略，包括课堂讨论、角色扮演、竞争、协同和伙伴等。还有探究型教学策略等。

案例 从新高考评价方向谈高中数学教学策略[①]：

（1）注重知识基础与逻辑构建，切实帮助学生理解知识本质。

（2）注重知识的融合与综合应用，切实帮助学生内化素养，形成关键能力。人教版新教材中的学科交叉内容见表7-1。

表7-1 学科间的渗透融合（以人教A版必修一为例）

物理	气体流量速率、声强级、物体自然冷却、齿轮旋转、弹簧振子振动、交变电流	医学	血液酒精浓度、血药浓度、传染病患病率、身高体重比、人体中（短、长）周期运动
生物	细菌分裂、鲑鱼洄游耗氧量、野兔繁殖、浮萍面积	化学	酒精浓度、放射性物质的衰减、溶液pH计量
考古学	良渚水坝建成年代、洛阳偃师市二里头遗址	经济学	个人所得税、供需曲线、物价增长、GDP增长、房价增长方式

---

① 惠宇，张磊明. 从新高考评价方向谈高中数学教学策略［J］. 中学数学月刊，2022（1）：20-24.

计算机	大数据与数据最	音乐	纯音、复合音、谐音、基音
养殖业	肉鸡产量与市场供求	环境科学	AQI 指数、气温变化曲线、核污染、废气治理
地质天文	地震里氏震级、潮汐与航海、造父变星视星等、太阳直射点纬度、回归年天数	社会科学	恩格尔系数、人口增长、马尔萨斯模型
高等数学	"1°"型、双曲函数、泰勒展开	现实生活	水池设计、复利储蓄、选择投资方案、经济油耗、茶水最佳饮用口感、简车（摩天轮）高度、电价"削峰平谷"方案

（3）注重项目式探究与具身性学习，切实帮助学生积累研究问题的一般经验。在新课程标准和评价方式下，解题更侧重于解决问题，"题目"与"问题"是存在本质区别的，见表7-2。

表 7 - 2 "题目"与"问题"的区别

	题目	问题
求解过程	解	分析、解决
特征	相对孤立	探究性、开放性、创新性
知识作用	机械应用	工具性、灵活性
价值侧重	技能、技巧	策略、方法、能力

解题教学不仅要解决问题，更要引导学生学会探究，进行项目活动，为学生创造"具身学习"的条件。

三、 教学策略与教学方法的关系

区别：教学策略在一定程度上可以说就是关于怎样采用或按怎样的顺序采用什么样的教学方法的教学方案。教学方法是更为详细具体的方式、手段和途径，它是教学策略的具体化。

联系：在逻辑上教学策略是教学方法的上位概念，含有对教学方法的监控、反馈等内容。教学策略本质上是关于教学方法运用的方法，从层次上高于教学方法。教学方法是教学策略的下位概念。

案例 在教师设计单项式与多项式教学时计划：本课主要采用讲授法教学，然后通过集中练习法巩固。那么这个"用讲授法教学，然后通过集中练习法巩固"就是一个教学策略。

我们常听到的教师的经验之谈"教学有法，教无定法"所指的应该就是教学策略：教学是必然要采用教学方法的，否则无以达到目标，实际上也确实存在着许许多多具体的教学方法。但是教学并没有固定的方法可资利用，一定是针对不同的教学情境寻找并采用相应的最有效的教学方法。

第二节　数学教学的模式

一、启发教学模式

（一）历史背景

中国最早提出启发式教育的是教育家孔子。孔子很重视启发式教学，说："不愤不启，不悱不发。"所谓"愤"，是指学生对某一问题想搞明白而得不到答案的激愤心情；所谓"悱"，是指学生对某一问题已有所悟而表达不出来的急迫样子。孔子认为，教化学生要取得好的效果，关键是要调动他们内在的求知欲望。因此，不到他想求而未得的时候不去开导他；不到他欲言而不能的时候不去提示他。注重启发诱导，就是孔子的启发性教学原则。

在欧洲，稍后于孔子的古希腊思想家苏格拉底用"问答法"来启发学生的独立思考以探求真理，其又称"苏格拉底法""产婆术"，在哲学研究和讲学中形成了由讥讽、助产术、归纳和定义四个步骤组成的独特的方法。苏格拉底认为教师在教学中的任务不是向学生传授现成的知识，而是要激发学生的思考，帮助学生获取头脑中所固有的知识，发展学生的认识能力。

两者的异同：

相同点：

（1）教育目的相同。同是启发学生思维。反对灌输知识，反对直接把既定的答案告诉学生，都希望学生能在教师的引导下自己思考，自己推理出答案。

（2）教育方式相同。都采用了互动式交谈。不论是苏格拉底的问答法还是孔子的启发式，都是教师与学生的一系列对话，教师在对话中去启发学生，在交谈的过程中给予学生启示。

（3）教育内容相同。都集中于伦理内容。孔子和苏格拉底都是注重道德的人，他们探讨的问题往往是没有终极答案，又值得人们去思考的哲学类问题和道德类问题。

不同点：

（1）启发方式不同。苏格拉底只是单纯地提问，用一系列的问题使对方无言以对，从而推导出结论。孔子更加强调学生本人对知识的思考，不会穷追不舍地提问，只是点到为止，留给学生思考的空间，通过学生的学与思得出结论。

（2）教学中的主体不同。孔子的启发式教学原则，以学生为主体，教师为主导，在整个过程中教师都是循序渐进地引导，留给学生更多的思考空间。苏格拉底的产婆术以教师为主体，教师首先通过讥讽使学生认识到自己的无知，然后再帮助学生形成概念，并将学生原有知识进行归类，在整个过程中教师一直处于主体地位。

（3）教学目的不同。孔子的教育目的是培养"贤人""君子"，从而实现孔子"大同"的政治追求。可以看出孔子的教育是为政治服务的。苏格拉底的教育内容首先是从哲学方向出发的，其着重关注的是个体对现实世界的适应，他教育的目的主要是了解世界的本质。

（二）启发式教学的定义

所谓启发式教学，就是根据教学目的、内容、学生的知识水平和知识规律，运用各种教学手段，采用启发诱导办法传授知识、培养能力，使学生积极主动地学习，以促进身心发展。这里要着重说明的是，启发式教学不仅是教学方法，更是一种教学思想，是教学原则和教学观。当代世界各国教学改革无一不是围绕着启发式或与启发式相联系。

启发式教学的形式主要有以下几种：

（1）正问启发。如 $f(x) = ax^2 + bx + c$. 正问启发是教师最常用的一种启发形式，即依据教学的重点、难点提出富有启发性的问题。它往往在教材的关键处、转折处和引申处等提出"为什么"。

（2）观察启发。是利用图片、实物、幻灯片和录像等增强学生直观形象的渲染力，形成表象和形象思维，然后在教师点拨和启发讲解下向逻辑思维转化，使学生找出规律或加强对知识本质的认识。

例如，在讲解三角形稳定性时，让学生观察斜拉桥，然后思考为什么斜拉桥是三角形的，从而引出三角形的稳定性。

（3）情境启发。是教师通过生活中的一些实例，创设一个问题情境，引发学生去独立思考或动手操作，看看能得出什么样的结论，教师进而进行讲解，推理论证学生的结论。

例如，老师带着学生出去玩，坐车的时候，提问学生：试想圆车轮和方车轮在车行走时的区别。为什么方的会颠簸？而圆的不颠簸呢？由此引出圆的定义。

（4）类比启发。如 $f(x)=a^x$，$f(x)=\log_a x$. 类比启发是将某些有共同结论的计算方法进行比较，启发学生找出异同，使学生准确地把握数学知识的真谛。同时，对提高学生鉴别能力也大有益处。

（三）案例分析

例如，我们在进行"等比数列"教学时，就可以采用启发法。课堂上，教师首先引导学生回忆以往所学："在上一次课中，我们学习了等差数列，想必大家都还有印象吧？有没有同学来说一说，等差数列都有哪些特征，它的公式又是什么？"在学生回答完后，教师再顺势引出本节课的主要教学内容——等比数列。为了帮助学生明辨两者之间的差异，教师可以将等差数列作为类比，引导学生从概念、性质以及公式等不同角度对两者进行辨别。

再如，教师在提问时，可以对问题进行层层深入的提问，实现对学生的逐步引导。例如，在对正切函数进行学习时，可以先引导学生对正弦函数、余弦函数进行回顾，在运用正弦函数、余弦函数的基础上对正切函数进行推导。也可以采用故意设置错误的方式，使学生对错误进行发现和纠正，从而达到学习新知识的目的。

（四）评价

首先，启发式教学强调以教师为主导，以学生为主体，可以充分激发学生的学习兴趣，调动学生的学习积极性，启发学生思维，培养学生的探究精神和思维能力。其次，启发式教学法作为一种现代新型的教学方法，其有助于实现对学生思维的正确引导，使"促进学生自身发展"教学理念得到有效体现，特别是在对教学重难点进行突破方面，其发挥着非常关键的优势。

然而，启发式教学也存在一定的局限性，除了传统的浪费时间外，还有以下缺点：

第一，启发的对象局限性大。有些老师的启发性教学仅仅将启发的对象限定在优等生身上，对数学成绩不好的学生则采取不闻不问的态度。这种启发式教育未能够真正理解启发式教育的内涵。

第二，把围绕着答案进行提问当作是启发式教学。比如，$y = 3x + 5$，当 $y = 9.5$ 时，$x = ?$ 把这种提问当作启发式教学的实现工具是不正确的。启发式教学目的不仅仅只是为了得出一个确定的答案。它的真正主旨在于通过不断地向学生抛出引导式的问题，来拓展学生思维，实现举一反三。

（五）启示

综上所述，开展数学教学时，教师要积极运用启发式教学法来提高教学效率，让启发式教学与传统讲授式教学之间形成有机的融合，让学生能够通过教师的引导实现数学解题及运算能力的提升。在高中数学教学中，教师要结合学生的实际学习情况，灵活运用启发式教学法，深入研究教材，精心组织备课，创设合理的问题情境，从而有效启发学生思维，培养学生的问题意识、思维能力和探究精神，提高学生的学习效果，最终使学生学会学习、学会思维，促进学生综合素质的提升。

二、 情境教学模式

（一） 理论基础

1. 情境认知理论

情境认知理论是继行为主义"刺激—反应"学习理论与认知心理学的"信息加工"学习理论后，与建构主义大约同时出现的又一个重要的研究取向。

情境认知理论有以下三个基本观点：

一是，学习者（学生）在熟悉的情境当中更容易将新旧知识发生联系，如果情境是学生所不熟悉的，那学生的学习有可能是茫然的；

二是，如果学生在学习的过程中不能有效地利用原有的认知或经验基础，那学生就有可能被迫进行死记硬背式的学习；

三是，新知的学习与应用如果发生了情境转换，那学生将很难将新知进行有效运用。

情境认知理论强调：学习的设计要以学习者为主体，内容与活动的安排要与人类社会的具体实践相联通，最好在真实的情境中，通过类似人类真实实践的方式来组织教学，同时把知识和获得与学习者的发展、身份建构等统合在一起。

2. 建构主义理论

（1）建构主义知识观。知识不是对现实的纯粹客观的反映，只不过是人们对客观世界的一种解释、假设或假说，将随着人们认识程度的深入而不断地变革、深化，出现新的解释和假设。所以对知识的理解，需要个体基于自己的知识经验建构，还取决于特定情境下的学习历程。

（2）建构主义学习观。学习是学生自己建构知识的过程。学生不是简单被动地接受信息，而是主动地建构知识的意义。

（3）建构主义教学观。教学不能无视学习者已有的知识经验，不能简单强硬地从外部对学习者实施知识的"填灌"，而应该把学习者原有的知识经验作为新知识的生长点，引导学习者从原有的知识经验中，主动建构新的知识经验。

建构主义认知理论基础上的情境教学方法就是指建立在有感染力的真实事件或真实问题基础上的教学方法。知识、学习是与情境化的活动联系在一起的。学生应该在真实任务情境中尝试着发现问题、分析问题、解决问题。

（二）情境教学法的定义

1. 情境教学

最开始出现在 1989 年 Brown，Collin 以及 Duguid 所写的《情境认知与学习文化》一书中。该书指出："知识只有在它们产生及应用的情境中才能产生意义。知识绝不能从它本身所处的环境中孤立出来，学习知识的最好方法就是在情境中进行。"

2. 情境教学法

情境教学法是指在教学过程中，教师有目的地引入或创设具有一定情绪色彩的、以形象为主体的生动具体的场景，以引起学生一定的态度体验，从而帮助学生理解教材，并使学生的心理机能得到发展的教学方法。情境教学法的核心在于激发学生的情感。

情境教学对培养学生情感、启迪思维、发展想象、开发智力等方面确有独到之处。

（三）案例

情境教学包括多种形式，创设不同情境运用于不同课堂教学。

1. 以生活实例创设生活情境

比如，在"直线与平面垂直的定义"的教学过程中，教师可以引出日常生活中旗杆与地面、大桥与水面的位置关系、古人用来计时的日晷等感性认知直线与平面垂直的形象，引导学生认识到现实中普遍存在的直线与平面垂直的位置关系，为定义做好准备。

再如，在讲解"频率与概率"内容时，教师在上课时可以引出商场搞活动时购物满多少后参与幸运大转盘的事例、篮球明星投篮的命中率、打枪的命中率以及投掷硬币正反面概率等生活中常见的话题，促使学生在主动思考和探究的过程中认识到实验是确定事件发生可能性大小的一种有效方式。

2. 提出数学问题创设问题情境

比如，在"等差数列的前 n 项和"的教学中，教师可以给出 200 多年前高斯的算数老师提出的一个数学问题"$1+2+3+\cdots+100=?$"，当其他同学们忙于把 100 个数逐项相加时，10 岁的高斯却只用了一分钟就得出了结果，即（$1+100$）＋（$2+99$）＋$\cdots$＋（$50+51$）$=101\times50=5050$。这时老师提出疑问：那你能用高斯的方法求"$1+2+3+\cdots+100+101=?$"的结果吗？与"$1+2+3+\cdots+100=?$"相比，你又有什么发现？通过提出数学问题，促使学生发现高斯的算法中蕴含的数学思想，提炼出将"不同数的求和"化归为"相同数求和"的本质，为推导等差数列的求和公式作好准备。

再如，在"双曲线"的教学过程中，教师引导学生复习椭圆的定义：平面内与两定点 F_1，F_2 的距离的和等于常数的动点 P 的轨迹叫做椭圆。在学生回顾的过程中，教师在多媒体上借助动画展示椭圆的形状。这时教师提出疑问：如果把椭圆定义中的到两个定点的"距离的和"改成"距离的差"，这时动点 P 的轨迹会是什么图形呢？通过提出数学问题，激发学生的认知冲突，形成问题情境。

3. 巧用游戏创设游戏情境

比如，在高中数学必修教材中，关于"子集、交集、并集、补集"的这个知识点，将全班同学作为一个全集，其中女同学作为一个集合，标注为"甲"，戴手表的同学视为一个集合，标注为"乙"。然后，任课老师讲好游戏规则：当老师说到甲的补集，乙的补集，甲与乙的并集或交集，甲与乙的补集的交集，乙的补集与甲的并集等一些问题时，在相应集合中的同学就立刻举起手来，而其他同学则不动。让学生直观便捷地去理解子集、交集、并集、补集等这几个概念的具体内涵，掌握这几个集合概念的本质。

4. 利用教具实操创设实验情境

比如在介绍"椭圆"的定义时，教师可以让学生用图钉在白纸上固定两个点，并且在图钉上系上一根适当长度的细线，然后由学生用笔尖顶在细线上在纸面内画线，最终笔尖所描点的轨迹将形成一个特殊的图形。学生一眼就能看出这就是生活中常见的椭圆。这个图形是学生自己在实验中具体描绘出来的，因此他们对椭圆的基本特点会有更加深刻的认识，对椭圆的定义也将有更加深刻的理解。

再如，在"三角函数的应用"的教学中，教师要引导学生对函数的具体应用方法进行分析，从不同的数学案例中寻找答案。学生需要从不同的书籍、不同的案例、不同的科研成果中寻找三角函数的应用体现，明确该类型函数知识的学习意义，掌握好学习的方向。不要盲目地做题，要先通过查找资料拓展自己的视野，明确学习的方向，然后才能在知识的学习、思考中得到更多的答案。

5. 运用信息技术创设可视化情境

比如，我们知道确定直线位置的要素除了点之外，还有直线的倾斜程度。通过建立直角坐标系，点可以用坐标来刻画。那么，直线的倾斜程度该如何刻画呢？楼梯或路面的倾斜程度可用坡度来刻画（图7－1）。

如果楼梯台阶的宽度（级宽）不变，那么每一级台阶的高度（级高）越大，坡度就越大，楼梯就越陡。在平面直角坐标系中，我们可以类似地利用这种方法来刻画直线的倾斜程度。已知两点 $P\left(x_1, y_1\right)$ ，$Q\left(x_2, y_2\right)$ ，$x_1 \neq x_2$ ，那么直线 PQ 的斜率为 $k = \dfrac{y_2 - y_1}{x_2 - x_1}\left(x_1 \neq x_2\right)$ 。

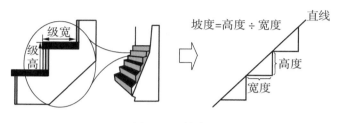

图 7 - 1　坡度

（四）优缺点

1. 优点

（1）有效调动学生对于数学学习的热情，激发学生对数学学习的主动性；

（2）提高课堂的教学效率，增加师生互动机会；

（3）让学生体会数学在日常生活中的广泛应用；

（4）情境的创设有利于培养学生的数学核心素养。

2. 缺点

（1）教师对于情境教学法的理念理解不够深入。高中数学教师在教学的时候，情境教学的渗透没有考虑到学生的切身感受，大部分教育工作完全按照教师的个人经验实施。

（2）情境中的问题导向不准确。情境的创设需要考虑学生的已有知识和生活经验，只有这样才能够激发学生的认知冲突和情感体验。

（3）情境教学方法选择比较单一。在把控、解决的过程中应考虑学生的感受。很多教师在塑造情境的时候仅按照问题塑造情境，忽略了学生的情感体验。

（五）启发思考

总体来说，情境是源于现实实际指向数学本质的。从情境走向数学的过程，就是引导学生用数学的眼光观察、发现、分析情境中的问题，用数学语言描述问题的过程。

在高中数学教学过程中，教师运用情境教学方法，能够不断加深师生之间的互动交流，提高学生对数学学习的信心，提高课堂的教学效率，有效地激发学生的学习热情。

但在高中数学教学中，教学方法的选择不应该只是单一的、大众的，而应该是多元的、独特的，不仅可以是多种情境教学的结合，也可以是多种方式方法的结合。

三、 变式教学模式

（一） 理论背景

作为中国最具代表性的、最有特色的教学法之一，变式教学从古至今，源远流长，以下代表性观点均可印证：

（1）"不愤不启，不悱不发，举一隅不以三隅反，则不复也。"（《论语·述而第七》）

（2）"君子之教，喻也。""道而弗牵，强而弗抑，开而弗达。道而弗牵则和，强而弗抑则易，开而弗达则思。和易以思，可谓善喻矣。"（《礼记·学记》）

（3）变式是教学中使学生确切掌握概念的方法之一，即从不同方面、不同角度和不同情况来说明某一事物，从而概括出事物的一般属性。（《实用教育大辞典》，王焕勋，1995 年）

（4）在教学中使学生确切掌握概念的重要方式之一。（《教育大辞典》，顾明远，1999 年）

（5）中国数学教育的特色之一是"变式训练"。（张奠宙，李士锜，李俊，2002 年）

变式教学是在教学中使学生确切掌握概念的重要方法之一，即在教学中用不同形式的直观材料或事例说明事物的本质属性，或变换同类事物的非本质特征以突出事物的本质特征。目的在于使学生理解哪些是事物的本质特征，哪些是事物的非本质特征，从而对一事物形成科学概念。

（二） 理论历程

1. 国外研究

20 世纪 80 年代，大量的研究表明：无论是普通中国学生的数学平均成绩还是中国学生国际奥数的成绩均优于西方国家。但另一方面，许多外国教育学者认为，中国的教育是机械记忆、灌输式的，这样的教学方式并不利于人才的培养。这两个矛盾的现象构成了"中国学习者悖论"。由此，许多外国学者开始重视对中国教育的研究，发现有效的变式教学是中国教育实现这样优异的数学成绩的一个重要原因。

美国大学教授彭恩霖通过多年对中国课堂的观察发现，中国数学课堂总是能够深入浅出，其成功与中国教师在课前引入重难点的设置、变式习题等方面下的"深功夫"有着密切的关系。瑞典教育家马登对比中日美三国的数学课堂教学，从变式教学的角度阐述了中国数学课堂的合理成分：中国数学课堂上看似机械重复的学习并非简单的重复，而是有变化的重复，是有意义的学习。由此马登提出了著名的"现象图式学"。"现象图式学"的核心是鉴别和差异。鉴别就是辨别区分，从具体目标中分辨出概念的主要特征，而鉴别依赖于对差异的认识。可以看出，现象图式学与变式教学理论有许多相似的地方。

2. 国内研究

1977 年，顾泠沅教授面对十年动荡影响下教学质量堪忧的情况，开始了 30 年的教学实验改革：上海青浦实验。十年之后，其实验效果十分显著，随后在全国进行推广。在"青浦实验"中，顾泠沅对变式教学进行了深入的研究，并于 1991 年通过《学会教学》一书对变式教学做了详细的阐释。

2003 年，顾泠沅、鲍建生等在《数学教学》中发表《变式教学研究》，首次将变式教学理论化。其主要涉及两方面工作：一是对传统教学中的"概念变式"进行系统的恢复与整理；二是将"概念性变式"推广到"过程性变式"，从而使变式教学也适合于数学活动经验的增长。

2001 年，刘长春在《中学数学变式教学与能力培养》中详细阐述了变式教学的教学内容和教学方式。

2012 年，孙旭花在《教学研究"一题多解"之再升华　螺旋变式课程设计理论介绍：以三角形中位线定理推导为例》中以三角形中位线定理的推导为例，介绍了螺旋变式课程设计理论。并经过实践证实，基于变式教学理论的"一题多解"具有丰富的理论和实践价值。

（三）理论概述

（1）数学中的变式教学是指教师不断地改变数学概念或数学问题中那些非本质的特征，即对数学问题所涉及的内容、表现形式、结论和条件均进行一定的改变，从而把问题的本质属性展现在学生的眼前，让学生能从不同侧面去理解数学知识的一种教学方法。

（2）20世纪70年代顾泠沅教授通过青浦实验提出了变式教学的理论与方法，将具有中国特色的教学经验上升为教学理论。后来创造性地提出了概念性变式和过程性变式。

概念性变式分为两类（图7-2）：概念变式与非概念变式。概念变式指属于概念的外延集合的变式。根据其在教学中作用的不同又分为概念的标准变式和非标准变式。非概念变式不属于概念的外延集合，但与概念对象有某些共同非本质属性。

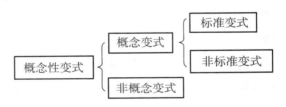

图7-2 变式教学

例如，三角形的高，如果高线与对边有交点，学生会容易看出，但如果高线与对边没有交点，学生理解起来就比较困难，如图7-3所示。标准变式有利于学生对概念进行准确把握，但非标准变式可拓宽学生的数学思维。

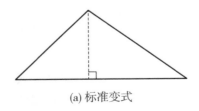
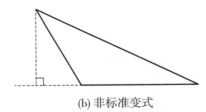

(a) 标准变式　　　　　　　　　　(b) 非标准变式

图7-3 三角形的高

每一个数学概念都有一个明确的边界，要使学生对概念的外延有一个清晰的认识，则须划清概念与概念之间的边界。非概念变式与概念变式具有某些共同的非本质属性，学生常常会混淆，因此需要将两者进行比较，使学生对概念的边界有一个比较清晰的认识。例如，在进行圆周角概念教学时可以给出下面的非概念变式以帮助学生明确概念的外延，如图 7 - 4 所示。

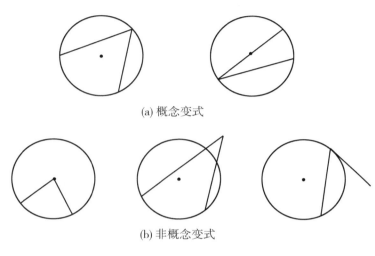

(a) 概念变式

(b) 非概念变式

图 7 - 4

因此，概念性变式在数学教学中的主要作用是使学生获得对概念的多角度理解。主要通过三方面体现：通过直观或具体的变式引入概念；通过非标准变式突出概念的本质属性；通过非概念变式明确概念的外延。

过程性变式是指在数学教学活动中，通过有层次的推进使学生分步解决问题，积累各种活动经验。它在教学中主要运用于概念的形成的过程性变式、问题解决的过程性变式。

当作用于概念的形成时，过程性变式可以作为铺垫帮助学生理解这个过程。下面以"方程"概念的形成过程为例进行说明。

首先提出简单的问题情境：小明用 5 块钱去买 2 块橡皮，剩下 2 块钱。请问一个橡皮多少钱？根据问题，可以用实物代替变量表示，得到变式一：

$$5元-\boxed{}\,\boxed{}=2元 \qquad 5元-2\boxed{}=2元$$

在上式的基础上，用橡皮拼音的第一个字母"x"替代具体的橡皮，即用简写符号来代替变量，得到变式二：

$$5 \, 元 - 2x = 2 \, 元$$

最后去掉单位，得到变式三：

$$5 - 2x = 2$$

上述几个式子一定程度上反映了代数符号进化的几个阶段，并且作为铺垫帮助学生初步认识"方程"这一概念。

当作用于问题的解决时，我们解决数学问题常常是将新问题化成一个或多个已知的问题。但由于新问题与已知问题之间大多数没有明显的联系，即需要多次转化，因此可以设置过程性变式作为转化的铺垫，参考图7-5。

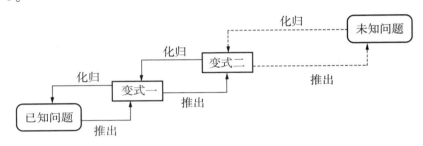

图7-5 变式的转化

（四）案例分析

当我们在学习等差数列时，可以适时运用过程性变式作用于"等差数列"概念的形成。

数列1
①1，2，3，4，5，6，7，8，9，10，11，12；（月份）
②3000，2500，2000，1500，…；（衣服的售价）
数列2
①1，-1，-3，-5，…
②1，1.5，2，2.5，3，3.5，4，…
数列3
当 a，d 为常数时，
①d，$2d$，$3d$，$4d$，$5d$，$6d$，…
②a，$a+d$，$a+2d$，$a+3d$，$a+4d$，$a+5d$，…

师：请同学们观察以下两组数列（数列1，数列2）有哪些相同的地方？

生：数列一都是整数，在一直增大或者减小。

师：数列二呢？

生：第一组数列每一项与前一项相差 2，第二组数列每一项与前一项相差 0.5。

这时我们发现，学生对数列的观察不是局限于每一项，而是发现了项与项之间的关系。

师：继续观察数列三。

学生可以感受数列逐步符号化的过程，进而掌握等差数列的共同属性，因此过程性变式可以帮助学生更好地完成从操作阶段到过程阶段的过渡。

当我们在学习圆锥曲线课时，可以适时运用概念性变式作用于椭圆与双曲线概念的内涵与外延。

变式 1：若 P 为平面内一点，P 点到两定点 F_1，F_2 的距离之和为常数且小于 $|F_1F_2|$，那么 P 点的轨迹方程是？

变式 2：若 P 为平面内一点，P 点到两定点 F_1，F_2 的距离之和为常数且等于 $|F_1F_2|$，那么点 P 的轨迹方程是？

变式 2：若 P 为平面内一点，P 点到两定点 F_1，F_2 的距离之差的绝对值为常数且等于 $|F_1F_2|$，那么 P 点的轨迹方程是？

变式 4：若 P 为平面内一点，P 点到两定点 F_1，F_2 的距离之差的绝对值为常数且小于 $|F_1F_2|$，那么 P 点的轨迹方程是？

当学生在学习椭圆与双曲线定义之后，容易忽略定义中常数小于 $2c$ 这一条件，抑或易对到底是两定点和与差的区分产生记忆混淆，因此可以设置非概念变式以加强学生对概念的理解和掌握。

（五）优缺点

概念性变式通过各种概念变式之间以及概念变式与非概念变式之间的差异与联系，把握概念的内涵与外延，实现对概念的多角度理解。而在数学活动的教学过程中设计过程性变式，可以丰富活动的途径，使活动过程更有层次性，从而帮助学生将零散的活动经验整合成一个有机整体，完成知识结构的建构。

"变式教学"是我国数学教学中的一个传统，也是一大特色，备受广大一线教师的推崇与青睐。但不少教师在教学时，不顾具体的教学内容和学生的感受，为了变而变，题目脱离基础，变式的量多且难，没有循序渐进，使"变式教学"有被"泛化"的趋势。

因此，在教学中，要更好地发挥"变式教学"的作用，需要精心设计、潜心研究。尤其是在使用的时机和编排层次上，要细细揣摩、斟酌，达到"数变而境不变""形变而意不变"，实现一题多解、一法多用、一题多变、多题归一。

四、 支架式教学模式

（一）理论概述

维果茨基的"最近发展区"理论指出：儿童在成人指导和帮助下演算的习题水平与他在独立活动中能演算的习题水平之间存在差距，这个差距就是儿童的最近发展区（图7-6）。由此在确定发展与教学的可能关系时，要使教育对学生的发展起主导作用和促进作用就必须确立学生发展的两种水平：一是其已经达到的发展水平，表现为学生能够独立解决问题的智力水平；二是他可能达到的发展水平或潜在的发展水平，但要借成人的帮助在集体活动中通过模仿才能达到解决问题的水平。

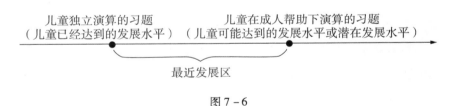

儿童独立演算的习题　　　　　　儿童在成人帮助下演算的习题
（儿童已经达到的发展水平）　　（儿童可能达到的发展水平或潜在发展水平）

最近发展区

图7-6

这一概念表明儿童的文化发展机制总体上表现为从"最近发展区"向"潜在发展水平"的转化。从以上观点出发，对教育过程而言重要的不是着眼于学生现在已经完成的发展过程，而是关注那些正处于形成的状态或正在发展的过程。维果茨基指出，只有当儿童在自己的发展中达到一定的成熟程度时一定的教学才有可能进行。传统的教学是以儿童的现有发展水平为依据的教学，它定向于儿童思维已经成熟的特征，定向于儿童能够独立做到的一切。然而，这只能是教学的最低界限。维果茨基提出的"最近发展区"理念正是为了使人们注意到对于教学十分重要的一个事实：除了最低教学界限外，还存在着最高教学界限，这两个界限之间的期限就是"教学最佳期"。

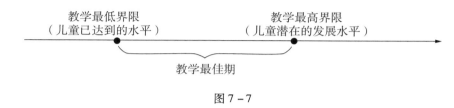

图 7 - 7

（二）脚手架模式及案例

1. 下大上小型脚手架（图 7 -8）

图 7 - 8

案例　空间直线与平面的位置关系的判断和证明。

第一阶段脚手架：教师提问这五个代表图是否都满足要求。满足则证明，不满足则举出反例。见图 7 - 10。

这节习题课从一个问题开始（课前已经把印有相关内容的答卷发给每位学生）.

立方体有 8 个顶点，12 条棱，取各棱的中点与顶点，共 20 个点（见图 7 - 9）. 在这 20 个点中，任取两点作一直线，取不在一条直线上的三个点作一个平面，请同学们找出一条直线和与该直线垂直的一个平面，要求尽可能多地举出例子.

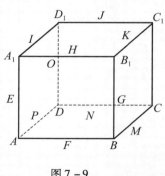

图 7 - 9

学生按小组形式活动，在答卷上画出了若干图形，教师巡视指导，从中挑选出几种具有代表性的图形画在黑板上（见图 7 - 10）.

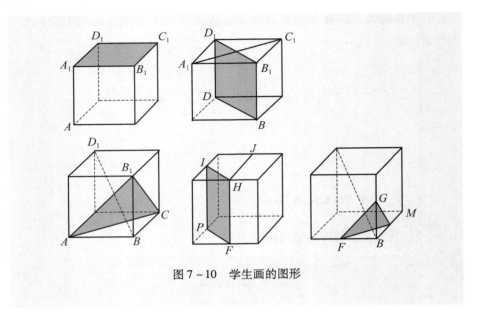

图 7-10 学生画的图形

第二阶段脚手架：从不同的角度观察，这五个代表图所画的情况是有重复的，只是观察角度不同。应该如何避免？让学生总结出问题，主要是找直线。为了避免出现类似情况，就得对这些直线进行分类。通过活动发现，分析在面上（图 7-11a）和不在面上的共十条直线（图 7-11b）就可以解决问题。由此，找直线与平面垂直，就可转化为找与已知直线垂直的两相交直线。

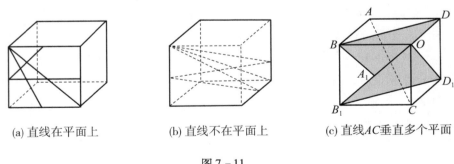

(a) 直线在平面上　　　　(b) 直线不在平面上　　　　(c) 直线 AC 垂直多个平面

图 7-11

第三阶段脚手架：在找与一已知直线垂直的平面时，发现与一已知直线垂直的平面有许多个，且这些平面都互相平行（如图 7-11(c)），找到一个与已知直线垂直的平面就可以找到几个和该直线垂直的平面。

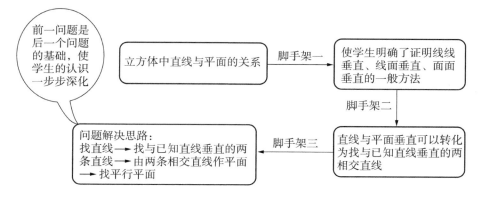

图 7 - 12　立方体问题脚手架

2. 平行型脚手架

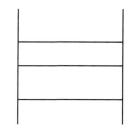

图 7 - 13　平行型脚手架

3. 上大下小型脚手架(图 7 - 14)

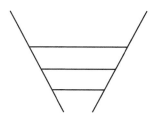

图 7 - 14　上大下小型脚手架

函数 $y = A\sin(\omega x + \varphi)$ 的图像.

这是一节数学实验课. 课前, 学生对函数 $y = kx + b$, $y = ax^2 + bx + c\,(a \neq 0)$ 的图像比较熟悉, 知道参数 k, a, b, c 会影响函数的图像. 另一方面, 上一节课学习了函数 $y = A\sin(\omega_x + \varphi)$ 的一些基础的知识, 这节课希望通过学生亲自动手实验和观察,掌握函数 $y = A\sin(\omega_x + \varphi)$ 中因常数 A,ω,φ($A > 0$,$\omega > 0$,$\varphi \in \mathbb{R}$)的变化而引起函数图像变化的规律.

如图 7 – 15 所示,三个问题互相平行、独立,无论先提出哪一个都对问题的解决没有影响,但它们又共同组成一个整体。

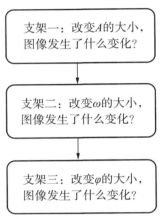

图 7 – 15　三角函数学习支架

建立实际问题的函数模型。在使用拟合函数的方式利用水温与时间的函数关系式作出函数图像解决问题之后,作为任务的后续,教师给出了以下实习题目。

1. 请调查出昆明市目前出租车计费方式,并解决以下问题:

(1)甲地到乙地,路程为 18.5 千米.请问如何打车使费用较为节省?费用预计多少?

(2)某人从甲地到乙地,行程共 13.2 千米,其中路程不足 10 千米.共停车等待两次,所用时间分别为 2 分 15 秒和 4 分 30 秒.路程 10 千米后,停车等待 1 次,所用时间为 2 分 45 秒.请计算出该乘客需付的车费是多少?(忽略路途中的等待时间)

2. 在室温下冰块融化为水的过程中,杯中水的质量随时间的变化函数关系式.在室温下,100 克的冰多长时间会完全融化为水?

3. 通过小组调查解答下列问题:

(1)定出云南省近 20 年来人口数与年份的函数关系式.

(2)若按这一人口发展趋势,计算大约到哪一年云南省人口将达到 4800 万.

给学生提供更宽广的发展空间，越往后的脚手架需要的能力越强。但这一模式需要学生有相关的知识基础，才能够熟练运用这些知识。

（三）支架式教学的思考

判断教师给学生提供的帮助是否为脚手架，关键是要看学生进行的是探究学习还是接受学习。在教师引导学生亦步亦趋前进的接受学习中，教师所起的作用不是教学脚手架，因为在这种教学中教师起主导作用，学生起辅助作用，不是教师辅助学生学习，而是学生配合教师的教，教师讲授不是为了帮助学生探究，而是代替学生思考。在探究式教学中，学生的独立探究是主要的，教师设计的脚手架则起着"辅助"学生学习的作用。当学生面临一些比较复杂的探究问题时，没有教师的脚手架帮助，学生探究往往会陷入不知所措、无所适从的状态。只有教师给学生提供必要的脚手架，学生才能理清探究思路、明确探究方向，顺利完成探究任务。因此，教学支架不是教师代替学生思维，而是教师为学生探究所设计的帮助和指导。根据教师教学支架设计的多少，脚手架式教学可以分成不同的层次。

机械支架学习：学生自主程度小，教师提供的扶持帮助多。

在上"圆锥体的体积"一课时，一位教师说："今天，我们要探讨圆锥体的体积，下面我们通过探究活动来证明。"然后就出示了探究活动的方案：

①准备等底等高的圆锥体和圆柱体容器各一个。

②自由选择一大杯水或沙子放在桌上。

③预测圆锥体容器和圆柱体容器的体积关系。

④用圆锥体容器盛满水或沙子往圆柱体容器中倒。

⑤把观察到的现象记录下来。

接下来就请学生分小组按活动方案进行操作。

教师提供过多的支架，学生只重复教师要求的操作，学生的思维被支架"框住"。

自助支架学习：学生自主程度高，教师提供的帮助少。

在上"圆柱体的体积"一课时，教师说："大家都回忆一下，上周我们学习了如何计算圆的面积和立方体的体积。今天将探讨如何计算圆柱体的体积。这次由你们自己去做。在你们每个人的实验台上有 5 个体积不同的圆筒、一把尺子和一台计算器，你们还可以用水槽里的水。但是，你们所要利用的最重要的资源应该是你们的头脑和同学。记住，在活动结束时，各个组的每位同学都要做到不仅能够说出圆柱体的体积公式，而且要能够准确解释该公式是如何推导出来的。"

支架少、难度大、个体差异大导致教学秩序与进度难以控制，不确定能不能取得期望结果。

总之，支架是学生需要支持、不能独立完成探究任务时给予的帮助。支架设计是否合理应以学生的探究需要、探究能力为判断标准，是相对于学生最近发展区设定的。当学生的探究能力很弱时，教师就要给学生设计比较小的探究空间，提供和搭建比较多的支架铺垫。当学生探究能力有一定发展时，教师就要减少支架，尽量给学生提供提出问题和猜想、设计验证方案的机会。当学生能够独立探究时，教师就可以撤去支架或只给予学生很少的建议和帮助。教师要做到：学生能独立思考的，教师不提示；学生能独立操作的，教师不替代；学生能独立解决的，教师不示范。

第三节　数学内容的教学

从教学内容上看，中学数学教学主要包括概念、命题和解题的教学。本章对这三个内容进行专题讨论。

一、数学概念的教学

数学概念是数学科学知识体系的基础，同时，数学概念又表现为数学思维的一种形式。数学概念的学习与学生对数学知识的掌握、合理的数学认知结构的形成以及数学能力的提高密切相关。因此，数学概念的教学对于提高数学教学质量，实现教学目标，起着十分关键的作用。

（一）数学概念的特征

由于数学所研究的对象是脱离了客观事物的具体物质内容而独立存在的数量关系和空间形式，因而数学概念具有鲜明的特征。具体地说，数学概念具有以下四个特征。

1. 抽象化

数学概念是反映一类事物在数量关系和空间形式方面的本质属性的思维形式，它排除对象具体的物质内容，抽象出内在的、本质的属性。这种抽象可以脱离具体的实物模型，在已有的数学概念基础上进行多级的抽象，形成一种具有层次性的体系。譬如，函数→连续函数→可微函数。这就是一个函数概念的抽象体系。显然，随着概念的多级抽象，所得到的概念的抽象程度就会越来越高，这也就充分表现出了数学概念的抽象化特征。

2. 形式化

数学概念往往使用特定的数学符号来表示，表现出概念的形式化。例如，多边形相似用符号"$\backsim$"，对数用符号"$\log_a b$"，求和用符号"$\sum$"等。数学符号反映了概念的本质属性，使数学概念的表现形式简明、准确，而且使数学概念可以在符号体系这种纯形式化中得以抽象和发展。

3. 逻辑化

在一个特定的数学体系中，数学概念之间往往存在着某种关系，如相容关系、不相容关系等，而这些关系实质是逻辑关系。在一个体系中，孤立的数学概念是不存在的，因为这种概念没有太大的意义和研究价值。反过来，数学概念的逻辑化又使得数学概念系统化，公理化系统就是数学概念系统化的最高表现形式。

4. 简明化

数学概念具有高度的抽象性，再借助于数学符号语言，就使得一类事物的本质特性可以用某些简明的形式展示出来。例如，"水库的容量与水深之间的关系"和"物体在匀速直线运动中，路程与时间的关系"，这两个不同的问题都可以抽象为函数概念，统一用 $y = f(x)$ 表示。同时，又由于数学概念的简明化特征，使得人们在较短的时间内掌握数学概念成为可能。

（二）数学概念学习的形式

数学概念的学习过程，包括概念的理解与概念的应用两个阶段，其中，概念的理解又分为感知、分化、概括和巩固四个阶段。下面具体论述数学概念的学习过程。

现代心理学的研究认为，概念学习的基本方式有两种，一是概念形成，二是概念同化。实际上，这里所说的概念学习，是指获取概念的第一个阶段，即概念的理解，因此我们说概念理解的两种形式即是指概念学习的两种形式。

1. 概念形成

所谓概念形成，指人们对同类事物中若干不同例子进行反复感知、分析、比较和抽象，以归纳的方式概括出这类事物的本质属性而获得概念的形成。概念形成的心理过程为：

①辨别同类事物的不同例子，根据事物的外部特征，在直观水平上进行辨认。

②提出它们的共同本质属性的各种假设并加以检验，从而抽象出各例子的共同属性。

③把概括出来的本质属性与认知结构中的适当观念联系起来，扩大或改组原有的数学认知结构。

④将本质属性推广到同类事物中去，明确新概念的外延。

例如，对于初中阶段"函数"内容的学习，如果教学方案按如下过程设计，就是一种典型的概念形成方式。

第一，让学生分别指出下面各题中的变量与变量之间的关系。

1. 以每小时 50 千米的速度匀速行驶的汽车，所驶过的路程和时间。

2. 用表格所给出的某水库的存水量与水深。

3. 由某一天气温变化的曲线所揭示的气温和时间。

4. 任何整数的平方运算中，底数与它的二次幂。

第二，找出上述各题中两个变量之间关系的一些共同属性。

第三，进一步考察各题，确认本质属性。在第 4 题中，底数取 -2 和 2，其二次幂都是 4，没有发生变化。可见一个量变化，另一个量也跟着变化不是它们的本质属性；而一个变量每取一个确定的值，相应地另一个变量也唯一地确定一个值，这才是它们的本质属性。同时，前一个变量的取值有一定的范围或限制也是其本质属性。

第四，让学生辨别若干正、反例，强化概念。

第五，在以上基础上，抽象和概括出函数定义。

172

在学习函数的概念之前，由于学生主要学习的是式的恒等变形、方程的同解变形等，形成的是一种着眼于"运算"的认知结构，与函数着眼于"关系"的知识结构之间存在不相适应的状况。因此，应通过概念形成的过程去对学生原有的认知结构进行调节和改组，使学生建立新的数学认知结构。

在学生通过概念形成去学习数学概念的过程中，教师必须按照学生的心理发展规律组织教学活动。在教学中应注意以下几点。

（1）所呈现给学生的观察材料应该是正例，否则会造成负干扰，使学生难以观察和分析出事物的共同属性。而且呈现的例子应该是学生能够分辨和理解的。

（2）在比较和分化的基础上，找出共同属性进而确认本质属性。这一阶段可运用反例或变式去突出其本质属性。

（3）新概念的形成必须对原认知结构进行扩充和改组，使新旧概念得到精确分化并形成新的认知结构，这样才能使新概念得以巩固。

2. 概念同化

学生在概念学习中，以原有的数学认知结构为依据，对新概念进行加工，如果新知识与原有的数学认知结构中适当的观念相联系，那么通过新旧概念的相互作用，新概念就被纳入原有的数学认知结构中，从而扩大了它的内容。这一过程称为同化。在教学中，利用学生已有的知识经验，以定义的方式直接提出概念，并揭露其本质属性，由学生主动地与原认知结构中的有关概念相联系去学习和掌握概念的方式，叫作概念同化。

概念同化的心理过程包括以下几个方面。

（1）辨认。辨认定义的新观念中哪些是已有概念，以及新旧观念之间存在什么关系。这一过程包含了回忆与知识的重现。例如，学习矩形的概念，在给出矩形定义之后，学生必须对"四边形""平行四边形""相邻两边的夹角"等已有概念进行回忆和辨认。

（2）同化。建立新概念与原有概念之间的联系，把新概念纳入到原认知结构中，使新概念被赋予一定的意义。例如，上述关于矩形概念的学习，学生将矩形与平行四边形进行比较，发现新概念是已有的旧概念的组合，于是通过建立新旧概念的联系去获得矩形概念。同时，获取新概念后又扩大和改组了原有的数学认知结构。

（3）强化。通过将新概念与某些反例相联系，使新概念与原有概念进一步精确分化。

概念同化的本质是利用已经掌握的概念去获取新概念，因此概念同化的学习形式必须具备一定的条件。从客观上说，学习的材料必须具有逻辑意义，所学的新概念应与学生已有的有关概念建立"非人为"和"实质性"的联系。这里的"非人为"联系，指知识与知识之间继承和发展的关系，是知识间内在的联系，而不是人为强加上去的。如果学生把新知识与原认知结构中已有的不适当、不相关的知识生拉硬扯地强行联系起来，那么就会使新旧知识之间建立"人为的"联系。例如，有的学生会犯类似 $\lg(x+y)=\lg x+\lg y$，$\sin(x+y)=\sin x+\sin y$ 等的错误，就是把 $\lg(x+y)$，$\sin(x+y)$ 与原认知结构中已有的"多项式乘法对加法的分配律"知识强行联系起来，使知识间产生了"人为的"联系。

从主观上讲，学生原有的认知结构中要具备同化新概念所需要的知识经验，还要有积极学习的心态，让个人的认知活动积极参与，才能使新概念与自己认知结构中有关的旧知识产生相互作用，或者改造旧知识形成新概念，或者使新概念与原有的认知结构中的有关知识进一步分化和融会贯通，实现概念同化。

3. 概念理解的两种形式的比较

概念形成是以学生的直接经验为基础，用归纳的方式抽取出一类事物的共同属性，从而达到对概念的理解。因此，在教学方法上表现为与布鲁纳倡导的"发现法"比较吻合，适合于低年级的学生学习数学概念，也适合于对"原始概念"的学习，因为原始概念多是建立在对具体事物的性质的概括上，依靠的是学生的直接认识与直接经验。

概念同化则以学生的间接经验为基础，以数学语言为工具，依靠新、旧概念的相互作用去理解概念，因而在教学方法上多是直接呈现定义，与奥苏贝尔的"有意义地接受学习"方式基本一致。由于数学概念具有多级抽象的特点，学生学习新概念在很大程度上依赖于旧概念以及原有的认知结构，所以概念同化的学习方式在数学概念学习中是经常和普遍被使用的，特别适用于高年级的学生对数学概念的学习。

最后还要指出两点，一是概念形成与概念同化不是相互独立和互不相关的。事实上，从上述分析两种学习形式的心理过程可知，概念形成也包含着同化的因素，是用具体的、直接的感性材料去同化新概念。二是无论低年级学生还是高年级学生，在数学概念教学中都不宜单纯地运用某一种方式。概念形成的教学形式比较耗费教学时间，但有利于培养学生观察、发现问题的能力；概念同化的教学形式可以节约教学时间，利于培养学生抽象及逻辑思维能力。因此在数学概念教学中，应当把两种形式结合起来综合运用，以扬长避短，互为补充。

4. 概念的应用

概念的获取，还不能离开概念的应用。只有达到对概念的应用水平，才能认为是掌握和巩固了概念。

心理学将概念的应用分为两个层次，即知觉水平上的应用和思维水平上的应用。所谓知觉水平上的应用，指学生获得同类事物的概念以后，当遇到这类事物的特例时，就能立即把它看作这类事物中的具体例子，将其归入一定的知觉类型。例如，在学习了用代入法和加减法解二元一次方程组的内容后，当学生要去解一道具体的二元一次方程组时，如果他能运用所学过的两种方法之一去解决，那么他就达到了知觉水平上的应用。概念在思维水平上的应用，指学生学习的新概念被类属于包摄水平较高的原有概念中，因而新概念的应用必须对原有概念进行重新组织和加工，以满足解当前问题的需要。例如，在讲授对数函数的性质时，要证明 $y = \log_a x$，当 $a > 1$ 时是增函数，就必须用到一般函数 $y = f(x)$ 的增减性的概念，利用一般函数增减性的判定方法解决当前问题。即对 $\forall x_1, x_2 \in D$，若 $x_2 > x_1 \Rightarrow f(x_2) > f(x_1)$，则 $f(x)$ 在 D 上是增函数。用于当前问题时需重新组织，即须证当 $a > 1$ 时，$\log_a x_2 > \log_a x_1$。这种概念的应用过程就是一种思维水平上的应用。

概念的知觉水平应用与思维水平应用是概念应用的两个阶段。在教学中应精心设计例题和习题，根据具体情况采用不同的方式，使学生能将概念应用在两种不同思维水平上。

（三）数学概念的教学过程及一般方法

根据数学概念学习的心理过程及特征，数学概念的教学一般也分为三个阶段：第一阶段，引入概念，使学生感知概念，形成表象。第二阶段，通过分析、抽象和概括，使学生理解和明确概念。第三阶段，通过例题、习题使学生巩固和应用概念。

1. 概念的引入

数学概念的引入，是数学概念教学的第一个环节，也是十分重要的环节。概念引入得当，就可以紧紧地围绕课题充分地激发起学生的兴趣和学习动机，为学生顺利地掌握概念起到奠基作用。

引出新概念的过程，是揭示概念的发生和形成过程。而各个数学概念的发生和形成过程又不尽相同，有的是现实模型的直接反映，有的是在已有概念的基础上经过一次或多次抽象后得到的；有的是从数学理论发展的需要中产生的；有的是为解决实际问题的需要而产生的；有的是将思维对象理想化，经过推理得到的；有的则是从理论上的存在性或从数学对象的结构中构造产生的。因此，教学中必须根据各种概念的产生背景，结合学生的具体情况，适当地选取不同的方式去引入概念。一般来说，数学概念的引入可以采用如下几种方法。

(1)以感性材料为基础引入新概念时。用学生在日常生活中所接触到的事物或教材中的实际问题以及模型、图形、图表等作为感性材料，引导学生通过观察、分析、比较、归纳和概括去获取概念。

例如，学习"平行线"的概念，可以让学生辨认一些熟悉的实例，像铁轨、门框的上下两条边、黑板的上下边缘等，然后分析出各例的属性，从中找出共同的本质属性。铁轨的属性：是铁制的、可以看成是两条直线、在同一个平面内、两条边可以无限延长、永不相交等。同样可分析出门框和黑板上下边的属性。通过比较可以发现，它们的共同属性是：可以抽象地看成两条直线；两条直线在同一平面内；彼此间距离处处相等；两条直线没有公共点等。最后抽象出本质属性，得到平行线的定义。

以感性材料为基础引入新概念，是用概念形成的方式进行教学的，因此教学中应选择那些能充分显示被引入概念的特征性质的事例，正确引导学生进行观察和分析，这样才能使学生从事例中归纳和概括出共同的本质属性，形成概念。

(2)以新、旧概念之间的关系引入新概念。如果新、旧概念之间存在某种关系，如相容关系、不相容关系等，那么新概念就可以充分地利用这种关系引入。

当要学习的新概念在包摄程度上低于原有的已学过概念，即新概念是旧概念的特例时，新、旧概念是从属关系，新概念的外延小于旧概念的外延，但新概念的内涵大于旧概念的内涵，新概念的引入是一个概念限定的过程。例如，通过对"函数"概念的限定，引入一次函数、二次函数、幂函数、指数函数等。采用概念限定的方法引入新概念，要注意充分揭示新概念的内涵，找出种差。

如果新学习的概念在包摄程度上高于原先学过的概念，即旧概念是新概念的特例，那么新概念的引入是采用概念概括的方法，逐步缩小内涵，增大外延去得到新概念。例如，在学习了椭圆、双曲线和抛物线的概念之后，通过概念概括得出这三种曲线的统一定义和统一方程，就得到一个包摄程度更高的概念。

以上两种情形中新、旧概念之间存在从属关系。事实上，在许多情形中，新、旧概念之间不是从属关系，而是一种逻辑关系，或者定义新概念时要用到旧概念，或者新、旧概念的内涵有某些"相似"之处。例如，在学习"二项式定理"时要用到"组合数"的概念。又如"不等式"与"方程"两个概念，其内涵有"相似"之处，可视为一种"广义的逻辑关系"。具有这种关系的概念教学，要注意复习旧概念，采用演绎形式或类比形式引入新概念。

（3）以问题的形式引入新概念。以问题的形式引入新概念也是概念教学中常用的方法。一般来说，用"问题"引入概念的途径有两条：从现实生活中的问题引入数学概念；从数学问题或理论本身的发展需要引入概念。例如，在讲授"全等三角形"的概念时，一位教师是这样引入概念的。

上课铃响了，教师急匆匆地走进教室，装出焦急的样子说："我有一件要紧的事，需要请一位同学帮我去办一下。哪位同学愿意去？"（学生纷纷举手）此时教师继续说："我有一块三角形的玻璃，不小心摔坏了（作图 7 – 16 或展示实物）。其中有一部分摔成了碎片。现我要配一块与此形状、大小相同的玻璃。应怎样确定尺

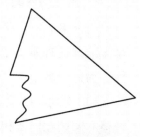

图 7 – 16

寸？"此时学生议论纷纷，展开讨论。稍后，教师对同学们说："回答这个问题要用到全等三角形的知识，这节课我们就来研究全等三角形及其判定。哪位同学学得最好，就请哪位同学去玻璃店帮我配玻璃。"这样，就以问题的形式引入了课题。

又如，在讲授"添、拆项因式分解"时，可用如下的问题引入概念。首先让学生分解因式 $x^6 - 64$。学生会做出两种结果：

$$x^6 - 64 = (x^2)^3 - 4^3$$
$$= (x^2 - 4)(x^4 - 4x^2 + 16)$$
$$= (x + 2)(x - 2)(x^4 - 4x^2 + 16);$$
$$x^6 - 64 = (x^3)^2 - 8^2$$
$$= (x^3 - 8)(x^3 + 8)$$
$$= (x - 2)(x + 2)(x^2 - 2x + 4)(x^2 + 2x + 4)。$$

比较这两种结果，说明 $x^4 - 4x^2 + 16$ 还可以分解。如何分解呢？这就是本节课要学习的内容，即"拆项、添项分解因式"。

(4) 从概念的发生过程引入新概念。数学中有些概念是用发生式定义的，在进行这类概念的教学时，可以采用演示活动的直观教具或演示画图说明的方法去揭示事物的发生过程。例如，几何中的平角、周角、弦切角、圆、圆锥、圆柱、圆台等概念都可以这样引入。这种方法生动直观，体现了运动变化的观点和思想。同时，引入的过程又自然、无可辩驳地阐明了这一概念的客观存在性。

2. 概念的明确和理解

引入概念，仅是概念教学的第一步。要使学生获得概念，还必须引导学生准确地理解概念，明确概念的内涵与外延，正确表述概念的本质属性。为此，教学中可采用以下这些具有针对性的方法。

(1) 对比与类比。对比概念可以找出概念间的差异，类比概念可以发现概念间的相同或相似之处。平面几何中，三角形全等的概念可与线段相等或角相等的概念对比，因为都可以用两图形的重合关系去定义；再比较两者的不同点，三角形中包含有边和角两种基本元素，而线段或角分别只含一种元素，为了突出这种差别，两个重合的三角形不能叫作"相等"，而叫作"全等"。通过这样的比较，学生就会加深对全等三角形概念的理解。又如因式分解与因数分解的类比，分式与分数的类比，三维图形中的概念与二维图形中的概念的类比等，都对学生学习新概念有积极促进作用，同时还可以起到复习和巩固旧概念的功效。要强调的是，用对比或类比讲述新概念一定要突出新旧概念的差异，明确新概念的内涵，防止旧概念对学习新概念产生的负迁移作用的影响。

（2）恰当运用反例。概念教学中，除了从正面去揭示概念的内涵外，还应考虑运用适当的反例去突出概念的本质属性，尤其是让学生通过对比正例与反例的差异，对自己出现的错误进行反思，更利于强化学生对概念本质属性的理解。

例如，在对函数的单调性与导数内容进行教学时，提出问题："函数 $y = f(x)$ 在区间 (a, b) 内可导，$x \in (a, b)$，$f'(x) > 0$"是否为"$f(x)$ 在区间 (a, b) 内是增函数"的充要条件？学生认为教材中刚刚谈到"如果函数 $y = f(x)$ 在区间 (a, b) 内可导，$x \in (a, b)$，$f'(x) > 0$，则 $f(x)$ 在区间 (a, b) 内是增函数"，顺理成章地认为充要条件的判断是正确的。教师及时举出反例 $f(x) = x^3$，马上推翻了上述判断。这也让学生们意识到，教材当中所表述的逻辑关系并非充要条件的含义，在对之进行阅读理解时，思维必须足够严密，否则会导致很多概念性错误的出现。

用反例去突出概念的本质属性，实质是使学生明确概念的外延从而加深对概念内涵的理解。凡具有概念所反映的本质属性的对象必属于该概念的外延集，而反例的构造，就是让学生找出不属于概念外延集的对象。显然，这是概念教学中的一种重要手段。但必须注意，所选的反例应当恰当，防止过难、过偏，造成学生的注意力分散，而达不到突出概念本质属性的目的。

（3）合理运用变式。依靠感性材料理解概念，往往由于提供的感性材料具有片面性、局限性，或者感性材料的非本质属性具有较明显的突出特征，容易形成干扰的信息而削弱学生对概念本质属性的正确理解。因此，在教学中应注意运用变式，从不同角度、不同方面去反映和刻画概念的本质属性。一般来说，变式包括图形变式、式子变式和字母变式等。

例如，在讲授"等腰三角形"概念时，教师除了用常见的图形（图 7 - 17a）展示外，还应采用变式图形（图 7 - 17b、7 - 17c、7 - 17d 去强化这一概念，因为利用等腰三角形的性质去解题时，所遇见的图形往往是后面几种情形。又如，$a, b, c \in \mathbb{R}$，$a = b = c = 0$，可用 $a^2 + b^2 + c^2 = 0$ 去变式描述；$a = b = c$，$(a, b, c \in \mathbb{R})$ 则可用 $(a-b)^2 + (b-c)^2 + (a-c)^2 = 0$ 去变式描述等。

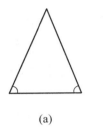 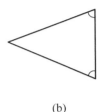  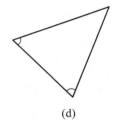

(a)　　　　　　(b)　　　　　　(c)　　　　　　(d)

图 7 – 17

（4）形成概念体系。布鲁纳指出："获得的知识，如果没有完满的结构把它联在一起，那是一种多半会被遗忘的知识。一串不连贯的论据在记忆中仅有短促得可怜的寿命。"因此，概念教学应当把概念放到特定的体系中去考虑。学生在学习了某个数学概念后，如果不形成概念的体系，那么就难以保持和巩固，同时也不可能在更深层次上去理解和应用概念。

一般而言，数学概念体系的形式主要有四种：

①相邻的概念形成的体系（如直线方程的几种形式组成的直线方程概念体系）；

②相反的概念形成的体系（如正角与负角，正数与负数等概念体系）；

③并列的概念形成的体系（如直线方程的普通形式、参数形式、极坐标形式这样一组平行概念形成的体系）；

④从属的概念形成的体系（如四边形、平行四边形、矩形、正方形之间的概念体系）。形成概念体系能促进学生对数学概念的理解、保持和应用。因此，在教学中，教师应引导学生分析概念的来龙去脉，沟通概念之间的关系，帮助学生建立完善的认知结构。

3. 概念的巩固和应用

为了使学生牢固地掌握所学的概念，还必须有概念的巩固和应用过程。教学中应注意以下几个方面。

（1）注意及时复习。概念的巩固是在对概念的理解和应用中去完成和实现的，同时还必须及时复习，巩固离不开必要的复习。复习的方式可以是对个别概念进行复述，也可以通过解决问题去复习概念，而更多的则是在概念体系中去复习概念。当概念教学到一定阶段时，特别是在章节末复习、期末复习和毕业总复习时，要重视对所学概念的整理和系统化，从纵向和横向找出各概念之间的关系，形成概念体系。

（2）注意概念应用的层次性。概念应用的层次性有两个含义。

其一，指学生在学习概念、应用概念时有一个阶段性和发展性过程，概念的掌握是在不断深化和反复应用中实现的。例如，在学习了"绝对值"的概念之后，不少学生能熟练地回答出绝对值的定义以及在数轴上的几何意义，对于单纯的正向应用概念不会有太大困难。但是，仅仅会背诵定义和掌握概念的初步应用，是难以达到教学目标的，还应结合其他概念、丰富题型去逐步加深学生对"绝对值"概念的理解。编拟一组呈阶梯状的题目，由浅入深地实现教学目标，是概念教学的一种重要手段。

其二，要注意概念在知觉水平上应用和在思维水平上应用相结合。一般来说，思维水平上的应用在层次上高于知觉水平上的应用，但思维水平上的应用应该从知觉水平上的应用发展而来，两者不可偏废，否则会造成概念掌握不牢以及认知结构不完善的现象。

（3）注意概念应用的广泛性。在教学中，除了及时布置一些与新概念有关的作业练习外，还要精心选择一些运用概念指导的运算、作图、推理和证明题，让学生在解决问题的过程中灵活运用概念，培养学生的逻辑思维能力。

在概念的应用中还应配置一些有关的实际问题和相邻学科的问题以提高学生灵活应用概念去解决实际问题的能力。例如，解决以下实际问题"一条河的同一侧有两个用水点，要在河边修建一个抽水站，问抽水站应当选在什么地方才能使铺设的水管总长最短。"就可以使学生对"两点间直线段距离最短""轴对称"等概念有更深刻的认识，从而学会更灵活地应用概念。

二、 数学命题的教学

数学中的命题，包括公理、定理、公式、法则、数学对象的性质等。数学命题是由概念组合而成的，反映了数学概念之间的关系，因此就其教学的复杂程度来说，比数学概念的教学更复杂。

（一）数学命题学习的三种形式

根据命题中的概念与原认知结构中有关知识的关系，现代认知心理学把数学命题的学习分为下面三种形式。

1. 下位学习

当原认知结构中的有关观念在包摄和概括水平上高于新学习的命题，这种学习便称为下位学习。

下位学习是数学命题学习中应用较多的形式。中学数学教材中知识的编排顺序，大部分是下位学习的形式。例如"函数"内容的编排体系，是在学习了一般函数的概念、性质之后，再去研究幂函数、指数函数、对数函数、三角函数等具体的函数。又如，"四边形"的内容也是下位学习的编排体系，如图 7 - 18 所示。

四边形 → 平行四边形 ↗ 菱形 ↘ 矩形 ↗ → 正方形

图 7 - 18

在下位学习过程中，新命题纳入原有的认知结构，或者作为原先获得命题的证据或例证；或者使原有的知识得到扩展、精确化、限制或修饰。因而下位学习比较符合人的认识发展规律，学习目标比较容易达到。这也是教材内容编排多采用下位学习形式的原因之一。下位学习的效率决定于认知结构中原有的有关观念的形成和巩固。这种包摄水平较高的观念一旦形成，便具有以下特点：

①与新知识、命题有直接联系，对后继学习任务特别适合；

②具有稳定性，有利于可靠地固定新学习的材料；

③可以围绕一个共同的知识点组织有关知识；

④能充分解释新学习材料的细节。

2. 上位学习

当认知结构中已经形成了几个观念，在这些观念的基础上学习一个包摄程度更高的命题的学习形式称为上位学习。例如，学习了"全等三角形"的有关命题后，再去学习"相似三角形"的有关内容，由于前者是后者的特例，所以这种学习方式就是上位学习。

上位学习是通过对已有的概念、命题进行分析归纳，发现新的关系，从而概括出新的命题的过程。因此可以看出，下位学习主要是通过"分化"去获得命题，上位学习则是通过"概括"获得命题。

3. 并列学习

若新命题与原认知结构中的有关知识具有一定的联系，但既非上位关系也非下位关系，则称这种新命题的学习为并列学习。

在下位学习和上位学习中，由于新命题与原认知结构中的观念都有着直接的关系，所以新命题中概念之间的关系比较容易揭示，而在并列学习中由于缺少这种直接的关系，只能利用一般的和非特殊的有关内容起同化作用，所以并列学习相对来说就要困难些。并列学习的关键在于寻找新命题与原来认知结构中有关命题的联系，使得它们可以在一定的意义下进行类比。例如，"椭圆"与"双曲线"的学习是并列学习，在学习了椭圆的标准方程及其性质之后，对于双曲线就可以类比椭圆的性质去学习。

上面介绍了数学命题学习的三种形式，需要指出下面两点。

（1）数学命题的三种学习形式，其新命题的获得主要依赖于认知结构中原有的适当观念，通过新旧知识的相互作用去实现的，因此数学命题的学习实质是知识的同化过程，是新旧知识的相互作用，扩充和改组了原有的认知结构，进而形成新的数学认知结构的过程。

（2）命题的三种学习形式并不是完全彼此孤立的，它们常常共存于同一个命题的学习过程之中，只是有时以下位学习为主，有时以上位学习或并列学习的形式为主。比如，矩形相对于平行四边形而言是下位关系，相对于菱形而言是并列关系，而矩形概念及性质的学习需要与平行四边形以及菱形的有关知识相比较，因此矩形的学习就包含着下位学习和并列学习两种形式。

（二）数学命题教学的过程及一般方法

数学命题教学的过程分为命题的引入、命题的证明和命题的应用三个阶段。

1. 命题的引入

一般而言，命题的引入可以分为两种形式：一种是直接向学生展示命题，教学的重点放在分析和证明命题以及命题的应用方面；另一种是向学生提出一些供研究、探讨的素材，并作必要的启示引导，让学生在一定的情境中独立思考，通过运算、观察、分析、类比、归纳等步骤自己探索规律，建立猜想和形成命题。

现代数学教学理论认为，数学教学是一种数学思维活动的教学，教师要引导学生主动参与积极思维，在"活动"中获取知识。显然，在命题教学中，后一种引入命题的方式更能体现这一思想。具体地说，命题教学可采用如下一些方法去引入命题。

（1）用观察、实验的方法引入命题．教师提供材料，组织学生进行实践操作，通过动作思维去发现命题．例如，在讲授"三角形内角和定理"时，先让学生把三角形的两个角剪下来与另一个角拼在一起（图 7 – 19），引导学生通过观察去发现这一定理．又如，在勾股定理的教学中，可以让学生用纸板剪出四个勾、股、弦各等于 a，b，c 的直角三角形，拼成如图 7 – 20 的形状，然后由面积关系得

$$(b - a)^2 + \frac{1}{4} \times \frac{1}{2} ab = c^2,$$

从而推出，$a^2 + b^2 = c^2$.

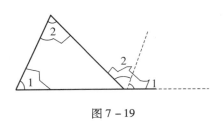

图 7 – 19

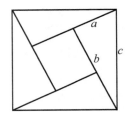

图 7 – 20

（2）用观察、归纳的方法引入命题。例如，韦达定理的教学就可以采用观察、归纳的方式让学生自己去发现定理。首先，举一些具体的一元二次方程实例让学生先求出这些方程的根，然后引导学生观察方程的两根之和、两根之积与方程的系数之间有何关系。学生不难发现这种关系并提出猜想，教师再引导学生去证明这一猜想进而得到韦达定理。

（3）由实际的需要引入命题。为了解决一些现实生活和生产实践中的问题，有时需要运用数学的方法，而这种数学方法往往会推导出很有用处的定理、法则。因此，根据实际问题的需要以问题的形式去探求命题也是教学中常用的命题引入方式。例如，教师提出问题：在缺乏测量角度仪器的情况下只能测得某一呈三角形状的土地的三边之长。问能否根据三边的长度求出该三角形的面积？这样就会调动学生渴望解决这个问题的动机，由此再引导学生去探求和推导出"海伦公式"。

（4）由"矛盾"引入命题。例如，在讲授"和角公式"时，可先让学生计算。

$\cos 30° = $ _____ ，$\cos 60° = $ _____ ，$\cos(30° + 60°) = $ _____ .

通过计算，学生会发现 $\cos(30° + 60°) \neq \cos 30° + \cos 60°$. 接着教师再提出问题计算 $\cos(\alpha + \beta)$ 是否存在一个公式？引导学生去寻求余弦的和角公式. 一般地，学生会认为 $\cos(\alpha + \beta) = \cos\alpha + \cos\beta$，但从具体的例子又推翻了这种假设，于是产生了"矛盾". 这种"矛盾"是由于学生的思维定式，将 cos 作为一个运算元素套用乘法对加法的分配律，导致了一种思维的冲突. 在这一情境下引入命题，就能充分地激发学生的学习兴趣，推进学生对公式的探求.

（5）加强或减弱命题的条件引入命题. 命题教学中，有时可以对原有命题的条件或结论进行加强或减弱从而导出新的命题.

例如，由证明命题 A"函数 $f(x) = \dfrac{3}{x}$ 在 $(-\infty, 0)$ 上是减函数"入手，让学生探讨证明命题 B"函数 $f(x) = \dfrac{3}{x}$ 在 $(-\infty, 0) \cup (0, +\infty)$ 上是减函数"，然后引导学生分析命题中函数 $f(x) = \dfrac{3}{x}$ 的特征。学生发现 $f(x)$ 是奇函数，于是猜想出一个新的命题 C"若 $y = f(x)$ 是奇函数，且当 $x \in (-\infty, 0)$ 时是减函数，则 $y = f(x)$ 在 $(0, +\infty)$ 上也是减函数"。最后，仿照证明命题 B 的思路，得出命题 C 的证明. 以上过程是一个不断抽象，由特殊到一般的深化过程.

除了上述几种常用的引入命题的方法外，还可以从概念的定义出发，结合图形，运用已知公理、定理进行推理导出命题。也可以从已知定理出发，运用命题形式的关系，构造其逆命题、否命题或逆否命题，得到新的命题。总之，在命题教学中，要根据命题内容结合学生的具体情况灵活恰当地设计引入方式，这对于学生理解和掌握命题是十分有益的。

2. 命题的证明

命题引入后，教师的教学重点转向对命题的条件、结论的剖析，探讨其证明思路。在教学中要做好以下几方面的工作。

（1）注意对定理证明的思路分析。首先，要学生切实分清命题的条件与结论，要求学生能用语言和数学符号将其表达出来。这是命题证明的基础。对于一些简化式命题，其条件与结论不是十分明显，初学者难以掌握，教学中应恢复成命题的标准形式"$p \rightarrow q$"。例如"对顶角相等"，应完整地叙述为"如果两个角是对顶角，那么这两个角相等"。并结合图形进一步写成"若$\angle \alpha$，$\angle \beta$是对顶角，则$\angle \alpha = \angle \beta$"。对于含有多个结论的合取式命题，在教学的初始阶段最好把它按结论的个数分解为几个命题分别处理。例如，梯形的中位线定理"梯形的中位线平行于两底并且等于两底和的一半"，可将其分解为"梯形的中位线平行于两底"和"梯形的中位线长等于两底和的一半"两个部分。

（2）要分析命题的证明思路，让学生掌握证明的方法。教学中宜采用以分析法探索证题途径，用综合法表达证明过程。要长期训练使学生养成"执果索因"的习惯。

例如，要证
$$\log_a(M \cdot N) = \log_a M + \log_a N (M > 0, N > 0, a > 0, a \neq 1)$$
只要证 $a^{\log_a M + \log_a N} = MN.$ 即证 $a^{\log_a M} \cdot a^{\log_a N} = MN.$ 而 $a^{\log_a M} = M$，$a^{\log_a N} = N$，于是上式成立。

这样就找到了证明方法，然后写出证明过程：
因为 $M = a^{\log_a M}$，$N = a^{\log_a N}$，所以 $MN = a^{\log_a M} \cdot a^{\log_a N} = a^{\log_a M + \log_a N}$
故 $\log_a MN = \log_a M + \log_a N$。

（3）注意命题的多种证法。对一个命题采用多种证明方法，不仅可以开拓学生的思路，训练学生的思维能力，而且还能使学生从横向到纵向把握命题，加深对命题的理解。

运用多种方法证明一个命题，一般有两种处理方式。一种方式是在学习该命题时，同时采用两种或多种方法去证明。但考虑到教学时间的限制，可以以一种证明为主，另外的证明方法经教师提示后由学生自己在课后完成。另一种方式是利用所学的新命题，返回去证明以前已学过的旧命题。这样，对旧命题而言就体现了"一题多证"。更重要的是，这种方式还能帮助学生找出新旧知识的联系，形成知识体系。

例如，在学习"勾股定理"时，可以采用图 7－19 的方法构造图形，利用面积关系来证明；也可以构造图 7－21 的图形去证明。在学习了相似三角形的内容之后，可利用"射影定理"返回去再证明勾股定理。当学习了圆的有关知识后，还可以构造图 7－22 的图形又一次去证明勾股定理。由图 7－22 知

$$c = a + b - 2r \Rightarrow r = \frac{1}{2}(a + b - c)$$

又因为 Rt$\triangle ABC$ 的面积为 $\frac{1}{2}ab$，由面积关系得

$$\frac{1}{2}ab = r^2 + r(a - r) + r(b - r)$$
$$= r(a + b - r)$$

因为　　　　　$$\frac{1}{2}ab = \frac{1}{2}(a + b - c) \cdot \frac{1}{2}(a + b + c)$$

即 $a^2 + b^2 = c^2$。

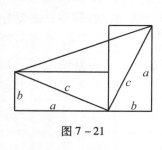

图 7－21

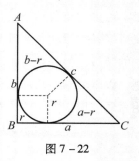

图 7－22

（4）注意建立数学命题系统化体系。如同形成概念体系一样，数学命题的系统化对于学生全面系统地掌握知识，形成合理完善的认知结构有积极的促进作用。在教学中，教师要揭示命题之间的联系，从纵横两个方向对知识进行整理，纵的方向按逻辑关系整理，横的方向按命题的用途归类，这样就把数学命题与其相关的知识联成网络，在应用时就能使相关的知识发挥其各自的作用，同时还能体现出知识的整体功能。例如，直线方程的几种形式可以在直线的一般式方程中得到统一，教学中应当揭示这种内在的统一性，同时还要指出各种形式的方程的不同用途。又如，归纳出"证明四点共圆"的常用命题，也就归纳出了解决这类问题的常规方法：四

点到一定点的距离相等；同底等顶角的两个三角形的四个顶点共圆；对角互补的四边形的四个顶点共圆；外角等于内对角的四边形的四个顶点共圆；位于同一直线段上的两直角顶点与这一线段的两端点共圆，等等。

（5）注意揭示数学的思想方法。一个数学命题的产生，本身就包含着一定的思想和方法。在命题教学中，教师应当揭示隐含于数学表层知识之中的数学思想方法。这对于发展学生的数学能力、提高数学素养是十分有利的。例如，推导一元二次方程的求根公式，要指出"配方法"的功能和作用；对于圆周角定理的证明，要突出"分类思想"；关于数列的有关概念、性质，则应体现"递归思想""函数思想"，其研究方法又涉及了"归纳法""迭代法""累加法"等具体的数学方法。

3. 命题的应用

一般而言，数学中的定理、法则、公式等都是包摄程度较高的命题，应用它们可以解决众多的数学问题。同时，命题的应用又是训练学生逻辑推理能力、发展学生思维能力的必由之路，因此命题的应用是命题教学中必不可少的重要环节。具体地说，在定理、公式、法则的应用中，要注意安排好各类习题，要既有基本训练题，又有巩固知识的题型，还要有综合型的题目，另外还应适当地补充一些逆用、变用定理及公式的例题、习题，以培养学生活用、逆用命题的能力。下面以等比定理的应用为例，说明命题应用中的一些注意事项。

（1）注意定理的条件。

例如，已知 $k = \dfrac{c}{a+b} = \dfrac{a}{b+c} = \dfrac{b}{a+c}$，求 k.

有些学生会直接应用等比定理，得 $k = \dfrac{c+a+b}{2(a+b+c)} = \dfrac{1}{2}$.

这个错误的解法忽略了定理的条件．事实上，等比定理应满足"分母之和不为零"这一前提条件．正确的答案应为

$$k = \begin{cases} \dfrac{1}{2} \ (a+b+c \neq 0) \\ -1 \ (a+b+c) = 0 \end{cases}$$

忽视定理、公式的条件而产生错误，是学生在学习中的一种普遍现象，教学中必须引起教师的高度重视。

（2）注意研究定理的反面。上例的错误解法，启发了我们寻求"完善的等比定理"的想法。在教师的诱导下，学生发现并证明以下定理：

设 $\dfrac{a_1}{b_1} = \dfrac{a_2}{b_2} = \cdots = \dfrac{a_n}{b_n}(n \in \mathbb{N})$.

（1）若 $b_1 + b_2 + \cdots + b_n \neq 0$，则 $\dfrac{a_1 + a_2 + \cdots + a_n}{b_1 + b_2 + \cdots + b_n} = \dfrac{a_1}{b_1}$；

（2）若 $b_1 + b_2 + \cdots + b_n = 0$，则 $a_1 + a_2 + \cdots + a_n = 0$.

研究定理的反面是训练逆向思维能力的有效途径，教师应当有这种意识。

（3）灵活应用定理。以题组的形式由浅入深地在不同层次上应用定理。题目包括直接用定理的类型、用证明定理的方法（比值换元法）去解决的类型、用上述"完善的等比定理"去解决的类型、综合类型等，题目的形式可以多样化。

例如，

1. 已知 $\dfrac{x}{3} = y = \dfrac{z}{2}$. 求 $x + y + z$ 的值.

2. 已知 $\dfrac{x}{3} = y = \dfrac{z}{2}$，且 $xy + yz + xz = 99$. 求 $2x^2 + 12y^2 + 9z^2$ 的值.

3. 解方程组

$$\begin{cases} x + y + z = \sqrt{x + y + z + 1} + 5 \\ \dfrac{x}{2} = \dfrac{y}{3} = \dfrac{z}{4} \end{cases}$$

4. 已知 $\dfrac{a + b}{a - b} = \dfrac{b + c}{2(b - c)} = \dfrac{a + c}{3(c - a)}$. 求证 $8a + 9b + 5c = 0$.

5. 如图 $7 - 23$，在 $\triangle ABC$ 中，已知 $DE /\!/ FG /\!/ BC$，$AD = FB$. 求证 $DE + FG = BC$.

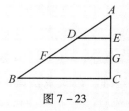

图 $7 - 23$

（4）进行定理的推广。在命题教学中，根据学生的知识水平和接受能力，有时可以将命题进行一定程度的推广，以开拓学生的视野，使其受到数学研究方法的熏陶，逐步提高创造性思维能力。

例如，将等比定理作如下推广：

设 $\dfrac{a_1}{b_1}=\dfrac{a_2}{b_2}=\cdots=\dfrac{a_n}{b_n}$，$p_1b_1^k+p_2b_2^k+\cdots+p_nb_n^k\neq0$，其中 $p_i\in\mathbb{R}$，$k\in\mathbb{N}$. 则

$$\frac{p_1a_1^k+p_2a_2^k+\cdots+p_na_n^k}{p_1b_1^k+p_2b_2^k+\cdots+p_nb_n^k}=\left(\frac{a_1}{b_1}\right)^k$$

三、 数学解题的教学

（一）解题教学概述

数学解题教学包括数学例题教学和数学习题教学。例题教学是由教师主导，引导学生将已学习的概念、命题应用于解决数学问题所提供的一种示范性活动；习题教学则是以学生为主体，依照或模仿例题，将已学习的数学知识应用于解决数学问题的实践性活动。数学解题教学是数学教学中的一项重要内容。

1. 解题教学的意义和功能

（1）因为数学概念、定理、公式、法则是一系列包摄程度较高的观念，具有一类数学对象的共同属性，因而可用于解决一系列的数学问题。通过解题活动，学生不仅可以加深对所学知识的理解，而且还能达到训练逻辑思维的目的。根据不同的教学目标编拟不同类型的题目，能够培养学生的思维品质，提高学生的智能和发展能力。

（2）数学概念、公式、法则、定理等是为了解决问题才产生和发展的，而用它们去解决问题却需要一定的技能，这种技能只有通过解题活动才能掌握。因此，解题教学能够帮助学生掌握解决问题的技能。

（3）初学数学概念、定理、公式及法则时很容易造成对知识理解不深入，甚至理解错误，而这些错误会充分地在解题活动中暴露出来。通过解题教学，教师能及时纠正和澄清学生的错误观念，使他们能正确和完整地掌握知识。

（4）通过解题教学以及对学生的解题作业分析，可以测试学生的数学认知水平，了解和评估学生的数学能力状况，为教材分析和教法调整提供有用的参考数据。

2. 解题教学的基本要求

（1）要使学生明确解题的目标和要求。解答数学题时对学生要有一定的具体要求，这就是：正确、迅速、表达清楚、简练。解题的正确性要求学生在解题过程中对列式、运算、推理、作图等都应准确无误，做到言必有据，理由充分和合乎逻辑。解题的迅速性指解题方法合理，能在规定时间内完成解题作业。这是解题者技能技巧熟练程度的体现。解题表达清楚、简练，要求解题的思路清晰，层次分明，书写规范。

（2）要使学生熟悉解题步骤。解答数学题一般分为四个步骤：审明题意、探索解法、整理叙述和检查验算。教学中要培养学生认真审题的习惯，学生要明辨条件和结论，挖掘隐含条件，能用数学语言表达自己的思维活动，运用联想、变通、归纳等方法去寻求合理的解题途径，用正确的表达方式书写解题结果，最后要检验结果是否正确、推理是否合乎逻辑、步骤是否完整，做到及时查缺补漏、纠正错误。

（3）要使学生掌握解题思想和方法。解决数学问题的过程中包含着丰富的数学思想和方法。数学思想方法可以指导学生形成正确的数学观念，从本质上把握数学知识体系的发生和发展过程，掌握解题思想和方法不仅对于数学学习有用，而且具有一般意义的科学方法。因此，在解题教学中，要注重教会学生研究分析问题、思考和发现问题的方法，侧重启发学生的创造性思维，从掌握一般的、必要的解题模式、原则和方法入手，使学生逐步领会和理解数学思想方法。

（4）要使学生养成解题后反思的习惯。当题目解答完后，还应当对解答过程进行回顾和反思，包括考虑解题方法是否最好，是否还有其他解法，解决该题目所用的方法是否具有一般的意义，题目本身是否可以演变或引申出一些新的数学问题等。在解题教学中，教师应首先有这种意识，加强对学生的训练。长此以往，学生就会养成这种回顾、反思和探究问题的习惯。

（二）解题教学的原则和方法

解题教学应激发学生学习的主动性。让学生参与解题活动，在解题活动中提高数学能力，同时还要培养学生的探索精神和创新意识。具体地说，在解题教学中应遵循以下一些原则。

1. 解题教学要有明确的目的性

例题和习题的选配应有明确的目的性。或者用来阐明某一概念；或者用来揭示某一法则、性质的应用；或者用来强调书写规范和解题格式；或者用来突出某种解题方法等。因此，教师在备课时必须认真钻研例题、习题，明确目的，在教学中做到有的放矢。

例如，计算 $(x+3)(x+5)$ 和 $(x-2)(x+4)$ 时，学生很容易求得结果，但选这两个例题的目的主要不在于检验学生是否掌握了多项式的乘法法则，而是通过该例的解题结果，让学生从特殊到一般地去发现进而推得公式 $(x+a)(x+b)=x^2+(a+b)x+ab.$

又如，对于一元二次方程实根的讨论，学生往往忽视二次项系数不为零的条件．为此，教师可以有目的地选这样的例题：

整系数一元二次方程 $2kx^2+(8k+1)x+8k=0$ 有两个不相等的实数根，试确定 k 的最小值．

学生在解答时，往往只考虑 $\Delta>0$，得 $k>\dfrac{1}{14}$，再结合"整系数"这一条件推出 k 的最小值是零，忽视了此时二次项系数为零，造成解答错误．事实上，该题的正确答案是 $k=\dfrac{1}{2}$．

2. 解题教学要有正确的示范性

所谓示范性，就是要通过例题教学，让学生能够遵循和模仿基本的解题方法，掌握基本的解题模式和解题技能，同时能用正确的格式表述解答过程。

例如，解方程组

$$\begin{cases} \dfrac{6}{x} + \dfrac{6}{y} = \dfrac{1}{2} \\ \dfrac{8}{x} + \dfrac{3}{y} = \dfrac{3}{10} \end{cases}$$

其教学的示范性应突出两方面：一是化归策略，化分式方程为整式方程；二是突出换元方法。

3. 解题教学要有积极的启发性

解题教学应遵循启发原则，引导学生积极思维，充分发挥学生的主体作用，切忌由教师包办代替。

例如，解方程 $\sqrt{(x-1)(x-2)} + \sqrt{(x-3)(x-4)} = \sqrt{2}$.

可以采用层层设问启发．首先，让学生回忆解无理方程的一般方法——通过平方，化无理方程为整式方程——并让学生自己动手去解答．其次，引导学生分析以上解法，由于其解答过程过于烦琐，计算量大，于是引导学生寻找新的解法．经启发后，学生发现采用换元法会使问题变得简单些，令 $(x-1)(x-2) = x^2 - 3x + 2 = y^2$ ，可求得原方程的根为 $x_1 = 2$ ，$x_2 = 3$ ．最后，再启发学生超越常规性思路，看能否从方程本身的结构特点上找到另外的解题方法．问题考察的着眼点变了，学生又获得了新的启示，于是产生了第三种解法：在原方程两边同乘以 $\sqrt{2}$ ，得

$$\sqrt{2}\left[\sqrt{(x-1)(x-2)} + \sqrt{(x-3)(x-4)} \right] = 2$$

再在原方程两边同乘以 $\sqrt{(x-1)(x-2)} - \sqrt{(x-3)(x-4)}$ ，整理得

$$\sqrt{2}\left[\sqrt{(x-1)(x-2)} - \sqrt{(x-3)(x-4)} \right] = 4x - 10$$

将所得到的两式相加，得

$$2\sqrt{2}\sqrt{(x-1)(x-2)} = 4x - 8$$

从而解得 $x_1 = 2$ ，$x_2 = 3$.

上述各种解法都是在教师层层设问的启发下，学生通过积极思考而获得的，它不仅很好地解决了这一道题目，而且使学生获得了解决这一类问题的通法．

在具体的教学中，要注意所设的问题和引导的方式必须是学生力所能

及和易于接受的，所以在选例题时，应当使问题的难度呈现出阶梯形式，由浅入深地展开教学内容，使解题教学真正达到启迪学生思维、训练解题技能和发展数学能力的目的。

例如，为了使学生掌握"面积法"的证题思想，教师从三角形的面积公式入手，先引导学生归纳出三个结论：

（1）两个三角形的底、高分别对应相等，则它们的面积相等。

（2）两个三角形的面积相等，高对应相等，则它们的底边对应相等。

（3）两个三角形面积相等且底相等，则它们的高对应相等。

然后构造难度成阶梯状的四个小题，启发学生逐步解决，形成一种由浅入深的思维引导过程。

题1 如图7－24所示，在△ABC中，D是BC的中点，DF⊥AB，垂足为F，DE⊥AC，垂足为E，DF = DE. 求证：AB = AC.（考虑△ABD与△ACD的面积相等）

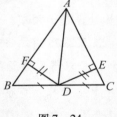

图7－24

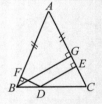

图7－25

题2 如图7－25所示，在△ABC中，AB = AC，D是BC上任一点，DF⊥AB，DE⊥AC，F，E分别是垂足．试证DF + DE等于△ABC一腰上的高.（考虑△ABD面积 + △ACD面积 = △ABC面积）

题3 正三角形内任意一点到三边的距离之和等于该三角形的高.（如图7－26所示，考虑△BCP面积 + △CAP面积 + △ABP面积 = △ABC面积）

题4 如图7－27所示，在△ABC的三边上的高分别为h_a，h_b，h_c，三角形内任一点D到三边的距离对应为d_a，d_b，d_c. 求证$\dfrac{d_a}{h_a} + \dfrac{d_b}{h_b} + \dfrac{d_c}{h_c} = 1$.

（考虑△ABC面积 = △DBC面积 + △DCA面积 + △DAB面积）

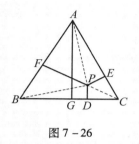

图 7 - 26

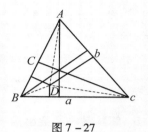

图 7 - 27

4. 解题教学要有适度的变通性

在解题教学中，要使学生掌握一些必要的解题方法和模式，同时又要防止学生的思维定式，僵化地理解这些方法和模式。在学生获得某种基本的、常规的解题方法之后，教师应经常结合例题、习题，将其进行适度的变通，通过改变原题目的条件、结论或解题方法对题目进行横向或纵向延拓，从而加深学生对知识和方法的理解，培养学生思维的灵活性。

例如，证明等腰梯形判定定理"在同一底上的两个角相等的梯形是等腰梯形"。除了采用课本上给出的"轴对称"方法外，还可以引导学生利用作如图 7 - 28 所示的几种辅助线的方法去得到不同的证明。

一题多变是题目结构的变式，表现为题设、结论、图形或形式的变化，而题目的实质不变，以便从不同角度、不同方面揭示题目的实质。

例如，如图 7 - 29 所示，PA 切圆于 A，$PA = PB$，BCD 是圆的割线，DP 交圆于 E，BE 交圆于 F，连接 CF，求证 $CF /\!/ BP.$

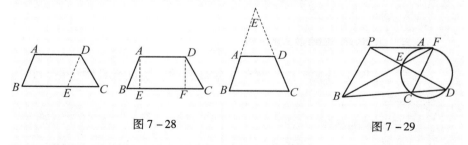

图 7 - 28

图 7 - 29

可将问题进行如下变化。

（1）如果 A，P，B 三点共线，其余条件不变，那么 $CF /\!/ BP$ 是否仍然成立？

195

（2）如果 B 点在圆内，割线 BCD 变为弦 CBD，其余条件不变，那么 $CF /\!/ BP$ 是否仍然成立？

（3）如果把 $CF /\!/ BP$ 作为条件，而 $PA = PB$ 作为结论，所得的命题是否成立？

5. 解题教学要突出数学思想方法

数学问题解决过程中，蕴含着丰富的数学思想和方法，如转化思想、分类思想、算法思想、评价思想等，这些思想又包含着许多具体的数学方法，如换元法、消元法、割补法、参数法等。在解题教学中，教师应帮助学生领会伴随着问题解决过程中的数学思想，使他们掌握必要的数学方法和解题策略。

例 1 设 $f(x) = \lg \dfrac{1^x + 2^x + \cdots + (n-1)^x + n^x}{n} a$，其中 $a \in \mathbb{R}$，$n \in \mathbb{N}$，$n \geqslant 2$，$x \in (-\infty, 1]$ 时 $f(x)$ 有意义．求 a 的取值范围．

分析 当 $x \in (-\infty, 1]$ 时，$f(x)$ 有意义

$$\Leftrightarrow (1^x + 2^x + \cdots + (n-1)^x + n^x) a > 0, \quad x \in (-\infty, 1]$$

$$\Leftrightarrow a > -\left[\left(\frac{1}{n}\right)^x + \left(\frac{2}{n}\right)^x + \cdots + \left(\frac{n-1}{n}\right)^x\right] = \varphi(x)$$

$\Leftrightarrow a >$ 函数 $\varphi(x)$ 在 $(-0, 1]$ 上的最大值

于是，该问题归结为求 $\varphi(x)$ 在 $(-\infty, 1)$ 上的最大值。

该题目的解答体现了化归思想。教学中应当突出这一思想，并使学生掌握一定的化归策略和方法。

（三）几类题型的教法分析

本节我们对选择题、应用题和非常规题的教法进行具体分析，并提出一些教学注意事项。

1. 选择题的教学

选择题是由题干（条件）和选项（结论）构成的一种题型，其特点是知识点的覆盖面广、解法灵活、阅卷方便。因此，选择题已大量地出现在数学试题中。相应地，选择题的教学也就成了数学解题教学中的一个有机组成部分。选择题的主要作用是检验学生对基本概念、基本方法和基本技能的

掌握情况。这是教学的目标。具体地说，选择题的教学应注意以下两方面。

（1）精心设计题目，充分发挥选择题的功能。根据教学目标精心设计题目，题目必须为教学目标服务，设计的选择题应该是准确的，要合乎科学性标准。由于选择题有多个选项，正确答案包含在这些选项中，更多的选项是起干扰作用，所以在编拟选择题时必须注意题目叙述的准确性，不允许出现似是而非、模棱两可的判断。同时，又要精心设计干扰选项，同一题目尽量多含知识量。

例2 $M = 3^{\log 3}$ 与 $N = 3^{\log 3}$ 的大小关系是（　　）

A. $M < N$ B. $M > N$ C. $M = N$ D. $M \geqslant N$

该例可直接比较后就得答案 A，其他选项形同虚设，而且选项 B 包含于选项 D 中，题目叙述不准确。将该题改为

设 $X = \{x \mid x \geqslant 3^{\log_4 3}\}$，$a = 3^{\log * 3}$。则（　　）

A. $\{a\} \in X$ B. $a \notin X$ C. $\{a\} \subseteq X$ D. $\{a\} \subset X$

这样不仅使题目变得严谨，而且增大了知识信息量，可以同时考查学生对指数函数、对数函数、集合概念等知识的掌握情况。

在进行选择题教学时，要注意对每个选项的分析，错误的选项究竟错在哪里，正确的选项为什么正确。通过分析，用反例去强化学生对概念、方法的理解，充分发挥每一个选项的作用。

（2）教给学生解答选择题的基本方法。解答选择题有一些特殊的方法和技巧，适时地引导学生对这些方法和技巧进行归纳、小结，既能提高学生解题速度和准确性，又能促进学生对基础知识的理解和基本技能的提高。下面一些解答选择题的方法，应该让学生掌握。

①直接求解法。根据题设运用定义、公理、定理、公式、性质、法则等进行推理演算，得出结论后对选项进行正确选择。

例3 设复数 z 满足 $z + |\bar{z}| = z + \mathrm{i}$。则 z 等于（　　）

A. $-\dfrac{3}{4} + \mathrm{i}$ B. $\dfrac{3}{4} - \mathrm{i}$ C. $-\dfrac{3}{4} - \mathrm{i}$ D. $\dfrac{3}{4} + \mathrm{i}$

解 设 $z = x + y\mathrm{i}$，$x, y \in \mathbb{R}$，代入已知等式得 $x + y\mathrm{i} + \sqrt{x^2 + y^2} = 2 + \mathrm{i}$。解得 $x = \dfrac{3}{4}$，$y = 1$。故选 D。

②代入验证法。将每个选项逐个代入题设条件，经过验证后选出正确答案。如例 3 中，将四个答案分别代入 $z + |\bar{z}| = z + i$，验算后只有答案 D 与题设相符，故选 D.

③筛选淘汰法。选择题一般只有一个正确选项，因此有时可从反面入手逐一淘汰错误选项，直到剩下一个正确选项。

如例 3，可以这样思考：由 $z + |\bar{z}| = 2 + i$，得 $z = (2 - |\bar{z}|) + i$. 显然，复数 z 的虚部为 i，对照选择项可否定选项 B，C. 又 A，D 表示的两个复数的模均小于 2，注意到 $|\bar{z}| = |z|$，所以 $2 - |\bar{z}| > 0$，又可否定 A. 故正确答案只能是 D.

④赋特殊值法。用满足题设条件的特殊值（在几何中指特殊图形或图形的特殊位置），验证（或否定）各选项。

例 4 设过长方体同一顶点的三个面的对角线分别是 a，b，c. 则该长方体对角线的长是（   ）.

A. $\sqrt{a^2 + b^2 + c^2}$　　　　B. $\sqrt{\dfrac{a^2 + b^2 + c^2}{2}}$

C. $\sqrt{\dfrac{a^2 + b^2 + c^2}{3}}$　　　D. $\dfrac{\sqrt{a^2 + b^2 + c^2}}{2}$

如果长方体是边长为 1 的正方体，则 $a = b = c = \sqrt{2}$，对角线长为 $\sqrt{3}$. 而此时 A 为 $\sqrt{6}$，B 为 $\sqrt{3}$，C 为 $\sqrt{2}$，D 为 $\dfrac{\sqrt{6}}{2}$，故排除 A，C，D，选 B.

除上述四种方法外，解答选择题还可以采用数形结合、逆推尝试、特征分析等方法。教学中应不断总结，使学生逐步领会和掌握这些方法。

2. 应用题的教学

应用题指用数学理论或方法去解决现实生活中的一些实际问题。在中学数学教材中，主要包括列方程或不等式解应用题；解排列组合应用题等。而列方程解应用题是初中数学的一个重要内容，也是学生初步接触数学模型方法、培养学生将实际问题转化为数学问题，并运用数学工具解决问题的能力的一个开端，因此也是初中数学教学的重点和难点。

列方程解应用题的一般过程：审题——设元——列方程——解方程——检验。每一个环节，学生都会表现出不同的心理特征，教学中应采用相应的措施和方法进行处理。

（1）培养学生认真、仔细审题的好习惯。审题就是学生对思维对象的识记、理解，是解题的开端。为了使学生能充分理解题意，从问题中抽象出数量关系，在教学之前，教师应让学生复习一些有关的预备知识，如比例、分数的基本性质，几何形体的面积、体积公式，常见的数量与物理量之间的关系、单位换算等。同时，可以补充一些有关普通语言与数学语言互化的题型，为列方程作好预备工作。审题时教师要逐字逐句分析，使学生弄清题中所涉及的量，哪些是已知的，哪些是未知的，所需求出的量是什么，从整体结构中分离出条件、关系和所求目标，设立合适的未知元。

（2）让学生掌握列方程的一些方法。列方程是解应用题的关键，要求对已知量、未知量之间的数量关系进行正确的分析与综合，将数学语言准确地表述为方程式。由于列方程所需的知识量较大，而且伴随着判断和推理的思维过程，所以学生往往会感到困难。教学中应从初中学生以形象思维为主的思维特点出发，采用一些易于被学生接受的、直观形象的分析方法，突破列方程这一难点。一般常用的方法有译式法、列表法、线示法和图解法等。

译式法就是设立合理的未知元，将题目中关键性的语言、语句译成代数式，通过等量关系得出方程。列表法则是将题目的条件、关系及已知量、未知量列出恰当表格，以便于分析关系，从而寻求等量关系列出方程。对于有关行程的问题，可采用线示法，即用线段表示题中的有关量及关系，直观、形象地找到等量关系。而有的问题，则可用图形或图示方法去揭示题中的数量关系。

例5　全班45名学生中，有40人报名参加数学竞赛，有37人报名参加物理竞赛．现知该班中，同时参加这两项竞赛的人数是这两项竞赛都不参加的人数的9倍．试求报名参加这两项竞赛以及这两项竞赛都不参加的人数各是多少．

分析如图7－30．很显然有等式

$$45 = x + \frac{1}{9}x + (40 - x) + (37 - x)$$

解得 $x = 36$，即两个竞赛都参加的人数为36人，两个竞赛都不参加的人数为 $\frac{x}{9} = 4$ 人．

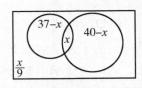

图 7-30

(3)注意一题多解。教学中要注意引导学生从不同角度去分析同一问题，探讨和寻求多种解题途径，以培养学生思维的广阔性。

例 6 甲乙两个工程队合做一项工程，12 天可以完工．如果甲队单独做 5 天后，乙队也来参加，两队再合做 9 天才完工．问：两队单独完成这项工程各需多少天？

分析 若设甲队单独完成这项工程需要 x 天，则乙队单独完成这项工程需要 $\dfrac{1}{\dfrac{1}{12}-\dfrac{1}{x}}$ 天．由题意得方程

$$\frac{5}{x}+\frac{9}{12}=1$$

若设完成这项工程甲、乙两队各需要 x 天、y 天，则得方程组

$$\begin{cases}\dfrac{1}{x}+\dfrac{1}{y}=\dfrac{1}{12}\\[2mm]\dfrac{5}{x}+9\left(\dfrac{1}{x}+\dfrac{1}{y}\right)=1\end{cases}$$

若设甲队单独完成这项工程需要 x 天，每天完成的工程量为 y，则得方程组

$$\begin{cases}xy=1\\[2mm]5x+\dfrac{9}{12}=1\end{cases}$$

若设甲队单独完成这项工程需要 x 天，乙队每天完成的工程量为 y，则得方程组

$$\begin{cases}\dfrac{1}{x}+y=\dfrac{1}{12}\\[2mm]\dfrac{5}{x}+9\left(\dfrac{1}{x}+y\right)=1\end{cases}$$

若设甲队单独完成这项工程需要 x 天，每天完成的工程量为 y，乙队单独完成这项工程需要 z 天，则得方程组

$$\begin{cases} \dfrac{1}{x} + \dfrac{1}{z} = \dfrac{1}{20} \\ 14y + \dfrac{9}{z} = 1 \\ xy = 1 \end{cases}$$

（4）及时小结，归纳必要的解题模式。解应用题，要根据具体的数量关系分析，用不同的方式去解决不同的问题，不存在万能的模式。但另一方面，很多问题又存在共性，撇开具体问题的内容形式，它们往往存在共同的数学模型。教学中应注意分析、综合、归纳出一些常见的、典型的模式。譬如，涉及路程、速度和时间的问题可归为行程问题。行程问题又可分为相遇问题、追遇问题、行船问题、飞行问题等，其解题思路是基本相同的。另外还有诸如工程问题、配料问题、增长率问题等，也可以归纳出一定的解题模式。应当强调的是，应用题教学应该使学生既有各类问题的解决范例和模式，又不拘于死搬硬套，而是逐步提高认识，更新观点，不断提高创造性解决问题的能力。

3. 非常规问题的教学

非常规问题也称为"问题"。这类题不是教材内容的简单模仿，不是靠熟练操作就能完成的，需要较多的创造性。其特点是重视问题的情景，即给出的问题不是纯数学的"已知""求证"模式，而是给出一种情景，一种实际需求，以克服现实困难为标志。所给的问题不一定有解，答案也不一定唯一。

非常规问题的解决，需要学生经过探索、猜测、估计、论证等一系列过程后才能完成，因而能充分调动学生思维的主动性，加深学生对基础知识的理解，从而培养学生发现问题以及创造性解决问题的能力。

在进行非常规问题的教学时，应考虑下面几个问题。

（1）选例合理。由于现行中学数学教材中的习题多为可采用一般算法和程序，能参考和模仿教师做过的范例去解答的常规问题，因而学生已经形成了一种解常规问题的思维模式。但学生对非常规问题的解决往往无从

着手。这就要求教师对非常规问题的选例必须慎重，要使所选的例与学生的认知能力水平相符合。一般来说，非常规问题包括与日常生活有关的应用题、具有实际背景的模型和应用题、智力型问题、猜想型问题、答案开放型问题等。教学中要根据所学的内容和学生的实际情况，选取适宜的题型进行教学。

例如，在学习列方程解应用题时，可以与市场经济中的一些概念结合起来，如折旧、利息、分期付款、还款销售、债券买卖、经营促销等，这样编拟的题目贴近生活，有现实背景，不仅能激发学生的学习兴趣，而且能使学生看到数学的应用价值。

譬如，在讲授一元一次方程应用问题时，可编拟如下题目。

题1 一商店把某货品按标价的 9 折出售，仍可获利 20%．若该货品的进价为 19800 元，则标价为多少？

题2 电影发行部门计划将发行额的 42% 作为推销奖金．若奖金总额为 92400 元，5 元一张的电影票必须卖出多少张才能兑现这笔奖金？

选例合理，就是要求教师有编拟非常规问题的能力．因此教师的知识面要广，除了具备扎实的数学知识，还应具备诸如物理、化学、经济等方面的有关知识，这样才能居高临下运用自如地驾驭非常规问题的教学。

（2）注重启发。进行非常规问题的解题教学，教师要注意启发学生的思维，从问题的产生到问题的解决进而到问题的推广，都应贯穿启发性教学原则．不要由教师一人从头讲到尾，这样难以发挥非常规问题的教学功能。启发的方式应当恰当，既要满足激发学生参与学习，诱发学生产生解决问题的迫切心理，同时又要有利于教学活动的展开和教学目标的实现。

非常规问题的教学是一个有待于进一步研究的问题．下面我们介绍一堂非常规问题的教学实录，从中可以对非常规问题的教学形式、教学方法以及教学过程有一个大概了解。

"机器人流水线上供应点设置问题"的教学实录．

（出示黑板，提出问题）

如图 7 - 31，工作流程线上放置 5 个机器人，如果 $AB = BC = CD = DE$，一只工具箱应该放在何处，才能使机器人取工具所花费的时间最少？

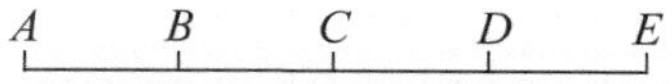

$$A \quad B \quad C \quad D \quad E$$

图 7 – 31

生甲：黄金分割点，即在 AE 上取一点 M，使 $AM^2 = ME \cdot AE$.

师：为什么？（生甲默然，最后说凭感觉）

生乙：工具箱就放在 C 点.

师：为什么？请说明理由.

生乙：设 $AB = BC = CD = DE = 1$，如果放在 C 点，那么它的总路程是 $AC + BC + DC + EC = 6$. 如果放在 BC 的中点 M 处，那么

总路程是 $AM + BM + CM + DM + EM = 6.5$.

师：（鼓励）不错，然而你还没有说明 M 在其他位置比 C 点处更费时间. 怎样证明其他位置都不如 C 点，或者寻找出比 C 点更佳的位置，比如黄金分割点，费时如何？（议论）

生丙：设 M 在 BC 之间，$BM = x$，那么 $AM + BM + CM + DM + EM = (1+x) + x + (1-x) + (2-x) + (3-x) = 7-x$. 因为 $0 < x < 1$，所以 $7-x > 6$. 这样说明 BC 之间不行，同样 CD 之间也不行，黄金分割点也不行，C 点应该是最佳位置.

师：能以不等式为工具讨论量的大小，很好. 还有其他证明方法没有？

生丁：如果放在 C 点，那么 $AC + BC + DC + EC = AE + BD$. 如果放在 BC 之间，那么 $AM + BM + CM + DM + EM = AE + BD + CM$. 可见 C 点是最佳位置.

师：（兴奋，鼓励）很好. 现在考虑把条件改变一下：假如 5 个机器人随意地放置在流程线上（图 7 – 32），工具箱应该放在何处？

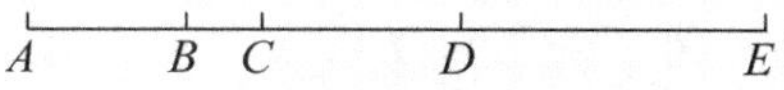

$$A \quad \quad B \quad C \quad \quad D \quad \quad \quad E$$

图 7 – 32

生丙：根据刚才证明方法，可以得到工具箱也应该放在 C 点. 如果放在 C 点，那么 $AC + BC + DC + EC = AE + BD$，如果放在 BC 之间，那么 $AM + BM + CM + DM + EM = AE + BD + CM$. 在其他位置也如此.

师：好，那么把问题改为 6 个机器人放置在流程线上（图 7 – 33），工具箱应该放在何处？（议论，教师巡视. 请将 M 点放在 CD 中点的学生代表回答）

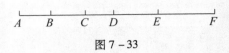

图 7 - 33

生戊：M 点在 CD 中点，那么 $AM + BM + CM + DM + EM + FM = AF + BE + CD$.

师：请证明其他点不行. 比如在 CD 之间的其余位置.

生戊：M 点在 CD 的其他位置，那么 $AM + BM + CM + DM + EM + FM = AF + BE + CD$.（咦！一样的）

师：那么在 BC 上呢？

生戊：$AM + BM + CM + DM + EM + FM = (AM + FM) + (BM + EM) + CM + DM = AF + BE + CD + 2CM$.

师：（引导学生得到结论：当 6 个机器人时，工具箱放在 CD 之间都可以）当流程线上有 n 个机器人时，怎样放置工具箱最合适？（生议论，教师总结）

师：当 n 是奇数时，应该放在中间的那个机器人身边；当 n 是偶数时，应该放在中间的两个机器人之间. 这个结论请同学们回家自己予以验证.

后记：

（1）教学学校：上海永吉中学初三(7)班，40 人.

（2）时间：45 分钟.

（3）5 个机器人情况，有 10 个学生能给出证明，证法稍有不同（见前述），但书写有不同程度问题. 还有近 $\frac{1}{3}$ 的学生凭感觉认为 C 点最好，但不能从数量上给出证明.

（4）6 个机器人情况，在上述证明启发下，有 18 个学生能够给出较规范证明. 在证明的模仿（模仿 5 个机器人）上，还有十几位学生能写出不够完整的证明.

（5）n 个机器人的作业，很少有学生能给出正确证明，仅有 3 个学生能用 A_1，A_2，$\cdots$，A_n 表示 n 个点，证明结论. 其余学生表达方面有困难，有待以后对该方面技能进行训练. 正因为这个原因，可以考虑将来在课内安排 n 个点的讨论.

第四节　信息技术与数学教学的整合

本节主要探讨三个问题：数学教学中的教育软件、教育软件在数学教学中的功能、新课程理念下的数学课件设计。

一、 数学教学中的教育软件

在数学教育中，常使用的软件有这样几类：一类是办公软件，例如 Office 软件包和 WPS 软件包；一类是网页或者多媒体制作软件，例如 Flash，Authorware，Photoshop 等；最常用也是专门为数学教学服务的软件，例如前面提到的几何画板，Mathlab，Z + Z 智能教育平台，还有 Mathematica，TI 图形计算器，POV – Ray，SPSS，等等。下面我们简单介绍几种数学教育软件。

1. Z + Z 智能教育平台

"Z + Z"智能教育平台（以下简称"Z + Z"）是我国数学家张景中院士主持开发的数学教学平台。智能教育平台是指在某一知识领域内一定层次上能够满足人们引用知识、运用知识、传播知识、学习知识和发展知识需要的计算机系统，即能够使这些活动尽可能机械化的计算机系统。"Z + Z"指"知识 + 智慧"。该平台不仅是丰富的资源库，还具有强大的智能性。

"Z + Z"具有以下几个特点：

（1）智能黑板。教师讲课时，既可以根据课堂反映即兴写字画图，以及计算、推导、实际测量、解方程等，还可以让你画的图形变成动画，有条不紊地进行预先准备多媒体材料动画。作为演示平台时，可以把一些补充的内容缩小放在一边，待需要的时候将该窗口放大，这样可以节省空间，使用起来也非常方便。它能使复杂的计算、推导过程变得非常简单，在短时间内传递给学生更多的信息。

（2）贴身秘书。该平台的另外一个显著特点是，能够把操作所进行的每一步骤都记录下来，供师生回顾所学知识，并且可以快捷地返回到任何一个步骤。

（3）资源库。"Z + Z"智能教育平台是一个巨大的智能的资源库，教学资源库与新课程配套，包含上百个课件，供老师上课时选用。这将极大地节约老师重复开发课件的时间，以便于他们集中精力于教学设计。

2. PowerPoint

PowerPoint 是微软的 Office 系列组件之一，是幻灯片制作工具。由于它编辑多媒体的功能比较强大、简单易学，所以很多老师都是以 PowerPoint 起步制作课件的。PowerPoint 内置丰富的动画、过渡效果和多种声音效果，并有强大的超级链接功能，可以直接调外部众多文件，能够满足一般教学要求。PowerPoint 易于上手，并支持 IE 浏览器，这两大优点是最显而易见的。但 PowerPoint 的动画有些生硬、单调，交互功能实际上是超级链接，对于交互性要求较高的课件显得力不从心。

3. Macromedia Flash

Flash 是交互式矢量图和 Web 动画的标准。网页设计者使用 Flash 可创建漂亮的、可改变尺寸的，以及极其紧密的导航界面、技术说明以及其他奇特的效果。

除此之外，它的另一大优点在于，它的输出文件体积非常小，一个有音乐的 5 分钟短片还不到 500KB。

4. Macromedia Dreamweaver

它是一个可视化的网页设计工具，一个 HTML 编辑器，支持最新的 HTML 标准，包括动态 HTML。在编辑上用户可以选择可视化方式或者喜欢的源码编辑方式。Dreamweaver 是一个集网页制作和网站管理于一身的、功能强大的网页编辑软件，是第一套针对专业网页设计师开发的可视化网页制作工具。利用它可以很轻松地制作出跨平台的充满动感的网页。它是目前最优秀的制作网页的集成工具。

5. 几何画板

《几何画板》软件是由美国 Key Curriculum Press 公司制作并出版的几何软件，它的全名是《几何画板——21 世纪的动态几何》，由人民教育出版社汉化。《几何画板》是一个适用于几何（平面几何、解析几何、射影几何等）教学的软件平台。它为老师和学生提供了一个探索几何图形内在关系的环境。它以点、线、圆为基本元素，通过对这些基本元素的变换、构造、测算、计算、动画、跟踪轨迹等，能显示或构造出其他较为复杂的图形。它的特色首先是能把较为抽象的几何图形形象化，但是它最大的特色是"动态性"，即可以用鼠标拖动图形上的任一元素（点、线、圆），而事先给定的所有几何关系（即图形的基本性质）都保持不变。这样更有利于在图形的变化中把握不变，深入几何的精髓，突破了传统教学的难点。

6. TI 图形计算器

TI 图形计算器是一种"掌上电脑"，其内部设置了功能强大的数学教学专用软件，如计算机符号代数系统、几何绘图系统、数据处理系统等，还具有程序编辑功能。与 TI 图形计算器相配合的"以计算器为基础的实验室"（CBL）等数据采集装置，可用来收集与处理各种数据，如位移、速度、温度、声音、光、力、电等，并能方便地传输给图形计算器，进而用数学手段加以分析处理。TI 图形计算器作为一种新型的数学使用工具，可以直观地绘制各种图形，并进行动态演示、跟踪轨迹。TI 图形计算器是教学、学习和做数学研究的强有力的工具。它为数学思想提供可视化的图像，使组织和分析数据容易实现。它可以支持学生在数学各个领域的研究，更重要的是其图形计算器的便携性、灵活性为其用于数学教学提供了可能。

7. Pov – ray

这是一款需要编程的软件。在制作精确的图形方面有着独特的优势，但是制作过程比较烦琐。

8. GeoGebra（GGB）

GGB 软件在几何教学中发挥的作用极其显著，特别是 GGB 软件中的绘图这一功能，让 GGB 软件在显示几何图形时有着卓越的效果，非常适用于作为几何教学的辅助工具。GGB 是适用于各级教育的动态数学软件，它将几何、代数、表格、绘图、统计和微积分整合到一个引擎中，如图7 – 34所示。此外，GGB 还提供了在线平台，其中包含由多语言社区创建的超过 100 万个免费课堂资源。

图 7 – 34　GGB 的应用范畴

GGB 软件的功能强大，在数学教学中有多种应用价值。首先，GGB 的作图能力表现优异，为学生提供了不同几何图形的绘制方式，学生在观察这些图形的过程中就能够对相关知识产生深刻的理解。GGB 还具备计算与测量功能，因此该软件可以对图形的面积、线段的长度等进行测量与分析；GGB 可以绘制出函数图像并且可使图像随着函数参数值变化而变化，呈现动态变化的效果。通过拖动点的位置来使函数图像呈现各种情况，促进学生对函数的全面理解。GGB 可以绘制基本的几何模型，也能呈现复杂的几何图形，能够记录几何图形移动过程中形成的"痕迹"最终达到动态追踪的目的。

用于数学教学的软件还有很多，在此不再一一介绍。

二、 教育软件在数学教学中的功能

1. 动态演示，促进理解

数学是研究空间形式和数量关系的科学，是刻画自然规律和社会规律的科学语言和有效工具。空间形式需要能够将空间的事物抽象为数学的模型，然后进行数学的逻辑推理，研究其性质和规律。同样，数量关系也是复杂多变的关系，而不是一成不变的，或者恰巧是一些容易计算的数字。因此，学习数学要有一种"运动"的思想，尽管数学中的结论可能是稳定的。然而，在传统的教学中，由于受到条件的限制，数学教学的内容往往设置成"死的"，所谓的"死"就是缺乏变化，而信息技术为运动的数学提供了便利。

在几何中，传统的教学一般是通过徒手作图。有的教师在教学中能够一边演示作图的过程，一边讲解，这或多或少可以增进学生的理解。然而，很多时候，几何图形是一成不变的，这对于学生理解概念、探索规律有一定的困难。通过多媒体技术中的软件，可以使固定的图形运动起来。对于一些用语言很难描述和理解的概念，通过软件设计动画，可以帮助学生理解并研究图形的性质和规律。

例如，三垂线定理（在平面内的一条直线，如果它和这个平面的一条斜线的射影垂直，那么它也和这条斜线垂直），我们可以通过几何画板，做成动态的演示，从多角度观察，帮助学生理解（图7－35）。根据设计的课件调节控制面板，可以看到动态的过程使学生全面地认识问题、理解定理（图7－36）。

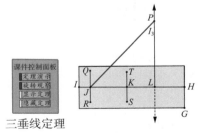

三垂线定理

图 7－35

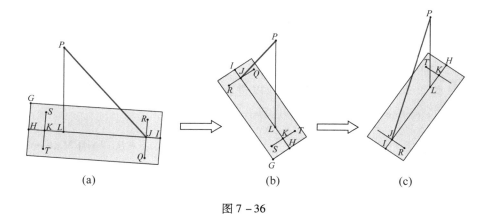

图 7 - 36

许多软件有动画功能，例如 Flash，Authorware，Powerpoint。对于某些教学内容适当进行动画演示，可以提高效率，帮助学生理解数学。

例如，使用 Flash 画出 $y = \sin\left(x + \dfrac{\pi}{3}\right)$ 的图像，其过程如图 7 - 37 所示。

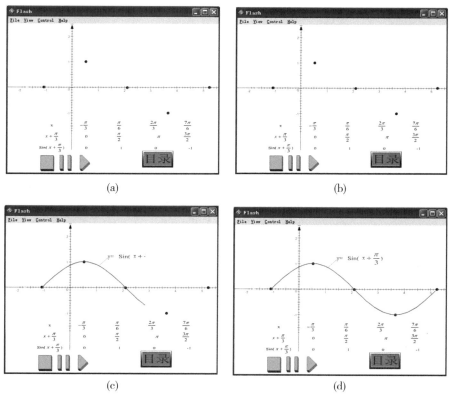

图 7 - 37

2. 简化运算，处理数据

对于计算复杂的问题，现在我们已经不必进行笔算。笔算不仅耗时费力，而且容易出现错误。信息技术的发展为我们提供了先进的技术支持，从科学计算器到计算机，都可以进行复杂烦琐的运算。在此介绍一下 Mathemaitica 软件进行的矩阵运算。

已知二阶矩阵：$A = \begin{vmatrix} 1 & 2 \\ 3 & 4 \end{vmatrix}$ 和 $B = \begin{vmatrix} 3 & 4 \\ 9 & 8 \end{vmatrix}$，求 $A \cdot B$. 利用 Mathematica 计算，如图 7 - 38 所示.

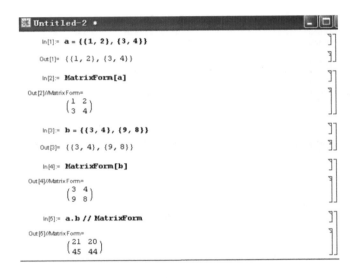

图 7 - 38

信息技术在处理数据方面也有很大的优势。数学教学中，概率统计、数学建模、数学研究性学习都可能面临大量的数据需要处理，如求平均数、中位数，计算方差等。现在许多统计软件都可以解决这些问题。例如，SPSS，SAS 这两个软件，功能强大，不仅在数学中使用，在医学、经济等领域也有广泛的应用。事实上，在中学数学教学中，Office 家族的 Excel 在处理数据方面也毫不逊色，足以解决中学中的许多数据处理问题。图 7 - 39 是用 Excel 统计的某个篮球运动员的得分情况，并使用指数函数进行的数据模拟。

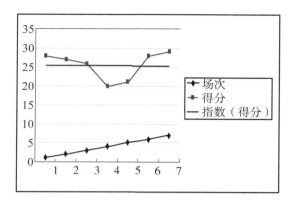

图 7 - 39

3. 智能推理，自动证明

自从计算机发明以来，人们总是不断地研究怎样利用计算机来为我们服务；而人工智能经历近几十年的发展，取得颇多的成绩，自动推理正是其中的一部分。我国数学家张景中院士研制的 Z + Z 超级画板具备人工智能推理、自动证明的功能，主要应用了自动推理和知识工程研究领域的最先进的成果，不仅可以提供详细的解题推理过程，而且可以在工作区的推理库中以信息树的形式提供相关的知识点。

我们引用张景中院士的一个五点共圆的例子：如图 7 - 40，画一个不规则的 5 角星，5 个角就是 5 个三角形。作这 5 个三角形的 5 个外接圆，

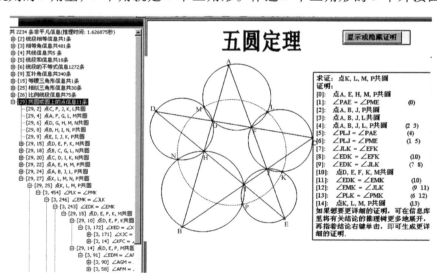

图 7 - 40

相邻的两圆有一个新产生的交点，要证明这 5 个点(K，L，M，N，P)在同一个圆上。

一个好的课件应该有这样几个特点：

(1)提供一目了然的教学意图、教学步骤及操作方法，具有突出重点、分散难点的作用。

(2)必须充分灵活运用三维、二维动画以弥补传统教学之不足。对动画速度应能有效实施控制。

(3)必须与学生的思维同步，循序渐进。

(4)使用简便而且较为普及的操作平台制作，教师能够在课堂内当场根据学生的实际情况即时改变题设与结果，以利学生更好地理解概念，掌握方法。

(5)教师可以因时、因地、因人对课件进行修改或重组，以达到资源共享。

(6)所制作课件必须能超越"教师讲，学生听"的基本模式。

(7)课件无论在视觉、听觉与结构上都应该是美的。

三、 新课程理念下的数学课件设计

1. 课件的操作和使用应该向学生开放，学生在操作课件的过程之中学习知识

课件是教师上课时实施"教"的工具，同时也应该是学生学习的工具。因为课件能营造一种"学习环境"，学生只有在操作课件的过程之中，才能进入这种"学习环境"，学生通过操作才能体验学习过程。

学生的学习不应该完全脱离教师的指导，但教师的指导完全可以通过课件反映出来。

2. 反映重、难点教学内容的动画应该以"手工控制"动画为主

"手工控制"动画是针对"自动播放"动画而言。"自动播放"动画能展示变化的过程，但学习者不能控制变化过程的进程。换句话说，学习者在想让变化停止时动画却照常播放。"手工控制"动画是指学习者能随时控制动画的播放进程，甚至将其播放程序倒置。"手工控制"动画的长处在于学习者能随心所欲地操作动画，在操作中发现变化规律。在中学数学中有很

多教学内容需要学生在多次的尝试中进行相同和不同的比较，进而从中发现规律。

案例1是高中数学"抛物线"概念课，一动点到一定点和定直线的距离相等的动画过程可由学生用鼠标进行控制，即动点由学生用鼠标在屏幕上移动，在移动过程中，动点始终保持在轨迹上，同时定点到定直线之间的距离也可由学生用鼠标控制，而动点同样始终保持在轨迹上运动。模块中还设置有坐标系、轨迹图形、动点、定点、定直线的坐标和轨迹图形的轨迹方程的显示和隐藏。这种"手工控制"动画极利于学生在操作中理解抛物线概念的发生过程。

3. 课件的功能模块应该充分呈现"经历"数学活动的过程

《普通高中数学课程标准（实验）》要求：数学教学过程应该是一个生动活泼的、主动的和富有个性的数学活动过程。这个过程要有利于学生进行观察、实验、猜测、验证、推理与交流等数学活动。《普通高中数学课程标准（实验）》还提出：对数学学习的评价要关注数学学习的结果，更要关注他们学习的过程。根据《普通高中数学课程标准（实验）》的要求，在课件的设计与制作中对反映重、难点教学内容的模块应该充分呈现有利于学生经历数学活动的过程。案例3就是在这种理念的指导下设计和制作课件模块的。

案例2：七年级上学期的"三角形内角和"

铺无缝隙地板是现实生活中常见的一种劳动方式和游戏。通过铺地板的活动将数学知识还原于现实，使数学知识内容富有现实意义，同时也具有一定的趣味性，符合七年级学生的年龄特征和兴趣特征。

活动划分为四个步骤。第一步是铺无缝隙地板；第二步是移走三个三角形，观察剩下的图形的特征；第三步是让学生通过观察、实验获得猜想；第四步是运用已经学习的知识进行验证、推理和交流，学生经历的这个数学活动的过程，也是在经历前人发现三角形内角和性质的过程。不同的是学生是在教师（课件）的引导下用较短的时间完成这个过程，获得新的数学知识。

有一点我们要注意的是，在设计数学活动时，每一个步骤的引导语极为重要。引导语一定要站在稍稍超前于学生智力发展的边界上（即稍稍超前于最邻近发展区）通过提问来引导。离开了这个区域的引导语对学生的思维起不到帮助或引路的作用；太接近学生智力边界的引导语，不能激发学生的求知欲。切忌直接告诉学生应该做什么，不做什么（即不能代替学生思维）。

4. 课件的功能模块应该有利于学生学会自主学习方法

《普通高中数学课程标准（实验）》指出：有效的数学学习活动不能单纯地依赖模仿与记忆，动手实践、自主探索与合作交流是学生学习数学的重要方式。根据《普通高中数学课程标准（实验）》的理念，结合相应的数学内容（不同的知识内容应该选择不同的教学方法），课件的设计与制作在培养学生自主学习方面应该努力做到如下三点。下面我们将用三个实例来说明。

（1）要在学习过程中充分发挥学生的主动性，要能体现出学生的首创精神；

案例3：乘法公式的几何意义

教材对乘法公式的推导要求从两个方面进行理解。一是代数方法推导，即通过多项式乘多项式的运算来推导。二是几何方法，即利用矩形的面积的差与和分别表示的多项式的值相等。用几何方法推导乘法公式，可用手工将纸片进行剪裁、拼接。这种方法也是几何证明中常用的一种证明方法。但是用手工剪裁纸片费工费时，学习效率太低，这种方式不利于在课堂教学。用计算机模拟纸片的剪裁、拼接过程，不仅操作简单而且结果明了，同时这个过程又具有极大的趣味性和吸引力。学生能动手操作，就说明学生已经进入学习情境，进入学习情境就是自主学习。不同的学生根据自己的理解不同，剪裁和拼接的方式和结果也不会都相同。这种不同的剪裁、拼接，对于没有这种剪裁、拼接活动"经历"的某个学生而言，就是"首创"。我们的课堂教学就是要鼓励学生这种"首创"精神。更重要的是，我们设计与制作的课件要能满足这种"能充分发挥学生的主动性，能体现学生首创精神"的需要。

（2）要让学生有多种机会在不同的情境下去应用他们所学的知识（将知识"外化"）。

案例4：数据统计与分析

曾经有位教育家说过：学习的目的是为了应用。应用是知识的"外化"。同一知识在不同情境中的应用能加深学生对知识的理解。"应用"这个过程本身就是一种最好的自主学习方式。但是，任何一种学习方式都是有条件的，对于数据的统计和分析更是如此。大家知道，数据的统计和分析，计算是一个难点，但对于数据分析而言它不是重点。重点是统计的方法和分析的方法。对于只有 45 分钟的课堂教学来说，没有可能也没有必要花费大量的时间去做无谓的计算，完全可以让计算机去完成计算，节约出来的时间用于统计方法和分析方法的练习。因此我们设计了一个"数据统计与分析工具"用于课堂教学。教师根据教学进度可以向学生提出不同情境的统计要求和条件，学生利用这个工具去完成教师给定的任务。这个过程是学生将已经学习的知识"外化"的最好方式和途径。

（3）要让学生能根据自身行动的反馈信息来形成对客观事物的认识和解决实际问题的方案。

案例 5：确定位置

"确定位置"在一学段和二学段都讲过。学生已经有了方向、距离的概念。三学段（即初中学段）对"确定位置"教学目标是建立的序实数对概念和确定位置的两种基本方法。即坐标方法和方位角加距离的方法。学生要达到上述教学目标需要有情境支撑。用计算机模拟情境是解决这类问题比较理想的办法。本案例提供的是一节全课时的课件。课件中模拟了两个场景，一个是在电影院根据电影票找座位，一个是海战。

学生经历"找座位"的过程就是根据自身行动的反馈信息（找对或找错）来形成对客观事物的认识过程，获得用两直线的交点确定位置的方法，同时理解有序实数对的含义。用方位角和距离确定位置比较抽象，为了便于学生理解，我们设计用绕某一点的直线作 360° 的旋转表示方位角，用圆圈的大小变化表示探测到的距离。并且将探测到的数据即时反映在统计表中。动画的播放可由学生控制。事实上学生是在控制动画的播放过程中理解方位角加距离确定位置的方法的。课件中随堂练习是确定位置的方法的应用。练习题设计有两题，每一题都可用两种方法确定位置，只不过是看哪种方法更便于找到位置。

第八章　数学学习方式

第一节　数学学习的本质

一、学习的本质

（一）认知主义

1. 完形理论

格式塔学派认为，学习是组织完形过程。完形指的是事物的式样和关系的认知。学习过程中问题的解决，是以对情境中事物关系的理解而构成一种完形来实现的。格式塔学派认为，运动的学习、感觉的学习、感觉运动的学习和观念的学习都在于发生一种完形的组织，并非各部分间的联结。认为学习的成功和实现完全是"顿悟"的结果，即突然的理解了，而不是"试误""尝试与错误"。顿悟是对情境全局的知觉，是对问题情境中事物关系的理解，也就是完形的组织过程。

2. 认知目的说

代表人物托尔曼。认为学习就是期望的获得，期望是个体关于目标的观念。个体通过对当前的刺激情境的观察和已有的过去经验而建立起对目标的期望。学习不是简单地、机械地形成运动反映，而是学习达到目的的符号，形成"认知地图"。所谓认知地图是动物在头脑中形成的对环境的综合表象，包括路线、方向、距离，甚至时间关系等信息。

3. 认知发现说

布鲁纳认为，人是主动参加获得知识的过程的，学习是在原有认知结构的基础上产生的。认知结构是指一种反映事物之间稳定联系或关系的内部认识系统，是某一学习者的观念的全部内容与组织。个人的学习是通过把新得到的信息和原有的认知结构联系起来，去积极地建构新的认知结构。所有的知识，都是一种具有层次的结构，这种具有层次结构性的知识可以通过一个人发展的编码体系或结构体系（认知结构）而表现出来。人脑的认知结构与教材的基本结构相结合会产生强大的学习效益。如果把一门学科的基本原理弄通了，则有关这门学科的特殊课题也不难理解了。

4. 认知同化论

奥苏伯尔的学习理论将认知方面的学习分为机械的学习与有意义的学习两大类。有意义学习的实质是以符号为代表的新观念与学生认知结构中原有的观念建立实质性的而非人为的联系。有意义的学习是以同化方式实现的。所谓同化是指学习者头脑中某种认知结构，吸收新的信息、新的观念后使原有的观念发生变化。奥苏伯尔指出，接受学习是有意义的学习，它也是积极主动的。学生要在短时间内获得大量的系统的知识，并能得到巩固，主要靠接受学习。

5. 信息加工理论

加涅认为，学习是一个对信息的接受和使用的过程，即学习者对来自环境刺激的信息进行内在的认知加工的过程。学习是学习者神经系统中发生的各种过程的复合。学习者将不断接收到各种刺激并将其组织进各种不同形式的神经活动中。其中有些被贮存在记忆中，在作出各种反应时，这些记忆中的内容也可以直接转换成外显的行动。加涅根据信息加工理论提出了学习过程的基本模式，认为学习可以区别出外部条件和内部条件，学习过程实际上就是学习者头脑中的内部活动。与此相应，他把学习过程划分为八个阶段：A 动机阶段；B 领会阶段；C 习得阶段；D 保持阶段；E 回忆阶段；F 概括阶段；G 作业阶段；H 反馈阶段。

（二）行为主义

1. 旧行为主义

行为主义早期代表华生、桑代克注重研究刺激与反应之间的联系，认为学习就是建立刺激与反应之间的联结。所谓联结，是指某种刺激只能唤起某种反应，而不能唤起其他反应的倾向。而这种刺激反应的联结需要通过试误来建立。桑代克认为，尝试与错误是学习的基本形式，学习是一种渐进的盲目的尝试错误的过程。

2. 新行为主义

代表人物斯金纳。他认为动物的学习行为是随着一个起强化作用的刺激而发生的，人的一切行为几乎都是操作性强化的结果，人通过强化作用的影响，会有改变别人反应的可能性。他把人类的学习看作是可操作性的，并认为在一个操作发生之后，接着呈现一个强化刺激就会增加这个操作的强度。学习的本质就是反应概率的改变。

3. 新的新行为主义

无论是华生信奉的经典条件反射原则，还是斯金纳推崇的操作条件反射原则，都认为学习必须由个体亲身经历才能进行，学习是个体接受刺激和强化从而习得某一行为的过程。班杜拉通过大量实证研究对此提出了质疑，认为除了"亲历学习"外，还存在另外一种在人类生活中产生重要作用的学习方式，即观察学习。观察学习亦称替代学习，是指人们仅仅通过观察他人（或榜样）的行为及其结果就能学会某种复杂的行为。在观察学习过程中，个体不是简单地模仿榜样的行为，而是能从很多的榜样和事迹中总结经验和规律，形成自己的独特准则，并在合适的时刻运用。

（三）人本主义

代表人物马斯洛和罗杰斯。持人本主义学习观的学者认为，学习就是学习者获得知识、技能和发展智力，探究自己情感，学会与教师及班集体成员交往，阐明自己的价值观和态度，实现自己的潜能，以达到最佳境界的过程。

（1）人本主义学习理论认为学习是一个情感与认知相结合的整个精神世界的活动。人本主义学习理论对教育的一个主要认识就是：在教育、教学过程中，在学生的学习过程中，情感和认知是学习者精神世界不可分割的部分，是彼此融合在一起的。学习不能脱离儿童的情绪感受而孤立地进行。绝大多数的传统教学理论和学习理论当中，常把学习只看成是认知的活动，只是半边脑的活动。或者，即使涉及了情感与情绪，也只是作为激起或干扰的因素。人本主义学习理论中的学习过程就是学生与教师两个完整的精神世界的互相沟通、理解的过程，而不是以教师向学生提供知识材料的刺激，并控制这种刺激呈现的次序，期望学生掌握所呈现知识并形成一定的自学能力和迁移效果的过程。

（2）人本主义学习理论认为学习过程是学生的一种自我发展、自我重视，是一种生命的活动，而不是生存的一种方式。人本主义的最基本假设是每个人都有优异的自我实现的潜能。也就是说，只要有一个适当的学习环境，学习者可以凭借自身的这种巨大资源，自动、自我地完成学习。那么，整个教育的过程、学习的过程就是自我的发展与实现的过程，这不仅是学习和教育的价值所在，从更广的意义上说也是生命的价值所在。这样的一种以自我实现出发的论调同时也彻底否定了教师对指导学生的可能。

（四）建构主义

代表人物皮亚杰。认为学习是学习者基于原有的知识经验生成意义、建构理解的过程。因此，真正的学习不是完全依赖教师传授得来的知识，而是在一定的情境中主动地进行知识建构、内化，其学习质量取决于学习者构建知识的能力。

变构模型：由安德烈·焦尔当创立。基于上述大量的理论基础，焦尔当教授对学习的本质有了新的阐述。学习者的原有概念体可能成为学习的障碍。学习不是从零开始的简单的建构过程。学习者的已有知识和经验构成了一个特定的解释系统，称为"概念体"。原有概念体提供了提问框架、推理方式和参照系，学习者借助原有概念体这个唯一工具对新信息进行研究与解码，对现实世界进行阐释。但是当新信息与原有概念体相异的时候，原有概念体会妨碍学习者将新的信息纳入思维结构之中。学习就是学习者概念体的转化。学习者既要运用原有知识进行学习，又要和原有知识对抗，使原有概念体逐渐削弱直至断裂，从而被另一个更合适的新概念体所取代。但是个体不会轻易改变或者放弃自己原有的概念，新知识只有在原有知识显得失效的时候才会真正安置下来。因此，必须对原有概念体进行"解构"。学习不是单纯的建构过程，而是一个"解构－建构"交错并行的过程，从一个先有的概念过渡到另一个更适合那一情境的概念。

二、 数学是什么

关于"数学是什么"这个问题，哲学界、数学界众说纷纭。

（一）从数学的发展史来看

公元前 4 世纪，古希腊学者亚里士多德说"数学是量的科学"。19 世纪，恩格斯说"数学是数量的科学，它从数量这个概念出发"。恩格斯还在《反杜林论》中说："纯数学的对象是现实世界的空间形式和量的关系，所以是非常现实的材料。"1988 年出版的《中国大百科全书·数学》卷首列出：数学是研究现实世界中数量关系和空间形式的，简单地说，是研究数和形的科学。M. 克莱因说："数学不仅是一种方法、一门艺术或一种语言，数学更主要的是一个有着丰富内容的知识体系，其内容对自然科学家、社会科学家、哲学家、逻辑学家和艺术家十分有用，同时影响着政治家和神学家的学说，满足了人类探索宇宙的好奇心和对美妙音乐的冥想，有时甚至可能以难以察觉到的方式影响着现代历史的进程。"

从以上对数学定义的阐述可以看出，数学的定义随着数学的发展而发展。数学的每个发展时期成果是不一样的，因而不同时期对数学的定义也是有区别的。

（二）从不同数学哲学学派的数学观来看

逻辑主义者认为，数学是逻辑，从而试图从逻辑推出所有的数学。直觉主义者认为，数学是创造性的（直觉）精神活动，从而提出数学的可构造性。形式主义者认为，数学是由形式符号构成的形式系统，一套不同的公理可以推出一套完全不同的数学知识体系。

由此可见，对"数学是什么"的不同回答，也会形成不同的数学哲学学派，同时会产生对整个数学基础的不同看法。

（三）从数学的研究方法看

数学是一门在不断的猜想、修改、完善中发展的科学。数学是人的一种思维创造活动，猜想是数学创造活动的源泉之一。而猜想往往会受几何直观的影响。一开始的猜想可能是不正确的，但会有一些合理的成分。这些合理的成分经过多次的修改完善，就会成为定理。

（四）从数学的结论性质看

数学的结论是一种可谬的、相对的真理。数学被看作最严密、最严谨的科学，尤其是经典的公理化方法，使得数学在公理的基础上经过严谨的逻辑演绎推理而来。数学真理不是唯一的，不是绝对的，因而也不存在谁对谁错的问题，只要能在自身系统自圆其说，那就是真理。如果要追根到底，尽管是利用公理化的方法使数学在最简单的公理基础上建立起来，这种公理也只是人脑的一种直觉形式的反映。也只能说，数学最终归结为一种大家比较公认的直觉。

（五）从数学的学科性质看

数学不属于自然科学的范畴，而应该是与自然科学平行的学科。我们知道，自然科学研究自然中的客观现象，而人文科学关注的是人与人或人与社会的关系。数学是一门与自然科学、人文科学性质不同的科学。首先，数学的研究对象不是客观现实中的实物，而是研究抽象的符号。这种符号可以反映客观现实，但这种理论首先是基于一定的公理理论基础，而这种理论基础不一定是出自客观现实的，而是人脑建构起来的对客观世界的主观认识。数学看不见摸不着，要根据人的认识去理解数学。如果你认同一套公理，那么这套公理演绎推理出来的理论就是你认可的真理。从这个意义上也可以说明数学是一种相对的真理。数学作为与自然科学平行的科学，它是自然科学的领头羊，是解决自然科学问题的有效工具。

三、　数学学习的本质

（一）数学学习的概念

不同学习理论流派对数学学习的实质的看法各有不同，所以对于数学学习并没有一个统一的定义。

（1）以有意义学习理论为基础。认为数学学习的实质是数学语言或符号所代表的新知识与学习者认知结构中已有的适当知识建立非人为的实质性的联系。

（2）以建构主义学习理论为基础。认为数学学习是主体对客体进行思维建构的过程，是主体在以客体作为对象的自主活动中，由于自身的智力参与而产生出个人体验的过程。

（3）以"再创造"学习理论为基础。认为学生的数学学习实际上是在学校教育条件下重新发现和认识人类数学知识的过程。

以下对数学学习的解释，则更为通俗、具体：

数学学习是根据教学计划进行的在数学教师指导下学生获取数学知识、数学技能和能力、发展个性品质的过程。更具体地说，数学学习是指学生在教育情境中，以数学语言、符号为中介，自觉地、积极主动地掌握数学概念、公式、法则、定理，形成数学活动的经验，发展数学技能与能力的过程。

（二）多视角下数学学习的本质特征

（1）从认知学派的视角来看，数学学习是数学模型建构的过程。

从认知学派的视角来看，发展性教学论认为学习不是被动吸收、反复练习和强化记忆的过程，而是以学生原有的知识经验为基础通过个体与环境相互作用主动建构的过程。美国数学家麦克莱恩认为，数学是研究现实世界和人类经验各方面的各种形式模型的构造。强调数学涉及大量各种各样的模型，同一个经验事实可以用多种方法在数学中被模型化。因此数学学习的直接对象是数学模型，数学学习是数学模型建构的过程。正如新课程标准所说，数学学习是从学生已有的生活经验出发，让学生亲身经历将实际问题抽象成数学模型并且进行解释与应用的过程。

（2）从数学哲学的视角来看，数学学习是不断提出问题与解决问题的过程。

从数学哲学的视角来看，数学是人类创造和发明的一个不断扩展的领域，是一个调查、了解、不断充实知识的过程。数学不是一种既定的结果，数学的结论是不断修正的，具有很大的开放性。数学是由问题构成的，数学的发展是不断提出问题与解决问题的过程。数学新课程标准在解决问题的课程目标中也强调学生要从数学角度提出问题、理解问题，并能综合运用所学知识和技能解决问题，发展应用意识。因此，学生学习数学时，总是表现为不断地从实际中提出数学问题、分析问题、建立模型、直到解决问题。数学学习要从学生生活实际引入问题，揭示数学问题产生的背景，阐述问题的发生、发展过程。另外在学生掌握数学知识的同时，使他们善于运用所学知识解决一些简单的实际问题。

（3）从数学本质的视角来看，数学学习是发展数学能力的过程。

从数学本质的视角来看，数学是一门演绎科学，也是一门归纳科学，同时具有广泛应用性。尽管人们对什么是数学能力没有完全统一的定义，但我们认为基本的"演绎、归纳、应用"是数学能力的核心。概要地说，"演绎"是由一般到特殊的推理，主要功能在于验证结论。"归纳"是一种从特殊到范围更广的推理，借助归纳推理可以帮助学生培养预测结果和探究的能力。"应用"是指学生能把知识运用到具体问题之中。数学应用涉及数学技能训练与数学建模，也都是围绕"演绎""归纳"的应用而展开。

（4）从数学学习方法的视角来看，数学学习是一个再创造的过程。

从数学学习方法来看，弗赖登塔尔认为，数学的根源在于普通的常识，数学实质上是人们常识的系统化。因而每个学生都可能在一定的指导下，通过自己的实践活动来获得这些知识。在此基础上，他提出了"再创造"的学习方法。即在一定的指导下，由学生本人把要学的东西自己去发现或创造出来。同时，布鲁纳也认为，学习并不是感性材料的简单罗列与相加，而是对感性材料进行组织、消化、理解和推理的过程。由此，学习过程就是对知识的再发现、再认识，从而再创造的过程。

（三）数学学习本质的现实意义

我国数学教育家丁尔升教授认为："数学是一种活动过程，学校的任务是帮助学生如何'数学化'。"学生学习数学的方式是学习数学化，其实质是对现实世界数学化的再现，学生要通过自身的实践活动来主动获取知识，在学习中掌握创造的方法，以便于实现数学化。

（1）数学化是人类社会发展的必然。高新技术的基础是应用科学，而应用科学的基础是数学。数学在提高一个民族的科学和文化素质上起着非常关键的作用，它不但给人以实用的技术，而且给人以能力。数学化是个体适应社会环境发展变化所必需的。

（2）数学化充分体现素质教育中学生为主体、教师为主导的教育思想。学生在解决问题过程中认识到数学的应用价值，从体验解决实际问题的成功喜悦中感受到学习数学的乐趣，从而提高对数学的学习兴趣，加强对数学基本概念原理的认识，提高解决实际问题的能力。

（四）数学学习需要体验些什么

（1）体验数学对象的抽象过程，会用数学的眼光认识与探究现实世界。

①体验数学概念产生和形成的应然性，发展抽象能力和几何直观；

②体验数学图形运动和变化的可视性，发展空间观念；

③体验数学问题衍变和延伸的开放性，发展创新意识。

（2）体验数学结论的推理过程，会用数学的思维理解与解释现实世界。

①体验数学运算算法和算理的一致性，发展运算能力；

②体验数学命题探究和验证的条理性，发展推理能力。

（3）体验数学模型的求解过程，会用数学的语言描述与交流现实世界。

①体验数学数据统计和分析的时代性，发展数据观念；

②体验数学模型构建和应用的广泛性，发展模型观念和应用知识。

（五）数学学习的理论

心理科学与数学科学的完美融合，构建了数学学习的基本理论。关于数学学习的理论，布鲁纳提出了四个原则性定理——结构定理、记号定理、对比变化定理和联系定理。这对指导数学教学有积极的意义。

1. 结构定理

结构定理是指，学生开始学习数学概念、原理或法则的最好方法是构造出它的一个表示形式。布鲁纳认为，对于大多数学生尤其是儿童来说，应当构造出自己对某一个概念、原理、法则的表示形式，而且从具体形式开始为最好。因为学生提出和构造出数学中的法则，不仅有利于牢固地记忆，而且有利于其在适当的条件下正确地应用法则。对于数学概念来说，学习的最初阶段的理解更依赖于学生在构造它的表示形式时所进行的具体活动。

2. 记号定理

记号定理是指，如果早期的结构和表示形式采用适合于学生智力发展水平的记号，学生就较为容易认知和理解。布鲁纳认为，在创造和选择数学概念的记号表示方面，学生应当有发言权。对于年龄较小的学生，应当采用更为简明的记号。例如，函数的符号在低年级可用 $\square = 2\triangle + 3$ 的形式；初三时可用 $y = 2x + 3$ 及 $y = ax^2$ 的形式；高中以后可以用 $y = f(x)$ 的形式。

3. 对比变化定理

对比变化定理是指，从概念的具体表示到抽象表示，要运用对比变化的方法。在数学中，许多概念是根据它们的对立属性定义的，许多原理也有内容上与之相反的原理。例如，素数与合数的概念、虚数与实数的概念、勾股定理与其逆定理等。一般来说，运用对比变化的方法引入新概念、新原理不仅有利于概念和原理的学习掌握，也有利于它们的应用。因此，在数学学习中，有必要对每一个概念提供多种不同的具体例子，以使学生明确概念的各种表象，这是概念学习的变式问题。

4. 联系定理

联系定理是指，数学中的每个概念、原理和技能都是与其他概念、原理和技能密切联系着的。按照这个学习原则，学习中不仅要分析数学结构之间的差别变化，还要认识不同数学结构之间的联系，以形成数学的知识体系。

第二节　数学学习的一般心理过程

数学从数量关系和空间形式方面反映着客观世界，因而数学学习的对象是数、形、运算、变换等抛开具体意义的抽象形式。它们的获得经历了极为复杂的心理过程。根据不同的数学内容的学习特点，数学学习的心理变化规律可以分为数学定理学习、数学公式学习、数学概念学习、数学问题解决学习。

一、 数学学习观

1. 基于行为主义的数学学习观

行为主义心理学起源于 20 世纪初，代表人物有桑代克、华生、赫尔、斯金纳、布鲁姆。其基本观点：

①行为主义把数学学习看成是"刺激—反应"的联结；

②行为主义把数学学习看成是试误的过程；

③行为主义认为数学学习是在机械练习中形成习惯；

④斯金纳强调"强化"在学习中的作用。

2. 基于认知主义的数学学习观

与行为主义注重学习者的外显行为相反，认知主义注重学习者的心理变化。揭示了学习者认知过程的内部心理机制。代表人物：皮亚杰、维果茨基、布鲁纳、奥苏泊尔。其基本观点：

①数学学习是个体的数学认知结构不断发生变化和发展的过程；

②加涅的信息加工论：加工→接受→贮存→提取；

③皮亚杰的儿童认识发展。皮亚杰认为儿童的认知结构上的差异与年龄有关，并将其划分为感觉运动阶段、前运演阶段、具体运演阶段、形式运演阶段。

3. 基于人本主义的数学学习观

人本主义认为，有意义的数学学习并非只涉及记忆和思维的纯粹认知上的学习，而是一种与人的生活及实践活动息息相关的人格化的、内在的学习。人的认知与情感行为和个性等方面均融于其中并产生整合效应，从而导致人的整体的改变。代表人物：马斯洛、罗杰斯。其基本观点：

①行为主义把学习解释为由外部刺激引起个体的行为改变，忽视人的主观能动性；认知主义把学习解释为信息加工的过程，强调个体知识系统的建立、丰富和发展，忽视非认知因素在学习中的作用；人本主义强调"情、意、志"在学习中的作用。

②重视个体的经验。经验是人类认识与变化的基础，学习活动一旦与人的生活经验相联系，成效显著。

罗杰斯的基本理念：学习具有个人参与的性质，即整个人（包括情感和认知）都投入学习活动中；学习是自发的；学习是渗透性的，会使学生的行为、态度乃至个性都产生变化；学习由学生自我评价。以自由为基础的学习原则：人皆有天赋的学习潜力，教材有意义且符合学生目的才会产生学习；教材有意义指学生对教材的知觉和看法，能满足学生的好奇心，能提高学生的自尊感，符合学生的生活经验，这样的教材才是有意义的，在较少威胁的教育情境下学生才能有效学习，自发地全身心投入的学习才会产生良好效果；自评学习结果可以培养学生独立思维能力、创造力和重视知识之外的生活能力以适应社会的发展。

二、 不同类型数学学习的心理过程

（一）数学定理学习的心理过程

喻平将数学命题的学习心理过程分为命题获得、命题证明、命题应用三个阶段。[①]

根据命题学习和杜宾斯基的 APOS 理论，以及数学定理学习的特点，将数学定理学习心理过程细化为五个阶段：定理发现、定理确定、定理挖掘、定理应用和定理图式阶段。

学生学习数学定理的五个阶段与教学模式相对应。教师在数学课堂上引导学生积累基本活动经验，必须经历五个步骤：唤醒已有思维活动经验、感悟思维活动经验、提炼思维活动经验、内化思维活动经验和迁移思维活动经验。

1. 定理发现阶段

学生通过数学活动发现数学定理，由于学生的认知水平有限，必须通过教师的启发引导才能完成定理发现的过程。所以数学定理发现是学生在教师的启发引导下，面对教师提供的一些研究、探讨的素材与问题，通过观察、实验、分析、比较、抽象、概括、归纳、类比等步骤和方法获得数学定理的过程。数学定理发现主要包括类属发现、形成发现和类比发现三种。

2. 定理确定阶段

学生通过数学发现活动获得的"定理"是否一定成立，还需要经过证明后才能确定。定理证明的过程也就是定理确定的过程。定理证明的方法有两种：一种是合理的"类属性证明"；另一种是严格的演绎证明。

3. 定理挖掘阶段

就是在新定理处进行"逗留"。因为定理的内涵具有丰富性，但这些丰富性是抽象的、隐性的，它们并不会自动地显现出来，只有专心地"逗留"

其面前，以安宁的心态对待它，定理内在的丰富性才可能显现出来，由此也才能丰富对定理的理解和深入认识[1]。定理的挖掘主要有三个方面：一是剖析定理的结构与特点；二是发掘定理隐藏的结论与等价形式；三是揭示其中蕴含的数学思想方法和规律。

4. 定理应用阶段

数学定理应用是指利用已获得的数学定理解决实际问题，或者利用已知定理推导其他定理的思维过程。当学生经过"定理发现""定理确定"及"定理挖掘"后，获得一个描述数学事实的陈述性知识，这时的定理在学习者头脑中与命题、表象、线性形式进行排序。

5. 定理图式阶段

学生头脑中的知识需要加以组织整理，构建图式储存才能有效利用。长时记忆中的知识是以结构图式形式存在的。数学定理教学实质就是教师引导学生能动地建立定理图式，加深学生对数学定理的理解和把握，提高学生数学素质和运用定理分析解决问题的能力，从而促进学生的发展。

定理图式则是在学习者经历了"定理发现""定理确定""定理挖掘"和"定理运用"后，将与定理有关的概念、事例、经验和结论按照它们之间的共性加以组织整理所形成的一种个体头脑中的认知结构，是定理有关的内容和组织的编码方式，是由定理的发现、定理的特例、定理的证明、定理的表征、定理的结构和运用定理解题的经验等多种成分构成的定理结构系统。

数学定理学习的心理过程的五个阶段是相互联系相互促进的。它不是认知能力的单向提高，而是循环上升的过程。如图 8 - 1 所示，在学生已有图式的基础上，引入新知识和获得新技能，经过定理发现、定理确定、定理挖掘和定理应用四个阶段后，学生个

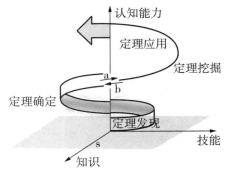

图 8 - 1　数学定性学习的心理过程

①　李兴贵，王富英. 数学概念学习的基本过程[J]. 数学通报，2014，53（2）：5 - 8.

人知识和技能都有增长，学生的认知能力逐渐提高，学生的"图式面积 S"逐渐变大。在每一阶段的上升过程中，都将原有图式进一步完善扩充，当学生定理挖掘阶段遇到困难时，则应立即返回定理确定阶段（图 8 - 1 中 b 过程），进一步完善之前未构建完全的图式。

（二）数学公式学习的心理过程

数学公式是指用数学符号或文字表示各个概念之间数量关系的等式。它具有普遍性，适用于同类关系的所有问题。数学公式是整个中学数学的重要组成部分。数学公式学习是提高学生数学运算和逻辑推理等核心素养的重要途径和载体。数学公式的学习一般要经历以下五个基本过程：公式发现、公式确定、特征变形、公式运用与公式图式。

1. 公式发现

公式发现是指学生根据教师提供的材料，通过观察、分析、比较、归纳、类比、猜想、概括等方法获得公式的过程。公式发现的心理过程是感知、想象、抽象、概括。

2. 公式确定

"公式确定"是指确认所发现公式的正确性和公式的符号表征。确定公式正确性的方法有两种：类属性证明和演绎性证明。类属性证明就是利用一些典型性的例子来解释、说明一般性的结论[1]。

3. 特征变形

当获得公式后，为了便于记忆和灵活运用公式，就必须把握公式的结构、特征及变化形式，这是公式学习的关键。在公式学习的学习设计中，"特征变形"栏目的重点在于引导学生思考、挖掘公式的结构和特征以及隐含的结论、公式成立的条件、运用的范围和变化形式等。

4. 公式运用

学习公式的目的在于运用公式解决问题。"公式的运用"主要目的是熟悉公式、巩固深化公式并形成运用公式的技能，并在公式运用的过程中提高对公式的价值性理解。学习设计时要注意基础性、渐进性和多样性。基

---

[1]　李士锜. PME：数学教育心理［M］. 上海：华东师范大学出版社，2001：138.

础性是指注重对公式基本意义的理解和基本技能的训练。

5. 公式图式

"公式图式"是指建立完善的公式结构体系，形成完整的公式心理图式。公式的心理图式是学习者在经历了公式发现、公式确定、特征变形和公式运用后，通过反思建立起该公式与其他原理、公式的联系后所形成的一种个体头脑中的认知结构。公式的心理图式不是单一的公式表象，而是包括公式的特例、抽象过程、定义及符号表征、推导和发现公式的方法、公式的结构特征、变化形式和运用公式解题的经验等多种成分的结构图式。

公式学习设计具有以下几个环节：

复习相关知识，引出探究问题 ⎫
观察分析概括，猜想写出公式 ⎭ ⟶公式的发现

验证推理证明，获得公式结论——公式的确定

分析公式特征，把握公式结构——特征及变形

正用逆用变用，形成运用技能——公式的运用

回顾反思总结，纳入认知结构——公式的图式

（三）数学概念学习的心理过程

数学概念是反映现实世界空间形式和数量关系的本质属性的思维形式，是人们对客观事物的"数和形"的科学抽象。概念是通过抽象概括而形成的。通过判断、推理、比较、分析等思维活动，理解掌握数学概念，从而培养学生的逻辑思维能力和初步的空间观念。掌握数学概念的心理过程基本上要经过以下四个阶段[①]。

1. 充分感知，形成表象阶段

数学概念的学习是学生思维积极活动的结果。数学概念的形成过程是一个积累、渐进的过程。无论是通过实例引入概念，还是通过计算引入概念，抑或是在原有概念基础上引入新概念，都是在对客观事物大量材料感知的基础上抽象概括出概念的本质特征的。

---

① 戴晖明. 掌握数学概念的心理过程初探[J]. 云南教育，2001(2)：20－22.

2. 抽象概括本质属性阶段

在前述提供感性材料、建立表象的教学活动中，学生对概念的认识还只停留在感性阶段，比较肤浅，不够准确，必须在此基础上进入抽象、概括概念本质属性阶段。学生通过分析、综合、比较、抽象、概括等一系列思维活动排除非本质属性的干扰，认真揭示概念的内涵、外延，完成对数学概念本质特征的认识，从而形成准确的数学概念。

3. 用数学语言准确表述阶段

语言是思维的物质外壳。学生当完成从感性认识上升到理性认识这一思维时，"需借助语言加以表述从外部语言向内部语言转化"，将概念的本质特征固定下来，以形成完整而准确的概念。

4. 应用发展阶段

学习的目的在于应用。学生能用语言表述概念，这并不意味着学生对概念的真正掌握。学生还需要学会将所学概念应用在实际中，即把概念具体化。这不仅能加深学生对概念的理解，而且能启迪思维，培养学生的数学能力和创造能力。

总之，学生掌握数学概念的心理过程是由感知概念——理解概念——巩固概念——应用和发展概念几个相互联系的环节构成的。学生掌握概念的水平是逐步提高的，展现了心理发展的阶段性。

（四）数学问题解决学习的心理过程

所谓数学问题解决，是指学习者已掌握的数学概念、数学原理等在当前问题情境中的间接运用，是有目的、有指向的数学活动或数学思维的一种形式。数学问题解决过程中，学习者认知结构中原有的数学知识经验和当前问题情境的组成成分，必须重新改组、转换或联合，方能找到成功解决问题的策略。

综观国内外对问题解决模式的阐述，研究者普遍认为，问题解决实质上包括4步：提出问题——分析问题——提出假设——检验假设。傅敏提出了一个数学解决的模型，这个模型包括以下5个步骤。

（1）呈现问题。分析问题联系行为的选择，检验呈现问题，指将新情境中的数学问题呈现给学习者，让学习者感知其对象。

（2）分析问题。就是要明确新情境的目标与已知条件，使具有潜在意义的问题的陈述与学习者认知结构的背景关联，从而使学习者理解问题的性质与条件，确定问题的最初状况、目标或终点。

（3）联系。学习者进入联系状态，联系本身包括过去的概念、原理等知识与新情境的相关成分，某些熟悉的问题与新问题的相同成分，新情境与以前遇到的情境的相似方面，新情境的结构与解决过的问题的结构相关联等几个方面。联系是认知结构中已有知识、经验的改组过程，是新旧情境在结构、相同或相似成分上的交融，是实现纵向迁移的过程。联系的成功与否，决定了解决策略的选择。

（4）行为的选择。行为选择的是顿悟，或者是尝试错误，或者是两者结合的结果，或者问题无法解决，不论哪种方式，一旦找到成功解决问题的办法，下一步就是检验。

（5）检验。所选择或确定的策略或办法的可行性、正确性。

这个模型中，关键是分析问题、联系及行为的选择这几步，而迁移能力对其顺利实施也起极重要的作用，尤其是从低位能力向高位能力的纵向迁移，决定着解题策略或高级规则的形成过程。纵向迁移的实现，其结果是学习者获得了新问题的解决方法。

（五）数学思想方法学习的心理过程

数学思想和数学方法有紧密的联系性。通常，在强调数学活动的指导思想时称数学思想，在强调具体操作过程时称数学方法。文君将数学思想方法的学习过程分为三个阶段：潜意识阶段、明朗化阶段、深刻化阶段。

1. 潜意识阶段

在数学思想方法学习的潜意识阶段，学生往往只注意了数学学习中以外显的形式直接写在教材中的知识的学习，注意了知识的增长，而未曾注意到联结这些知识点的观点以及由此出发产生的解决问题的方法与策略，即使有所察觉，也是处于"朦朦胧胧""似有所悟"的境界。学生数学思想方法的获得首先是从获得"模糊的程序性知识"开始的，学生经历的心理过程是模仿。

2. 明朗化阶段

在学生接触过较多的数学问题之后，数学思想方法的学习从潜意识阶段逐渐过渡到明朗期，学生对数学思想方法的认识已经明朗，开始理解数学活动中所使用的探索方法与策略，也会将其概括、总结出来。在这一阶段，学生对所学的数学思想方法形成了一定的理解，并初步形成了一个概念。相应地，数学思想方法的"程序性知识"变得清晰起来，并开始向"陈述性知识"——"是什么"的知识转化。学生经历的心理过程是归纳、检验、概括。

3. 深刻化阶段

数学思想方法学习的深刻化阶段，是指深入理解与实际运用思想方法的阶段，即学生能依据题意，恰当运用某种思想方法进行探索，以求得问题的解决。这一阶段，既是进一步学习数学思想方法的阶段，也是实际运用数学思想方法的阶段。在这一阶段，学生把习得的数学思想方法运用到更广泛的不同类的问题解决中，逐渐建立了丰富的数学思想方法的表象，形成了对其更深刻的理解。

三、 不同阶段数学学习的心理过程

1. 小学学生数学学习的一般心理过程

小学生学习数学知识的心理过程，主要包含了两种心理现象：一是关于激发认识积极性的心理现象，其中含有注意、兴趣、情感与意志等心理成分；二是分析认识过程中的各种心理现象，主要包括知觉和感觉、想象和记忆、语言和思维等心理现象。

学生对数学知识的学习构建过程，就是对数学教材的内容在课堂授课过程中从直观现象到抽象概念的思维形成过程。

直观现象是在形象与语言的作用下，学生先认识其特殊、具体的表现形式，在感性认识的基础上发现事物的特征，逐步从感性认识过渡到对概念的本质认识，再用概念解决具体实际问题，达到应用巩固和深化拓展的目的，从而形成对事物全过程的认识。

（1）数学知识的领会理解过程。我们在教学中，要使学生领会和理解数学知识，首先要形成感性知识。这种感性知识主要是通过动手、动脑、动口等形象活动，或通过教师对教具的演示，对数量和图形的感知而形成的。其中比较有效的方式是实物直观，直接将学习对象呈现在学生面前，它可以直接使学生获得各种比较真实亲切的具体认识。由于这种感性知识是实际事物直接反映在头脑中的形象，因而在这基础上形成的抽象概念与实际事物间的联系也比较密切。这种直观方式能够激发小学生学习兴趣，有助于增强学习积极性、主动性。但是这种直观方式，如果选择不当也会产生不能突出事物本质特性的弊端，造成某些本质特性可能被一些非本质特征所掩盖。因此，教师在选用实物作为直观教具时，必须考虑对象的本质特性是否显著。实物作为直观教具要生动而且直观，要使学生感知的事物形象和特性是鲜明的，易于认识的。教师在教学中既要防止脱离学生的已有认知经验，又要做到直观比喻的科学化和形象化，使学生的认知从感性上升到理性，从具体认识过渡到抽象理论。

（2）形成概念和推理使认识从感性认识阶段上升到理性认识阶段。小学生对数学知识的学习需要经历两个阶段，即认识的低级阶段和高级阶段。现象和知觉属于感性认识，是认识的低级阶段；推理和归纳属于理性认识，是认识的高级阶段。

学生在由形象与表象到抽象形成正确概念的发展与变化过程，要具备一定的心理条件。首先，必须具有新的认识的需求，始终要注意培养和激发学生学习的动机。其次，要创造情境，采取启发式教学，诱发学生学习兴趣，要善于观察思考，引导学生发现解决问题的关键点。特别是注意数学知识由形象到抽象的概括活动过程，要构筑数学模型，运用所学知识寻找解决方法，对感性知识所反映的事物对象进行分析与综合，提高数学应用能力。

（3）数学知识巩固和应用。加强对所学知识的理解巩固是重要的教学环节，也是教学工作的出发点和落脚点，是培养学生综合能力和发展学生智力的基础和前提。

记忆的基本条件是理解。理解是思维的过程，又是思维的成果。通过这样的记忆再作用于思维思考全过程，从而使思维具有创造性和灵活性，才能使学生的理解思维能力取得不断进步，才能使学生越学越灵活，越来越聪明。不理解或一知半解的记忆是造成错误的根源。

因此，教学中应注意引导学生探索知识的形成和内部联系规律的推导，使学生尽量减少死记硬背。数学教学要注意理论与实际相结合。应用题教学能使学生在实际生活中灵活应用数学知识，提高运用数学视角分析问题解决问题的能力。应用题教学，要倾向于学生对题意的理解把握、对条件的科学选择以及数量关系的正确判断，解决应用题没有固定不变的规律可循，不能凭借题目中的"重点词"去猜去套。

2. 中学学生数学学习的一般心理过程

中学阶段学生的认知图式发展主要是通过同化、顺应和平衡等心理过程完成的，涉及动作式表征、图像式表征和符号式表征。这有助于学生的知觉力、表象力和数学思维的梯度发展，进而培养学生的系统思维，将"知识结构"转化为"认知结构"。

（1）动作式表征有助于知觉思维的概括。在数学学习过程中，动作式表征是数学陈述性心理过程的起点，是认知图式得以发展的思维导火索。表现在三个层面：一是"做数学"的动作表征，让学生在"做"中形成同化心理就绪的思维准备状态，有助于心智技能的形成；二是"说数学"的动作表征，让学生在说数学中形成"数学地思维"和"思维地数学"，有助于概念图式形成目标的达成；三是"想数学"的动作表征，是一种知觉思维，让学生在"数学地想数学"中建立知识图式表征和概念关系表征，实现认知同化的先行作用，进而改善认知结构的"非平衡"状态。日常数学教学中的"举一反三"就是认知同化的常见表现方式。换句话说，动作表征是同化认知图式的基本路径，能让学生有效地将新知纳入到已有的认知结构，实现认知结构的丰富和充实。

（2）图像式表征有助于表象思维的可逆。图像式表征是程序性图式就绪的积极心理状态，是概念、规则、命题形成的必要心理条件。常见的图像式表征就是让学生基于已有经验、体验从实际背景抽象出数学问题，构建数学模型，寻求结果，解决问题。由于个体认知图式的状态不同，内部概念结构的思维水平不同，在学习新知时，往往需要改善已有的图式以适应新的环境（皮亚杰称之为顺应）。就这一认识来说，认知图式发展的过程就是认知心理水平得以顺应的过程。尤其是程序性认知图式的发展，学生的认知结构水平和思维环境之间，在"半平衡"思维的参与下达到了新的平衡，这种平衡的过程一直持续下去，学生的认知能力就不断得到发展。

就数学活动心理来说，图像式表征主要是用表象来表示对世界的理解。函数图像、方程模型、数学关系式、各级各类统计图以及数学关系表格及其背后的数学方法体系等都是图像表征的结果状态，是一种程序性图式的心理过程。也就是说，数学教学中程序性图式建立的质量，决定了学生的认知水平、速度和效率。实践证明，学习者的经验作为影响图式获得的独立变量，"样例学习"或"问题解决"的学习效果依赖于学习者的经验水平。就图像表征认识论来说，"样例学习"的本质就是建立"会一题通一类，连一片"的可逆表象系统，"问题解决"就是"独立思考"→"学会思考"的思维顺应，是程序性心理图式建立的基本单元。基于此，在借助图像表征发展程序认知图式的过程中，需要做好三个层面的思维工作：一是用好样例学习，让学生建立概念表象；二是做好问题解决，让学生体验程序性认知图式建立的心理过程；三是顺应经验现实，让学生基于已有认知图式建立完形的概念表象体系，形成结构性知识图式，建立是什么、怎么样和为什么的整体思维样态和可逆思维行为。

（3）符号式表征有助于数学思考的补偿。数学是对现实世界的数量关系、空间形式和变化规律进行抽象，通过概念和符号进行运算与逻辑推理的科学。符号式表征是符号推理的重要形式，是数学作为工具的表现形式之一，是数学核心素养孕育的"母基"。就大尺度符号化思想来说，符号表征是数学建模的外在形式，是学生认知图式不断平衡的标志。这种"平衡"→"不平衡"→"平衡"的思维过程，就是一种过程性心理图式演进的基本方式，有助于数学思考的层次性补偿。数学教学中，描述性数学概念，像"这样的……叫作……"就是符号表征的思维产物。就数学思考的补偿作用来说，符号式表征是数学学习的重要目标，是监测学生知识获得质量的一把标尺。"小结与思考"就是课堂教学的常见表征形式，有助于学生建立完备的概念图式，能发挥补偿与平衡思维作用，也是我们常说的"一般化思想"，是数学考查的重要视角。

过程性心理图式蕴含在数学活动的巧妙设计中。学生的心理活动表征一般有两类：一类是外部数学活动（行为表征），另一类是内部数学活动（认知表征）。数学公式就是一种符号表征的产物。符号表征分为行为表征、认知表征和情感表征。就中学阶段数学学习心理过程来说，行为表征就是"做数学"，认知表征就是"说数学"，情感表征就是"想数学"。这样平衡认知图式的过程，有助于学生形成系统概念图式。

基于这一认识，在平衡学生思维图式的过程中，需要做好三个维度的符号表征工作：一是正反例证，让学生知道来龙去脉；二是类比思想方法，让学生表征概念的关系体系；三是用以致学，让学生形成双向产生式系统，进而发展认知图式的再平衡状态。

第三节　数学学习策略

一、学习策略

学习策略是学习者为完成学习任务所采取的有意识的思维或行动。常被用来衡量和评价学生是否会学习，是否会思考。学习策略的研究经历了从一般学习策略到学科学习策略的发展历程，只有将学习策略与学科特点相结合，才能更好地指导学生的学习和思维。

中国学生如何学习数学一直是一个长期引起争议的复杂问题。很多学者认为，中国学生的学习文化根植于儒家传统，在很大程度上依赖于重复的形式操作的记忆过程，这通常被认为是一种表面型策略。然而，有研究发现，中国学生会通过联想、比较和分析等方式来促进数学理解。还有研究发现，虽然中国学生惯于采用记忆和训练的学习模式，但他们也会结合其他策略（比如变式和反思）进行深度学习。因此，无论是重复、记忆的学习过程，还是建立联系、重在理解的学习过程，都有可能是中国学生在学习数学时采用的策略。目前大多数已有研究主要分析了中国学生掌握某种特定策略的行为表现，缺乏对学生使用记忆和其他方式相结合的策略组合调查结果。

《国际学生评估项目 PISA 2012》中定义的三种策略是记忆、监控和精细加工。记忆和精细加工属于认知策略，监控属于元认知策略。认知策略和元认知策略被普遍视为学习策略的核心。PISA 框架在沿用已有策略体系的基础上，增加了可操作性，被很多经合组织和非经合组织的国家和地区所广泛接受[⑨]。具体内涵见表 8 - 1。

表 8 - 1　PISA 2012 学习策略内涵描述

学习策略类别	具体描述
记忆策略	重复或再现记忆中存储的信息，不需要或只需要很少的进一步加工和处理，主要包括背诵记忆、习题训练、形式操作和重复学习

学习策略类别	具体描述
监控策略	通过设定明确的目标来控制学习过程，主要包括梳理信息、明确概念、组织材料、规划学习、检查/评估进度
精细加工策略	在任务、已有知识、信念与现实经验之间建立联系，主要包括使用类比和示例、头脑风暴、应用数学知识、寻找新的解决方法

学习策略的种类繁多，笔者依据各种文献资料及自己的相关经验，做出以下总结。

1. 理解和保持知识的策略

理解和保持知识的策略主要有复述策略、精细加工策略、组织策略。

(1)复述策略。是为了在记忆中保持信息而对信息进行重复识记的策略。对于某一任务中的一些较为复杂的材料，可以根据"遗忘规律"来组织自己的复述，将新材料长时保持。

(2)精细加工策略。是一种高水平的精细的信息加工，是在理解材料意义的基础上的信息加工策略。最常见的精细是提要法，即去粗取精，删繁就简，把握精髓的浓缩书本信息的方法，常用的手段包括画线法、笔记法、卡片法等。笔记法比较典型的是诞生于美国康奈尔大学的课堂笔记 5R 笔记法，由①记录(Record)、②简化(Reduce)、③背诵(Recite)、④反省(Reflect)、⑤复习(Review)构成。

(3)组织策略。是将精细加工提炼出来的知识点加以构造，形成知识结构的更高水平的信息加工策略。包括列提纲、做结构网络图、运用理论模型等。

2. 应用知识的解题策略

应用知识来解决问题，是知识掌握的最终目的。从问题表征到解决过程都有很多策略。在问题表征策略中，分内隐表征和外显表征。内隐表征即在分析和理解问题的条件、要求、障碍的基础上，在头脑中形成整个问题的结构。可以采用的主要方法和步骤是：①认真读题，熟悉题意；②复述要点，深思题意。在低龄儿童的学习中，常用到该策略。外显表征即通过外部行为来辅助内隐表征的策略。外显表征的主要形式有符号标记、摘要排列、做示意图等。如中小学生在学习和解题中容易出现"丢三落四"现象，教师常用这些方法来指导。在数学解应用题中，常用的列表法、画线段图解决行程问题等，都属于外显表征策略的应用。

3. 元认知策略

元认知概念是由美国心理学家费拉维尔提出的。根据他在《认知发展》一书中阐明的观点，元认知就是对认知的认知，具体地说，就是关于个人自己认知过程的知识和调节这些过程的能力，对思维和学习活动的知识认知和控制。元认知具有两大成分：①对认知过程的知识和观念（储存于长时记忆中）；②对认知行为的调节和控制（储存于工作记忆中）。元认知知识在解决问题中起"知道怎么做"的作用，而元认知控制则解决"知道何时，如何做"的问题。元认知策略包括计划策略、监控策略和调节策略。计划策略是指根据认知活动的特定目标，在一项认知活动之前计划各种活动，预计结果，选择策略，想出各种解决问题的办法，并预估其有效性。包括设置学习目标、阅读材料信息，产生待回答的问题和分析如何完成学习任务等。监控策略是指在认知活动的实际过程中，根据认知目标及时评价、反馈自己认知活动的结果和不足，正确评估自己达到认知目标的程度、水平；根据有效性标准评价各种认知行为、策略的效果。监控策略包括领会监控和集中注意等策略。调节策略是指根据对认知活动的检查，如发现问题，则采取相应的补救措施，根据对认知策略的效果的检查及时修正、调整认知策略。调节策略与监控策略有关。

4. 资源管理策略

资源管理策略是辅助学生管理可用环境和资源的策略，包括时间管理策略、学习环境管理策略、努力管理策略、学业求助策略。时间是一种非常重要的学习资源，有效的时间管理可以促进学习，并增强自我效能感；无效的时间利用则会降低信心，降低学习效率。而时间管理策略就是通过用一定的方法来合理分配时间，让学习资源的利用更有效。时间管理策略可以参考以下的方法：确定有规律的学习时段、确定切合实际的目标、使用固定的学习区域、分清任务的轻重缓急、学会对分心的实物说"不"，自我奖励学习上的成功。学习环境管理策略主要是善于选择安静干扰较小的地点学习，充分利用学习情境的相似性等。努力管理策略是指掌握一些学习方法来排除学习干扰，使自己的精力有效地集中在学习任务上。学业求助策略是指当学生在学习上遇到困难时，向他人请求帮助的行为，是一种重要的社会支持管理策略。

二、 数学学习策略

数学学习策略相对于一般学习策略而言，具有相通性。数学学习面对的是高度抽象性的数学知识，这种抽象是在思想内部进行的，需要心理努力才能达到[1,2]。同时，数学具有广泛的应用，是从小学到高校都必须开设的基础学科，更是各种自然科学的基础和工具。此正体现了它的重要性和工具性。数学学习的特殊性和不断发展的新情况对学生的数学学习提出了更高的要求，相应的数学学习策略也要符合学科特点，需要新的发展[3]。

那到底什么是数学学习策略呢？许多学者给出了不同的解释，李光树认为"数学学习策略是指在数学学习活动中，学习者为实现某种学习目标所采用的相对系统的学习方法和措施。它不仅是由多种具体方法优化组合而成的一种系统化的学习方法体系，也是由多个步骤有机结合而构成的一种有序的学习活动程序"。

蒯超英和林崇德认为："数学学习策略就是在数学学科的学习中综合运用注意策略、知觉策略（各种代数式或几何图形的"变式"的识别）、记忆策略（数学概念、规则的记忆）、概念学习策略（数学概念的学习）、规则学习（各种数学定理法则的学习）和问题解决策略（运用数学知识解决相关数学问题）。"[4]

周建平老师在文献中指出，数学学习策略就是对数学学习方法、技巧等的选择和使用。学生能适当地运用数学学习策略，就是能根据特定的学习情境在自己的储备系统中选出合适的学习方法和技巧等，以便使自己的解题和学习境界达到更高的层次。数学学习策略具有一般学习策略的特点，如学习计划的制订、思维导图的运用、记忆方法的选择等。它也有自己的鲜明特色，如极值点偏移问题的处理策略有对称构造函数 + 主元法；比值、差值设参；对数平均不等式的运用等[5]。

刘电芝认为数学学习策略是指在数学学习活动中，学习者为了实现某种学习目标，提高学习质量和效率，所采用的一些相对系统的数学学习方法、措施和调控方式。

学者在刘电芝界定的基础上进一步细化和发展，指出数学学习策略是学生在学习数学知识的过程中为了能够获得更好的结果或收获所采取的一切有利于学业进步的方式方法和规则技巧。例如，如何理解和记忆数学概念和数学公式，如何有效地利用所学知识进行数学解题和数学建模。同时，在 Mckeachie 等人划分的学习策略结构的基础上，将数学学习策略也进行了划分，包括以下三个主维度：数学元认知策略、数学资源管理策略和数学认知策略，每一个主维度还可进一步划分为不同的子维度。

莫秀峰指出，数学学习策略是指一切有助于数学学习，包括有助于对数学概念、公式的理解、记忆、运用及问题解决的学习策略[16]。

一般认为，数学学习策略包括数学元认知策略、认知策略和资源管理策略。综合上述专家的观点和教育心理学对学习策略概念的阐述，结合中学生数学学习的特点及新课标下初中数学教材的知识体系，本书认为，初中数学学习策略是指学生在数学学习活动中，为了实现一定的数学学习目标，提高数学学习效率，建构新的数学认知结构，在教师的指导下，从已有的知识经验及认知结构出发，在数学学习的过程中，根据自己对学习目标、任务的认识，所采取的积极主动的学习行为方式。其包括对适当的学习方法的调用和对学习过程的调控。数学学习策略是一般学习理论在数学学科的具体应用，是学习策略与具体科学——数学结合的产物。它既是制约学生数学学习效果的基本因素，也是衡量学生数学学习能力的重要标志。高效的学习策略能帮助学生以较少的时间和精力去获得更佳的学习效果。

三、　数学学习策略的特点

随着基础教育的改革科新课标的实施，新的目标促进新的发展，数学学习策略也呈现自身的特点。

1. 数学学习策略的自主性特征

前面在介绍初中生数学学习特点时已经提到，数学的学习过程是富有个性特征的，有多样化的学习需求。学生个人的学习策略需要学生结合自身实际主动构建才能形成适合自己的学习策略。各种学习方法学生记得再熟也没有用，必须在实际的学习情境中、在分析和解决问题的过程中恰当地运用。进而结合自身的实际运用，领会策略的有效性，才能总结出适合自己的数学学习策略，实现从借鉴到内化的转变。在这个过程中，学生需要主动建构，只有学生体会到数学学习策略能为我所用，他才会进一步去发展和完善自身的学习策略。自主性是数学学习策略的出发点和根本点，没有自主性，就无法从根本上改变学生自己的学习方式，更别谈"合作学习，活动学习，自主探究了"。在学习上如果无自主性，学生依然被教材、教辅、教师"牵着鼻子走"，其学习实质仍然是被动地、依赖地、机械地接受学习。数学学习策略的自主性是学生要视数学学习为自己的一种需要，愿意、乐意学习数学，认为自己必须学习数学，学习数学是自己"义不容辞"的责任。这样，学生才可能真正意义上做到独立学习，自主学习。自主探究的学习方式就包含了对学生学习独立性的要求。当然，学习策略的自主性还包括学生独立地确定学习目标，制订学习计划，然后监控和调节自己的学习行为，以期达到自己的学习目标。若学生按自己的学习目标和学习计划实施而达到了目标，那么他就会对学习产生满足感。每个教师在教学的某个阶段几乎都会要求学生制定学习目标。学生一般把自己的学习目标定在某次考试要达到多少分，或者把学习成绩排名要达到班级或年级多少位作为目标，而对具体的学习计划、什么样的学习方法，往往欠缺具体的实施步骤。教师应该引导学生科学地制订自己的学习计划，让学生不仅看到分数，还看到在计划中自己的学习能达到什么水平，能解决怎样的实际问题，能取得什么效果。同时在具体的操作中，学会调用各种方法严格实施，以达到自己的目标。

下面举一个我们在实际教学中，为了促使学生自主学习数学的一个案例。

例1 判断一些数中有没有无理数。下列各数中，哪些是有理数，哪些是无理数？

$$3.14, 5, 3.78, \pi, \frac{3}{7}, \frac{21}{8}, 3.030030003\cdots, \sqrt{3}, \sqrt{16}, 3\sqrt{2}$$

哎呀，是不是看到这堆数就头大？告诉你吧，无理数这个东西与3000年前一个叫毕达哥拉斯的家伙有关，教材36页有说明（教材36页是无理数的发现故事）。言归正传，让我们好好整理一下。现在，在我们面前有成千上万个数（哇，好吓人），我们把它们分成两类：一类叫有理数，一类叫无理数。我们先到有理数中去，再把它们分为两类，一类为整数（我们熟悉的），一类为分数。那另外一类呢？

记住，这里是重点：

①形如$\sqrt{2}$，$3\sqrt{5}$等无法开尽平方的数；②与π相关的数；③无限不循环的小数。如图8-2所示。

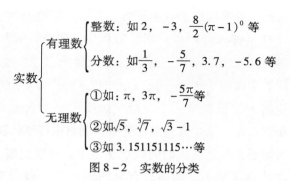

图 8 – 2　实数的分类

则例 1 答案为，有理数包括 3.14，5，3.78，$\dfrac{3}{7}$，$\dfrac{21}{8}$，$\sqrt{16}$；无理数包括 π，3.030030003…，$\sqrt{3}$，$3\sqrt{2}$.

如果你的答案正确，恭喜你：教材 36 页 1，37 页 1，学案上 16 页 3，5，7，8 你都不会错了，赶快做在作业本上吧。

2. 数学学习策略的合作性特征

前文已经阐述，合作学习是现在学生学习的主要方式之一。传统的学习，学生往往是在"单枪匹马"状态下进行的，在考试和升学的压力下，学生之间的竞争激烈，甚至充斥着过度、异化、不正常的竞争，学生与学生之间缺乏必要的交流与合作。在欧美等发达国家，其市场竞争远超我国，但是合作学习却是这些国家先提出的。培养合作精神也是教育的目标之一。

建构主义学习观是这样阐述学生学习的，学生的数学学习是在已有的知识、经验的基础上对新知识进行积极主动的个人建构。但是，学生的学习不能够仅仅停留在个体建构这一层，还要进一步与他人交流合作，分享学习数学的经验和体会，在与他人的合作中不断修正、改进、发展自己的数学学习。一份有关数学学习的调查显示，学生普遍缺乏合作的学习态度和习惯，有些合作只限于表面或流于形式，有的合作甚至是不恰当的、应该被限制的（如"合作"完成作业中出现的抄袭现象）。学生的数学交流能力严重欠缺。有关资料显示，大约 30% 的学生认为自己喜欢与同学合作解决一些复杂的问题，约 21% 的学生认为自己常和老师、同学交流数学学习经验和心得。数学学习的合作与交流能力的培养应成为当务之急。

新课程标准明确提出：数学活动是师生共同参与、交往互动的过程，除了接受学习外、动手探究、自主探索、合作交流也是数学学习的重要方式，学生应当有足够的时间和空间经历观察、实验、猜测、验证、推理、计算、证明等活动过程。同时，新教材在大量的章节中也体现了这一点。如在北师大版数学教材 7 年级上册"有趣的七巧板"中，有一幅见影成形的拼图，让学生将七块板拼成一个花瓶。这通过一个人的力量是难以完成的，而通过小组合作，学生很快就能完成，同时也能够体验成功的喜悦。

数学学习需要合作。在我们的数学学习中，师生交流、生生交流是必不可少的。在数学课堂上，教师应有目的地让学生做口头或是书面的表达，让学生把自己的数学理解、困惑等，用语言、文字、图标、符号等和他人交流，通过交流实现个人对数学知识全方位的、多角度的理解，有效地纠正自己在某些知识上的认知偏颇。合作交流是外显的，而不是一个人的"闭门造车"，因为合作与交流是学生未来从事社会工作的必备素质。

3. 数学学习策略的活动性特征

数学活动绝不是一个新名词，数学活动包括观察、实验、作图、操作，数据的收集、整理、分析等。《全日制义务教育数学课程标准（实验修订稿）》在对学生的培养目标进行修改中，将原来的"双基"改为"四基"。那么，如何让我们的学生在数学的学习中获得基本的活动经验呢？我们教师首先就要意识到学生学习数学的过程应该是充满观察、实验、猜想等丰富多彩活动的过程，进而在实际教学中，为学生提供多样化的学习方式，让学生参与其中。

苏联数学教育学家斯托利亚尔曾经提到"数学学习是数学活动的学习，数学教学是数学活动的教学"。然而大多数的数学课程在"科学数学"向"教育数学"的转变中，由于各种原因忽视了这一点，数学呈现给学生的是"冷冰冰"的严谨的逻辑结构和枯燥的解题。很多学生对数学产生不了好感，认为数学的学习就是计算、证明，数学知识就是一堆干巴巴的定理、公式。很多学生因为在数学的学习中找不到乐趣而放弃对数学的学习。随着社会不断的发展，用到数学的地方越来越多，数学的应用手段、方式也在信息技术的作用下大大地拓展。多媒体教学的兴起，使曾经很难在课堂展现的数学活动得以实现。相比以前看重的"计算"和"证明"，学生探索数学问题的体验、应用数学解决实际问题的能力、追求科学知识的探索精神尤为重要。学生要获得"体验，能力，精神"，就需要通过自身的主动活动进行数学学习，采取观察、操作、实验、猜想等多种方式，亲身经历数学知识的发生，发展，在"做数学"中学习数学，感受、体验数学的真谛，实现对数学的"再创造"。

4. 数学学习策略的情境性特征

心理学研究表明，真实的、适宜的情境能够激发学生的学习热情，从而更大程度地提高学习的效率。在现在的数学教学中，教师都喜欢或者说是几乎每节课之间，都有一个新课导入的过程，也有说叫"创设情境，引入新课"。

在《义务教育数学新课程标准》中提出的教学建议明确指出，为激发学生的学习兴趣，教师应运用数学材料创设直观、丰富的教学情境。初中生正处在认知发展论所划分的形式运算阶段，他们对数学的关注点不仅在于自我的喜好，而且对有用的内容开始感兴趣，对于有丰富背景的问题开始感兴趣，有独立探求知识的欲望。真实的情境可以给他们营造一个良好的学习氛围。学习情境的创设可以涉及声音、图像，古今中外的各种数学故事，现在生活中常见的可以转化为数学模型的问题等，对学生的学习产生整体性的刺激，可以让学生在情境中，带着问题进行数学学习，可以让学生从以前的"要我学"转变成"我要学"。数学的学习策略是在各种数学学习活动中展开形成的。通过学习情境的创设、情境中问题的解决，学生会更深切地感知、吸收和内化学习策略，进而有意识地使用学习策略，领悟到学习策略的真谛，知道什么样的学习策略适用于什么样的问题。可以说，数学学习策略的学习是从大量的学习情境中来构建的，必然也要应用到具体的情境中去，不断地完善，以适应新的发展。

四、 数学学习策略的应用与案例分析

课例1　几何——"探索三角形全等的条件（1）"

1. 课前准备任务

①了解并掌握图形全等的概念及相关性质；

②认真预习"探索三角形全等的条件（1）"一课，明确本节课的主要学习内容，制定学习目标，生成问题并主动寻找解决方法。

设计意图 从教师的角度出发，以任务的形式引导学生对旧知进行有意识记忆，在预习环节中提出具体要求，促使学生在课前完成旧知的及时复习，新知的列提纲、明确目标等，以有利于优化学生在预习复习阶段的复述策略、精加工策略及计划策略。

2. 课堂内容设计

第一环节 提出问题，引发探究。

问题：

（1）如果两个三角形全等，它们具有哪些性质？

（2）只有 3 条边或 3 个角对应相等，这样的两个三角形能全等吗？

（3）现有一个三角形，怎样最快、最简洁地画出一个和它一模一样的三角形？

设计意图 教师有意识地就旧知进行提问，并对本节课相关知识进行设问。这样既实现了检验复习效果、促使学生及时地反思调节的目的，又将新旧知识联系起来，基于他们现有的知识储备去加强对新知识经验的理解，启发学生发现新知识和旧知识之间的紧密联系和本质区别，达到优化学生复述策略和组织策略的目的。

第二环节 互研探究，生成能力。

三角形判定定理 1 的探究。

师：有没有更优化的方式，以最少的条件达到全等的目的？

师：如果只给出其中一个或者两个条件，会全等吗？

设计意图 为了让学生维持自己的学习意志，不断集中注意力，故以问题串的方式创设学生渴望求解的问题情境。大多学生听到"最少"这个词就会积极思考，争先恐后探索，因此问题串有利于刺激学生探究和解决问题的积极性，进而引导学生不断优化心境管理策略。

（1）只给一个条件画三角形，所画三角形一定全等吗，可能是哪些条件？

生：一条边；一个角。

活动：

A. 已知三角形的一条边长 5cm，剪下所画出的图形。

B. 已知三角形的一个角为 45°，剪下所画出的图形。

（学生各自画图，随机收集 6 位同学画、剪出的三角形纸片，看看能否重合。)

　　结论：只有一个条件所画三角形不一定全等。先后给出验证图形如图
8 – 3 所示。（投影）

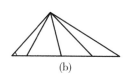

（a）　　　　　　　　　　　（b）

图 8 – 3

　　（2）只给两个条件，所画三角形全等吗，可能是哪些条件？

　　生：两条边；两个角；一条边，一个角。

　　活动：

　　A. 已知三角形的两边分别为 4cm，6cm，剪下所画出的图形。

　　B. 已知三角形的一条边长为 5cm，一个内角为 40°，剪下所画出的
　　　　图形。

　　C. 已知三角形的两个内角分别为 30°，45°，剪下所画出的图形。

　　（学生各自画图，随机收集 6 位同学画、剪出的三角形纸片，看看能
否重合）

　　结论：只有两个条件所画三角形不一定全等。先后给出验证图形如图
8 –4 所示。（投影）

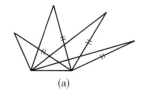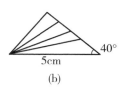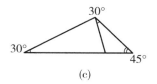

（a）　　　　　　　　　　（b）　　　　　　　　　　（c）

图 8 – 4

　　（3）只有一两个条件，所画出的三角形不一定全等。那么，给三个条
件呢？大家先大胆猜想一下，给三个条件有哪些情况？

　　生：三个角，三条边，两条边一个角，两个角一条边。

　　活动：

　　A. 只给三个内角度数，画出的两个三角形全等吗？说明你的理由。

（出示各自手中的三角尺，每个角分别是多少？通过展示发现三角形不一定全等）

结论：三个角分别相等的两个三角形不一定全等。

B. 已知三角形三边长分别为 7cm，5cm，4cm，画出这个三角形。

（学生讨论画法。教师板画三边长分别为 4cm，5cm，7cm 的三角形，然后随机收集若干学生所画、剪的三角形纸片，并上讲台展示）

结论：三角形的三条边确定，所画三角形一定全等。

明晰：三边分别对应相等的两个三角形全等。简写为"边边边"或"SSS"。

设计意图 本节课需要探究三角形全等的条件，这仅仅依赖想象力是很困难的。老师提出如何用最少的条件达到全等的目的。学生开始考虑怎样添加条件让三角形全等，一开始头绪纷繁，怀疑是否需要逐个证明检验，重新审题，分类探究，这就是课堂探究过程中反思调节策略的应用。本环节设计了三个问题，由已知一个条件到两个条件再追加到已知三个条件来探究三角形全等的判定方法，在此过程中注重分类讨论数学思想方法的引导和规范。通过安排动手操作、独立思考、合作交流和互相提问等活动引导学生验证不同的条件下三角形全等的情况，并通过多媒体动画进行结果呈现，让学生不仅动脑、动手还运用多种感官参与到知识探究活动中去。探究活动最后引导学生对课堂内容进行整理，归纳成判定定理。使学生探索问题的能力得到切实有效的发展，从而优化学生数学学习中的精加工策略、反思调节策略、外界求助策略。

三角形全等判定定理 1 的应用。

（4）如图 8 - 5 所示，图中的 $\triangle ABC$ 与 $\triangle CDA$ 是否全等？并说明理由 .（学生独立完成，教师提醒"书写规范"）

师：证明两个三角形全等需要几个条件？

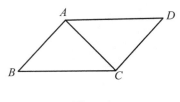

图 8 - 5

生：3 个。

师：那么现在有几个条件，分别是哪些？

生：2 个条件，是……

师：我们现有的证明三角形全等的方法有哪些？

生：三条边分别相等的两个三角形全等。

师：另一组边相等的条件如何构造呢？为什么？

生：是两个三角形共同的边，所以是相等的。

师：非常好。这样我们就获得了三角形全等的所有条件，接下来补充修改你的证明过程。

设计意图 在讲解例题时，突出解决问题的思路，引导学生在解题过程中明确解题方向，使思维清晰有条理，优化学生的监控策略和反思调节策略。

实际应用：三角形的稳定性

（5）准备几根木棍（图8-6）。引导学生将三根木棍依次首尾相连钉到一起形成三角形，拉动任意两条边，探究三角形形状的变化情况。加一根木棍钉成一个四边形，四边形会有类似的状况吗？

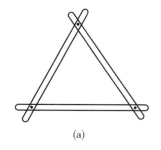 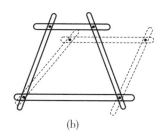

(a) (b)

图 8-6

上面的现象说明了什么？怎样才能使得四边形稳定呢？

明晰：①三角形具有稳定性；

②在对角线处加一根木棍，四边形就稳定了。

（投影图片：展示三角形稳定性的应用，如图8-7所示。）你还能举出一些其他例子吗？

图 8-7

设计意图 通过具体的实践活动让学生感受三角形的稳定性这一特性，鼓励学生积极探究产生这一特性的原因；渐渐在学生脑海里形成几何推理的意识；鼓励学生举出生活中的实例，感受数学知识来源于生活。在数学学习过程中，可以用多种形式进行复述，引导学生多次练习、与同学探究讨论、总结归纳、实际应用等。这样比单纯的复述更加有利于理解和记忆，加强复述策略的应用。

3. 回顾与小结

（1）确定三角形全等至少需要几个条件？我们是如何探索得到这个结论的？

（2）在确定三角形全等条件的过程中，我们是怎样分类的？分类的标准是如何确定的？

设计意图 总结和反思是学生在学习过程中最容易忽视的环节，也是数学学习过程中最重要的环节。留给学生适当的时间对所学知识进行反思归纳，启发学生生成总结归纳新知的有效方法，引导学生各抒己见、交流合作，进而掌握一定的总结概括能力。最后教师进行评价和进一步的概括，让学生既学习了新的知识又获得了相应的数学能力，也增强了学生的学习兴趣。

（3）我们已经讨论了三角形三个内角分别相等，或三条边分别相等两种情况。如果只给三个条件，还有什么情况？关于只给三角形两条边一个角，或两个角一条边的情况，下节课将继续探究、学习。

设计意图 承前启后，在新课之后对下节课内容进行适当引导，使学生基本了解预习的方向，有意识地使用元认知策略，有目标、有方向、有计划地进行下一轮数学活动的准备，并及时进行有效的自我提问，以提高下一节新课学习的效率。

课例2　代数——"整式的乘法（1）"

1. 课前准备任务

①回顾并掌握有理数的乘法、幂的运算性质。

②认真预习"整式的乘法（1）"一课，明确本节课的主要学习内容，制定学习目标，生成问题并主动寻找解决方法。

③完成练习。

设计意图　从教师的角度出发，以任务的形式引导学生对旧知进行有意识记，在预习环节中给出具体要求，并通过有针对性的练习促使学生在课前完成旧知的及时复习，新知的列提纲、明确目标等。这有利于优化学生在复习预习阶段的复述策略、精加工策略及计划策略。

2. 课堂内容设计

第一环节　构造悬念，创设情境。

情境：学校举办书画展，明明用两张一模一样大小的纸制作了两幅画，如图8-8所示。第一幅画画面填满纸张，第二幅画画面上下方都留有相同大小的空白。

图 8-8

（1）第一幅画的面积是多少？第二幅呢？你是怎样算的？

（2）如果把纸水平长度由 $1.2x$ 改成 mx，其他条件不变，怎样表示两幅画的面积？

设计意图　通过生活中的具体实例实现了对旧知的反复实践，使学生对知识点的了解更深刻并能及时有效应用知识点，同时促使学生及时地反思调节，达到优化学生复述策略和组织策略的目的。

第二环节　目标导向，探究规律。

单项式乘单项式。继续引导学生分析引例中出现的算式：这是什么运算，如何计算出最后的结果？

设计意图　教师利用一系列的提问，让学生聚焦到对问题的思考上并极力想办法去解决，学生通过这样的方式来形成新的数学知识。创设学生渴望求解的问题情境，让学生在具体的探究过程中始终保持积极性，不断优化课堂中的心境管理策略。

（3）两个式子的和又等于什么？说说理由。

（4）怎么计算单项式乘单项式？

设计意图 参与了新知的探究环节之后，引导学生想办法组织语言叙述单项式乘单项式的方法，让学生先进行独立思考，再在小组内集体讨论，给予适当的提示引导学生进行归纳。在整个探究过程中经历设想、推翻、重设、完善等，不断进行反思调节，增强学生反思调节策略的使用效率。

明晰单项式乘法的法则：单项式与单项式相乘，把它们的系数、相同字母的幂分别相乘，其余字母连同它的指数不变，作为积的因式。

（5）在整个法则的探究过程中，我们使用了哪些运算法则和运算律？

设计意图 在通过活动归纳出运算法则之后，教师紧接着提出具有一定思考量的问题，让学生进一步明确计算的理论依据。学生反思整个法则的探究过程，感悟知识与知识之间紧密相关，从而优化学生数学学习中的精加工策略、反思调节策略。

单项式与单项式的乘法法则的应用。

（6）计算：$5x^2 \cdot 2x^3y$；$-3ab \cdot (-4b^2)$.

设计意图 在讲解例题时，突出计算题细节的处理和解决问题的思路引导。使学生在解题过程中明确解题方向，思维清晰有条理，学会反思，积累经验，优化监控策略和反思调节策略。

（7）实际应用：

图8-9所示是一间居民住房结构图。现在想要将卫生间、厨房和客厅重新铺设地砖，请问至少需要铺设多大面积的地砖？若地砖的价格为 a 元/m²，那么铺这些地面至少需要购买多少元的地砖？

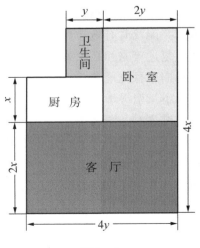

图8-9

设计意图　培养学生剖析具体问题并从中获取到有效信息的能力，使学生学会准确地用字母表示所需线段并进行列式，再利用相关的运算法则求出问题的答案，让学生感受到数学是刻画现实世界的有效工具，很多实际问题都可以依赖数学来解决。在数学学习过程中，学生可以运用多种形式进行复述，如多次练习、小组讨论分享个人经验、总结归纳、实际应用等。这样比单纯的复述更加有利于理解和记忆，加强复述策略的应用。

3. 回顾与小结

①怎样计算单项式乘单项式？是怎样探索得到的？

②在进行单项式与单项式相乘时，应注意哪些细节？

设计意图　学生对数学新知的学习不是一蹴而就的，它是一个由浅入深的汲取过程。现在的教材已经尽可能把数学知识类型化和条理化，但目前的课堂模式较为局限和模式化，课堂活动也比较零散，没有持续性和连续性，使得学生对知识的理解和把握也比较零碎和孤立，还没有系统化。因此，在课堂最后教师应及时对本节课知识进行总结。这样不仅能帮助学生从整体上把握知识、了解知识之间的联系与区别，还可以为学生后续学习奠定基础，有利于学生在数学学习中的组织策略和反思调节策略的生成强化。

第四节　数学学习方法

一、 学习方法的定义

什么是学习方法？学习方法并不是什么新的思想，事实上，古今中外有相当一部分教育家曾经谈到过学习方法并认识到它的重要性。例如，我国古代大教育家孔子说的"学而不思则罔，思而不学则殆"，法国近代教育家卢梭讲"形成一种独立的学习方法要比获得知识更重要"等，都是与学习方法问题或学习方法的重要性有关的。

学习方法有广义和狭义两种理解。广义的学习方法，是指在学习过程中，一切为达到学习目的、掌握学习内容而采取的手段、方式、途径，以及学习所应遵循的一些操作性原则，组织管理等环节。狭义的学习方法，是指学习过程中学习者所采取的具体活动措施与策略。一般地，方法是指解决问题的手段与途径。学习方法是完成学习任务的手段与途径。

二、 数学学习方法的定义

数学学习方法是指以一定的数学学习目标为指导，通过长期有效的数学学习实践总结出的能够快速掌握数学知识的步骤和方法。

数学学习方法并没有统一的规定。按照不同的分类标准可分为不同的类别。从数学学习目标出发，学习方法包括数学符号语言的学习方法、知识操作技能的学习方法、情感态度价值观的学习方法等；从数学学习内容出发，学习方法包括数学概念的学习方法、数学命题的学习方法、数学公理定义的学习方法等；从数学学习过程出发，学习方法又包括课前预习的方法、课堂听课的方法、课上笔记与课下复习的方法、完成作业的方法等。

本书对数学学习方法的定义采取针对数学科目的学习方法的狭义定义。

三、 数学学习方法的分类

学习方法的分类方式多种多样。许多学者对学习方法进行了分类。

孔令军对国内学习方法的分类进行了总结，认为主要有五种分类方式：

①以学习进程的特点为标准，分为观察法、思维法、记忆法、技能形成法等；

②以课堂学习进程的特点为标准，分为预习法、听讲法、复习法、作业法等；

③以各科学习特点为标准，分为语文学习方法、数学学习方法、外语学习方法等；

④以学习类型特点为标准，分为模仿性学习方法、抽象概括学习方法、解决问题学习方法、逻辑推理学习方法、总结提高学习方法等；

⑤以学习目标指向为标准，分为语言符号的学习方法、操作技能的学

习方法、态度情感的学习方法、学习策略的学习方法等。

钟祖荣认为主要有三种分类方式：

①根据学习方法适用范围的大小，可分为一般的学习方法和特殊的学习方法；

②根据学习方法在学习活动中所发挥的功能，可分为控制学习活动的方法与执行学习过程的方法；

③根据使用的合理性，学习方法可分为合理的学习方法和不合理的学习方法。

武汉黎世法老师提出了八环学习法，包括：制订计划、课前预习、认真听讲、及时复习、独立作业、解决疑难、系统小结、课外学习。

孙春梅总结出与课堂教学相适应的学习方法：制订计划——课前预习——课堂练习——课后复习——独立作业——学习总结——课外学习。

陈华庆对国内的学习方法进行归纳，分类如下：

①以学习进程的特点为标准：观察法、思维法、记忆法；

②以课堂学习进程的特点为标准：预习法、听讲法、复习法、作业法等；

③以各科学习特点为标准：语文学习方法、数学学习方法、外语学习方法等；

④以学习类型特点为标准：模仿性学习方法、抽象概括学习方法、解决问题学习方法、逻辑推理学习方法、总结提高学习方法；

⑤以学习目标指向为标准：语言符号的学习方法、操作技能的学习方法、态度情感的学习方法、学习策略的学习方法等。

综合查阅文献，经过小组成员讨论，本文将数学学习方法分为阅读法、观察法、听讲法、思维法、练习法、归纳法六种：

①阅读法主要指学生通过阅读、思考、理解教材、教参或其他书籍材料来获取知识的数学学习方法；

②观察法主要指学生通过观察符号、图形、实体等数学研究对象来获取知识的数学学习方法；

③听讲法主要指学生在课堂上跟随老师讲授来获取知识的数学学习方法；

④思维法主要指学生运用逻辑推理、直观想象、数学抽象等思维方法来获取知识的数学学习方法；

⑤练习法主要指学生通过练习一定题目来获取和巩固知识的数学学习方法；

⑥归纳法主要指学生通过总结、归纳、推理等形式来获取和巩固知识的数学学习方法。

四、 不同数学学习方法的案例展示

如前文所述，本节将数学学习方法分为阅读法、观察法、听讲法、思维法、练习法、归纳法六种，下面将在此分类的基础上进行案例展示。

1. 阅读法案例

阅读有助于学生理解现实生活中数的意义，理解或表达具体情境中的数量关系，以及激发学生的学习兴趣。在教学中，常引入大量的趣味性的阅读材料来调动学生学习的积极性。

案例1 在进行七年级上册"数与代数"中负数的教学时，让学生在课前阅读以下阅读材料，之后再正式上课。

中国是最早认识负数的国家。据史料记载，早在两千多年前的西汉时期(约公元前2世纪)，人们就用红色的算筹表示正数，黑色的算筹表示负数，有时也用三角截面的算筹表示正数，用矩形的算筹表示负数，或者正放的算筹表示正数，用斜置的算筹表示负数。用不同颜色的数表示正负数的习惯，一直保留到现在。但现在一般用红色表示负数，报纸上登载某国经济上出现赤字，表明支出大于收入。中国古代著名的数学专著《九章算术》(约成书于公元1世纪)在其第八章"方程"里已经赋予正数、负数以相反意义的量：在买卖过程中，把进入的粮谷为正，运出的粮谷为负；卖物的钱数记为正(收入)，把买物的钱数记为负(支出)；余钱为正，不足的钱数为负。根据这些实际例子，中国三国时期的数学家刘徽(约公元225—295年)首先给出了正数、负数的定义：今两算得失相反，要令正负以名之。意思是说，在计算过程中遇到具有相反意义的量，要用正数和负数来区分它们。这个定义也是世界上最早的。同时，《九章算术》还最早提出了正负数加减法则。到了元代，我国的数学家朱世杰(1249—1314年)著的《算术启蒙》中，又给出了正负数的乘除法法则。这也是世界上较早的。

从引入负数开始，数就有了区分意义的相反和表示量的多少两重意义。而学生之前没有接触过"具有相反意义的量"这个概念，他们认为数就是表示量的多少，很难将它与已有的知识结构联系起来，所以学生在这里的学习存在困难。我们一方面通过大量的实例帮助学生理解"相反意义的量"在现实生活中普遍存在，另一方面补充"负数的起源"的阅读材料，让学生了解负数产生的历史过程，增强学习的信心和兴趣。

通过以上阅读，学生了解了负数发展的历程，体会到每一个数学知识的来之不易，认识到自己目前遇到的困难也曾经是数学家们的困惑，进而获得情感的共鸣，从而增加学习的信心和兴趣。另外，中国是最早认识负数的国家这一事实能够激发学生的民族自豪感。

2. 观察法案例

（1）顺序观察法。就是对观察客体选择不同的方向、不同的起点，按顺序条理分明地进行观察，从而作出准确判断。通常观察的顺序是从上到下、从前到后、从左到右、从外到内、从一阶到高阶、从一次到高次等。

案例2 设 $y = \sin x$. 求 $y^{(n)}$.

分析 因为没有直接求函数高阶导数的求导法则，更何况是求不确定的 n 阶导数，解决这类问题只能按照顺序观察其一阶导数、二阶导数直至高阶导数，从中找出规律，进而写出 n 阶导数的通项公式.

解 $y' = \cos x = \sin\left(x + \dfrac{\pi}{2}\right)$,

$$y'' = \cos\left(x + \frac{\pi}{2}\right) = \sin\left(x + \frac{\pi}{2} + \frac{\pi}{2}\right) = \sin\left(x + 2 \cdot \frac{\pi}{2}\right).$$

一般地，可推得 $y^{(n)} = (\sin(x))^{(n)} = \sin\left(x + n \cdot \dfrac{\pi}{2}\right)$.

（2）对比观察法。就是将两个或若干个相关联的事物对照比较，进行观察分析，从中发现它们的共性特征或本质区别，以获得清晰的概念或结论。

案例3 在介绍用导数判别函数的增减性时，我们首先将一个单调增加的函数 $y = f(x)$ 和一个单调减少的函数 $y = g(x)$ 进行对比观察，发现单调增加的函数其导数 $f'(x) \geq 0$，单调减少的函数其导数 $g'(x) \leq 0$. 由此，我们得到了函数单调性的必要条件以及判别函数单调性的充分条件这两个非常重要的结论.

再如，我们在研究函数的凹凸性时，将凹弧和凸弧放在一起加以对比观察，发现凹弧的切线位于弧的下方，凸弧的切线位于弧的上方这样两个鲜明的不同结论。由此我们引入了曲线凹凸的概念。

3. 听讲法案例

听讲法就是学生在上课时，带着问题去听讲上课内容的一种方法，是最基本的一种学习方法。

案例4 在展示过圆柱体体积的转化过程后，教师向学生提问转化过程中的重点部分，让学生在没有实物展示的情况下回顾动态的变化过程时，学生应留意教师的提问。学生通过回答问题再次回顾了从圆柱到长方体的变化过程，从而巩固所学新知。

4. 思维法案例

数学教材一般采用正向思维进行编写，特别是教材中的法则、公式、概念、定理以及性质等内容。同样，在高中教学实践中，很多教师也采用正向推理进行教学。长期在这样的模式和境况下，高中学生特别容易在学习上逐步形成正向思维的习惯，而逆向思维能力相对薄弱。

案例5 在高中数学教学中，要培养学生的逆向思维能力，就需要对学生进行有针对性、系统性的教学训练。应主要从以下三点进行训练：

第一，在对学生进行数学概念教学时，要有意识地加强对学生的双向思维训练。数学命题是培养学生双向思维、增强学生逆向思维习惯的好题材。数学命题自身的条件与结论间具有充分性和必要性，特别适合引导学生进行双向思维训练。在教学中，在条件允许的情况下，要设置双向思维的问题，逐步培养学生的逆向思维能力。

例如，在对高中生进行反函数概念教学时，问题可以这样设置：

(1)已知函数 $y = \dfrac{1}{(ax+b)}\left(x \neq -\dfrac{b}{a}\right)$．求它的反函数 $f^{-1}(x)$．

(2)已知函数 $y = 2x^2 + 3x + a(x > 0)$，点 $A(6, 1)$ 是它的反函数上的一点．求 a 的值．

通过这两个问题的解答，可以培养学生的双向思维能力。

第二，针对高中数学中的定理、公式、法则，要强调它的逆用。教师在讲解过程中，可以经常性地选择逆向思维的问题来训练学生的逆向思维能力。

(1)若 $3^n - C_n^1 \cdot 3^{n+1} + C_n^2 \cdot 3^{n-2} - \cdots + (-1)^n \cdot C_n^{n-1} \cdot 3 + (-1)^n = 512$，求 n.（这是二项式定理的逆用）

(2)求使 $\sqrt{1 - \sin\theta} = \sqrt{2} \cdot \sin\left(\dfrac{\theta}{2} - \dfrac{\pi}{4}\right)$ 成立的 θ 的取值范围.（这是半角公式的逆用）

(3)若 $z_1^2 + z_2^2 = 0$，求证 z_1，z_2 对应的向量互相垂直.（这是复数三角式运算法则的逆用）

第三，在教学中，对可逆的数学命题要加强对学生的训练，促进学生的理解、逆用。例如，二次曲线的性质、不等式的性质等，其中有很多命题具有可逆性，教师要有意识地、适时地、经常性地对学生进行锻炼，从而促进学生逆向思维能力的提升、心理素质的优化。

5. 练习法案例

(1)组织变式训练，形成创新思维。在教学中，学生往往成为解题的机器，教师设置什么题，学生就解答什么题，学生的思维受到限制，不利于其思维在横向和纵向上的拓展与延伸，导致学生课上题目听懂会做，一旦变化条件、形式就又不会做题了。究其原因，是学生未能掌握解题的本质和规律，对题目的变化欠缺深刻的认识。对此，教师可组织变式训练，改变学习模式，充分挖掘学生思维潜能，帮助学生形成创新意识。

案例6 以学习"直线的倾斜角和斜率"为例，要求学生掌握直线斜率和倾斜角的内涵，并能灵活运用直线斜率公式解决相关问题。

教师组织变式训练，展示原题："若直线 m 过点 $A(x, 2)$，$B(1, x^2 + 2)$，求直线 m 的斜率。"此题虽然简单，但是学生的理解还停留在表面，比较肤浅。为了让学生掌握其通性通法，能够达到触类旁通，进行如下变式：

(1)已知点 $A(1, 4)$，$B(-2, 7)$，求直线 AB 的倾斜角.

(2)如果三点 $A(3, 3)$，$B(m, 0)$，$C(0, n)(mn \neq 0)$ 共线，求 m，n 的值.

(3)已知点 $A(2, -2)$，$B(6, 1)$，直线 m 的倾斜角是直线 AB 倾斜角的一半. 求直线 m 的斜率.

通过对原题目进行变式，使得题目看似原题，又不同于原题，从而拾级而上，引导学生从不同视角、不同层面去思考并探究问题，加深学生对直线斜率、倾斜角等概念的理解。由此，学生既分清了问题的变化类型，又能将所学知识系统地运用到解题中，增强了思维的灵活性与创新性，既能从中夯实数学知识，又提升了解题技能。

（2）渗透数学思想，掌握解题方法。习题是理解和深化数学概念、定理以及命题的载体，而学生的解题过程就是数学思想形成的生长点。随着学生解题过程的不断推进，学生的数学知识、数学能力以及数学素养随之得到提升。而在实际教学中，教师多数通过题海战术来强化学生对解题方法的掌握，这里面不免会泥沙俱下，学生不断地做重复的、同类型的题目，其结果是学生的思维产生倦怠、疲劳，思维受到局限，不利于数学思维能力的提升。因此，教师可通过挖掘题目中隐含的数学思想，有意识地指导学生，帮助学生掌握一类型的解题方法，以此类推，形成数学观念。

案例7 在"圆锥曲线与方程"习题教学中，需要学生理解椭圆、双曲线、抛物线等的定义，并掌握相应标准方程推导过程以及应用。教师以"点 P 到 $A(5，0)$，$B(-5，0)$ 的距离之和等于 14。求点 P 的轨迹方程"为例，展示利用定义求解曲线方程的方法。

由定义可知，点 P 的轨迹是椭圆，根据已知条件可求出 a，b 的值，进而得出椭圆方程。教师通过挖掘题目中隐含的数学思想，由表及里，让学生掌握一类解题方法，以此类推，进而解决一类型的题目。

例如，可用此法解决题目："点 P 到 $F(5，0)$ 的距离比到直线 $x+6=0$ 的距离小 1，求点 P 的轨迹。"同样也是利用定义（抛物线）求解方程。除此之外，教师还可通过"一题多解"来锻炼学生的思维，以增强学生的数学思维张力，提高解题成效。

6. 归纳法案例

（1）完全归纳法。在高中阶段的数学学习过程中，完全归纳法有着相当高的使用频率，其核心理念在于对问题进行分类并依此进行研究。

案例8 以"同弧所对圆周角的大小是其所对圆心角的一半"这一命题为例进行说明．

如图 8-10 所示，在圆 O 中，对于弧 AC 而言，$\angle AOC$ 与 $\angle ABC$ 分别代表了与弧 AC 相对应的圆心角与圆周角，那么命题就相当于是证明 $\angle AOC = 2\angle ABC$．从图中可以看出，随着 B 点位置的不同，圆周角与圆心的关系可以分为三种情况，即圆心分别在圆周角一条边上、圆周角内部和圆周角外部．通过这种方式我们将问题分成了三类，只要分别验证这三种情况下∠AOC 的大小均为∠ABC 的两倍，即证明了命题成立.

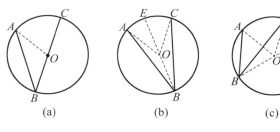

图 8 – 10

证明过程如下：当圆心在圆周角一条边上时（图 8 – 10a），连接 AO.
此时 ∠AOC 相当于是△AOB 的外角，因此∠AOC = ∠BAO + ∠ABC =
2∠ABC.

当圆心在圆周角内部时（图 8 – 10b），分别连接 CO 与 AO，并过 B 作直
径 BE. 在这种情况下，∠AOE 与∠ABE 分别成了 $\overparen{AE}$ 所对的圆心角和圆周角.
同理，∠EOC 与∠EBC 也分别是 $\overparen{EC}$ 所对的圆心角和圆周角. 这实际上与图
8 – 10a 类似，同理可得 ∠AOC = ∠EOC + ∠AOE = 2∠EBC + 2∠ABE =
2∠ABC.

当圆心在圆周角外部时（图 8 – 10c），分别连接 CO 与 AO，并过 B 作
直径 BE. 这一情况实际上与圆心在圆周角内部时类似，能够得到∠AOC =
∠AOE – ∠EOC = 2∠ABE – 2∠CBE = 2∠ABC 的结论.

到这里，我们就完成了"同弧所对圆周角的大小是其所对圆心角的一
半"这一命题的证明。

（2）简单枚举法。是与完全归纳法相比更一般的方法。

案例 9　设 A 是含有可数元素或有限元素的集合。若发现其中每个经
过验证的元素都有同样的性质 P，那么就认为集合 A 中所有元素都有性质
P。这一结论显然是经不起推敲的。简单枚举法的特殊性就在于此：并不
是集合 A 中的每个元素都能够被验证。尽管这一区别似乎有些不起眼，但
实际上却是本质性的区别，哪怕其中只有一个未经验证的元素，就无法排
除"该元素不具备 P 性质"的可能性。

当然，推论正确的可能性是随着集合中得到验证的元素数量的增加而
提高的。这种推理实际上是对可能性的一种依赖。尽管这种推理有一定的
道理，但其结论却没有必然性，这种推理就是所谓的归纳推理。

（3）主次变量转化。归纳题目中必然存在主次关系，通过转化主变量与参变量的主次关系，就能将问题转化为另一种形式，进而得到答案。

案例10 函数 $f(x) = x^2 + (a-4)x + 4 - 2a$ 恒大于 0，且 a 值域为 $[-1, 1]$，求 x 范围。

就题目来看，这是关于 x 的一个函数，若直接进行变形，然后将值代入求解，题目就会变得十分烦琐。这时可以适当地采用主次变量转化的方法将原来的函数转变为与 a 有关的函数，随后求解。

令 $g(a) = (x-2)a + (x-2)^2$ 为与 a 相关的一次函数，其中 $x \neq 2$。通过绘制一次函数图像我们可以得出 $g(-1) > 0$ 且 $g(1) > 0$，进而可以得到 $x > 3$ 或 $x < 1$。这样我们就能得到原式中 x 的值域为 $\{x \mid x < 1, x > 3\}$。

五、 数学学习策略的建议

（一）学习建议

（1）数学学习要理解和记忆双管齐下。记忆在数学学习活动中占有非常重要的地位，良好的记忆辅助数学活动高效进行。

数学学习中对于命题学习和概念学习，只有机械的记忆或者浮于表面的感知理解是远远不够的。只有在数学学习活动中通过感知，运用比较、分析、综合、抽象、概括等方法理解数学概念，并在这基础上加深记忆，才能真正地掌握数学知识。

例如，人教版七年级下册第五章第一节第三课时"同位角、内错角、同旁内角"一节中对于同位角、内错角、同旁内角的学习。此节课以两直线相交构成的四个角为基础，进一步学习两条直线被一条直线所截形成的八个角中，不共点的角的关系。本节课较之前学习，相关角的概念较多。在新授课时初中生易混淆三种角，不能快速分清哪两条直线被另一条直线所截，但这些角的名称能很好地反映它们的位置关系。学生在学习时如果能将同位角联想到英文字母中的 F，将内错角联想到英文字母中的 Z，将同旁内角联想到英文字母中的 U，在做题时有意识地寻找形如"F""Z""U"形状的角进行判别，那么这节课的相应内容也就能掌握了。

（2）数学学习活动要在自我监控中有计划地进行。计划策略是元认知策略下的一个子维度。元认知可以简单地表述为对于认知的认知，是为完成某一具体目标或任务，认知主体依据认知对象对认知过程进行主动地检测以及调节。在数学解题思维过程中元认知集中表现在自我反省、自我调节、自我监控。

数学学习活动只有在有意识的思维导航下，才能真正高效地进行。通过元认知策略下的计划、监控、调节，数学学习活动才能是一个有序的整体，并且进入一种正循环状态。学生在进行数学学习活动时，应当关注自身的数学知识结构，有序地对自己的数学学习活动进行计划，并根据实际情况进行调节，以达到良好的学习效果。所以学生在学习时要学会关注自身的学习活动、学习进程，关注自己的思维是否聚焦在数学学习活动中，学会管理自己，提高学习效率。

（3）数学活动中要学会资源利用最大化。现代社会科技进步，生活富裕，各种社会资源十分丰富。学生处于这样一个资源丰富、科技发达的时代，如能调配所有资源为学习活动所用，那么将能达到事半功倍的效果。

时间在现代管理理论中，是一项非常重要的资源，时间是学习的基本条件，学习行为得以实现要建立在充足时间的保证上。学生在学习活动中，应当养成良好的学习习惯，善于调配安排自己的学习时间，做到学习任务按时完成，把非学习时间也有效地利用起来，为自己争取更多的有效学习时间，学生在学习活动中树立自尊自信，在帮助别人的基础上提高自己的理解和巩固程度，从而变得善于合作学习，善于听取家长的建议和指导。尤其在学习活动中，学生遇到困难时应积极寻求教师帮助并且正确归因自己的成功与失败。在学习活动中学生应合理运用家庭和学校的物质条件，营造有利于学习的环境，利用学校和社会各种有利于学习的活动，购置必要的学习参考书籍和工具书，避免因对物质过于依赖而造成负面影响。

（二）教学建议

如果将学习比作一场战役，学习策略就是兵法，熟读兵法使得战役得胜，熟悉学习策略使得学习效果事半功倍。在数学教学中，要把握数学本身的特点，这些特点是数学学习策略教学有别于其他学科的原因。结合专家型教师给出的教学建议和中学生数学学习现状总结出以下教学要点：

（1）在数学基础知识构建中教会学生应用数学学习策略。在基础知识的学习中认知策略的使用是很关键的。皮亚杰认为，知识的获得有两种方式：同化和顺应。数学中新知的构建也逃脱不了这两种方式。对于一部分可以在旧知的理解上拓展的新知，比如在有理数的基础上学习实数，学生如要在掌握有理数的前提下学习实数，那么学生就要有检查自己知识储备是否足够的必要。此时教师可以告知学生具体做法，明确这些做法能带来的益处，使其养成自查的习惯。这样学生慢慢地产生监控策略的意识，在数学学习中能使用监控策略。对于新知的讲解，教师最好能将数学知识演化的来龙去脉讲清楚，让学生参与体会知识的发展，感受数学家在探索知识时的严谨态度和精湛水平。并且体会数学家在探索知识时所使用的学习策略，努力将这种策略应用到自己的学习中。

（2）在基本技能的教学中提高学生施用学习策略的意识。所有的学习策略对问题解决的过程都很重要，认知策略的使用使得问题解决中涉及的知识点的学习变得容易。元认知策略的使用会使得问题解决过程更程序化，资源管理策略的使用使得问题解决更有效率。数学是一门需要头脑高度参与的学科，学生的学习状态决定他的学习效率和效果。帮助学生找到如何调节自己的学习状态的方法对学生的数学学习是十分有效的。在数学学习中遇见困难也是常有的，良好的情绪与数学学习成绩正相关。教师在教学中要多鼓励学生，但教师本身不能面面俱到，所以要教会学生自我激励，也就是让学生习得努力管理策略，利用一切资源帮助自己学好数学。

（3）在数学问题解决中提高学生元认知策略。波利亚的《怎样解题》中给出的怎样解题表就是数学独特的解题策略，它是元认知策略的充分体现。元认知策略在数学学习策略中占据着核心地位，在解题过程中教会学生有计划、有步骤地将难题转化求解，有意识地监控自己的数学学习活动，及时调节反馈，攻克难题。教师在这个过程中要激发学生的解题兴趣，鼓励学生摸索求解，帮助学生分析思路，弄清已知什么，求解什么，从什么知识点切入，形成学生独特的解题套路。数学活动离不开解题。在数学课堂中让学生学会自我评价、自我管理、自我激励。自我评价不仅是让学生对掌握知识进行评价，也要对思维过程进行评价。评价自身对知识有没有熟练掌握，对思维有没有清晰的认识。自我管理是要教会学生合理管理自己的时间、自己的学习状态。学习策略的教学也要通过一些趣味性的例题提高学生的学习动机，打破学生思维定式形成发散性思维。通过联系生活实际问题所给出的材料信息，从不同角度、方向入手，采用不同的方法、途径进行思考和分析，帮助学生摆脱习惯性思考方式的束缚，培养学生擅于变通的思维方式和方法。

第五节　培养学生良好的数学学习方法的措施

一、引导学生从自身出发，端正态度，努力学习

1. 确立正确的数学学习动机

确立正确的数学学习动机是学好数学的必要条件。不应当只看到学习数学是为了考试，为了考好的大学，也应当认识到，数学作为一门基础学科，可以有效地帮助自己学好其他学科，在以后的工作和生活中也会提供无形的帮助。学习动机可以推动和加强学习的作用，学习动机水平比较高的学生的数学成绩相对也会比较好。另外，学生也必须控制好自己的学习动机。心理学家认为，学习动机的中等程度的激发或唤起对学习具有最佳的效果，学习动机过低则不能激发学习的积极性，学习动机较高反而也会造成学习效率降低，并且学习动机的过低或过高不利于学习的保持。

2. 激发数学的学习兴趣

学生从小就接触数学学习数学，但是很多学生不喜欢数学其实是从一次次考试失败、成绩不理想开始的。也有学生虽然数学成绩尚可，但是学习的目的只是为了高考，对数学更没有兴趣可言。没有兴趣的学习是枯燥的。既然学习数学是必需的，数学学科考到好成绩也是学生所期望的，那么不如激发自己的数学学习兴趣，在更开心、更健康、更积极的心态下学习数学。

首先，学生应该相信数学是非常有趣的，相信自己一定能对这门学科产生信心。想象中的"兴趣"会推动我们认真学习数学，从而导致对数学真正感兴趣。其次，在学习之初，可以确定小的学习目标，学习目标不可定得太高，应从努力可达到的目标开始。不断的进步会提高学习的信心。不要期望在很短的时间内将成绩提高上去，应当持之以恒地努力，一个一个小目标地实现，才是实现大目标的开始。再者，可以通过了解学习目的，间接建立兴趣。可以通过看书上的绪言，听老师介绍学科发展的趋势，或从国家、社会的发展前景的高度去看待数学学习。如果对学习的个人意义

及社会意义有较深刻的理解，就会更认真地学习，而且能够对学习产生浓厚的兴趣。最后，可以培养自我成功感，以培养直接的学习兴趣。在学习的过程中每取得一个小的成功，就进行自我奖赏，达到什么目标，就给自己什么样的奖励。这样通过逐次奖励来巩固自己的行为，有助于产生自我成功感，在不知不觉中建立起直接兴趣。

建立起学习的兴趣之后还要保持，而保持兴趣的最容易的方法是不断地提问题。当你为回答或解答一个问题而去读书时，你的学习就带有目的性，就有了兴趣。准备一些问题是很容易的，可以尝试把每节的标题变成问题来向自己提问。一开始可以强迫自己详细看下去，但是一旦真正的往下看，就会被吸引住。也可以想象学习成功后的情景，激发学习兴趣。例如厨师想象出自己做出来的佳肴是什么味道，继而辛苦劳作；作曲家想象出自己作出的曲子会产生什么样的声音，从而激发出他的创作热情。可以想象自己考试成绩优秀，顺利进入大学，为家庭和社会作出贡献，为自身创造美好的前程；也可以想象考试成绩优秀，得到老师、家长的赞扬，得到同学们的羡慕等，从而激发学习兴趣。想象能帮助我们成功。

3. 培养良好的数学学习习惯

美国著名的哲学家、心理学家威廉·詹姆士曾说过："播下一个行动，收获一种习惯；播下一种习惯，收获一种性格；播下一种性格，收获一种命运。"就是说，好的习惯可以促进一个人的成功，坏的习惯可能导致一个人的失败。学习习惯是指学生为达到好的学习效果而形成的一种学习上的自动倾向性。数学学习习惯是在数学学习过程中经过反复练习形成并发展，成为一种个体需要的自动化的数学学习行为方式。良好的数学学习习惯有利于激发学生数学学习的积极性和主动性；有利于形成数学学习策略，提高数学学习效率；有利于培养自主学习能力；有利于培养学生的创新精神和创造能力，使学生终身受益。

（1）养成制订学习计划和课前预习的习惯。学习计划一般包括短期、中期和长期三类。短期的学习计划是指一节课或是一个章节的学习计划；中期的学习计划是指一个学期的学习计划，包括对本学期学习内容的安排，对学习时间和娱乐时间的合理分配，以及期末时要达到的成绩；长期的学习计划主要是指高考时要达成的目标。制订好学习计划，会明显提高学习的效率。而且高中学习的内容多，难度大，更需要明确自己的学习目标。

在制订学习计划时要注意自身的实际情况。如果学习计划要求过高，超过了自己的实际水平，那么在执行计划时会经常觉得完成不了，就会逐渐失去学习的自信心；如果学习计划要求过低，那么就会放松对自己的要求，降低学习效率。因此，要制定合理的学习目标，可以征求一下老师的意见，请老师指导自己制定学习目标。在执行的过程中，也要根据实际发生的情况随时修改，但切不可放弃。要注意的是，制订的学习计划必须切实可行，最好有具体的时间安排和要求，这样才能严格依照计划学习。

课前预习是学习中一个重要的环节。能够坚持进行课前预习的同学的自学能力、领悟能力和学习毅力都比较强。在做预习时要注意方法。首先，预习时要找到有疑问的地方，并做好标记，上课的时候更要认真听讲这部分内容，即带着问题听课可以提高听课效率。其次，预习时不要花费很多时间或者浏览全部内容，这样反而会本末倒置。预习时只要抓住课本重点难点，把握内容的大致框架即可。最后，不同的教学内容也应该配有不同的预习方法。比如，新授课应该重点看概念和定理；习题课，应该先了解题目；讲评课，应该先尝试订正错误的地方……

（2）养成自主听课的好习惯。学生大部分时间是在学校度过的，获得知识的主要方式就是课堂学习。每堂课认真听讲，最大化地发挥课堂的学习作用，是提高学习效率的关键。有的学生上课时遇到听不懂的地方就会走神、转移注意力，不能很好地跟着老师思考，下课解决的话会加重课后的学习负担。也有的学生会出现眼高手低的情况，有时觉得老师讲的内容太简单了，就自己做题目或者做别的事情，到了考试的时候又一知半解，在老师强调过的问题上继续犯错误。一堂课的内容很多，学生应该合理选择课堂学习的内容。

首先，不论成绩好坏都要从心里重视听课。对于数学绩优生而言，可以根据自己掌握知识的情况以及老师讲课的内容，合理放弃一些已经掌握的内容，而用更多的精力去思考一些难度较大的问题，这样既可以培养自己的思维能力，也可以提高自己的学习效率。而相对于成绩较差一点的学生，主要要听一节课的重点难点，还有老师思考问题的方法。

其次，有选择性地记笔记也是课堂学习的重要环节。不是将老师上课的内容板书一股脑儿全部照搬就是好的，记笔记应该根据上课节奏，主要记下老师补充的内容，概念上重点需要注意以及容易混淆的地方，典型的例题和习题等。对于自己一时听不懂的地方也要做好标记，以便课后请教老师和同学。上课时应以听讲为主，如果听课来不及记笔记，可以适当给笔记留白，课后再补，或者参阅同学的笔记，切不可因为要记笔记而忽略了听讲。

再者，听课不但要带着问题听，而且要善于发现新问题，敢于提出新问题。上课时有不能理解的地方不能听之任之，而要和老师同学讨论，力求解决问题。在质疑、讨论和解决的过程中取得成长。

(3)养成独立作业、课后复习的好习惯。要学好数学，必须要独立钻研、善于思考。有的同学喜欢在学校里和同学一起做作业，甚至做一题对一题答案。这样表面看来作业的正确率很好，但是却不属于独立完成作业，而且在完成作业时的系统性、思考问题时的连贯性也受到了破坏。独立完成作业非常重要，学生通过独立思考完成问题，其实是对当天课堂知识的再现和巩固。独立思考解决问题，不仅能加深对老师上课所讲授的知识的印象，而且还可以培养学生的迁移能力和创新能力，学生通过努力将所学知识转换为自己的知识储备，检查自己对知识和方法的掌握程度，提高独立分析问题和解决问题的能力。在作业中遇到问题时再寻求别人的帮助，并且要做到切实弄懂问题，不可直接抄作业。另外，完成作业后要进行检查，这一项很少有同学能够坚持做到。检查也是一种反省的过程，做作业不是为了完成任务，自己能够将问题解决出来可以更深刻地帮助记忆。批改后的作业自己应当先行思考订正，并避免以后犯同样的错误。

数学是一门比较抽象的学科，复习是为了将所学的知识系统化、条理化。首先，平时应当每天都进行复习，内容为当天所学的知识，应当回忆当天学习的内容，可以默写一些重要的公式和定理，然后对照课本和笔记检查自己掌握了多少。对于自己之前没有能够完全理解的内容要重点复习巩固。其次，学完一章之后要进行阶段复习，复习本章的知识点、例题和习题。可以选择一些典型题目来做一下练习，看看有没有切实掌握。最后，准备一个集错本，经常整理错题可以有效地避免在同一个地方多次跌倒。

(4)养成系统小结、课外学习的好习惯。在学完一个单元和一个章节之后要对所学的知识进行梳理，形成知识网络。另外在进行系统小结的时候，还可以总结这阶段的学习心得以及学习方法，以便在之后的学习中做适当的调整，促使自己不断进步。

进行适当的课外学习活动。不是让学生盲目地购买参考书做题，也不是奔波劳碌地上家教补习课，这些都失去了课外学习活动的意义。课外学习活动应当具备以下条件：第一，促成学生在全面发展的基础上发展个人的特长；第二，促进脑力劳动和体力劳动相结合；第三，促进理论和实践的统一；第四，发展智力，发挥创造力；第五，培养自学能力；第六，增长知识，开阔视野；第七，寓教育于课外活动之中。因此课外活动是课堂教学的延续、扩展和加深，它是学校教育的一个不可缺少的重要组成部分，是贯彻教育方针的一条必由之路。进行有益的课外学习，不但可以培养学生数学学习的兴趣，还能开拓视野。特别是学有余力的同学，课后可以参加一些数学竞赛班、订阅一些数学课外报刊等。这样既能丰富课余生活，又能提升自己的数学涵养。

二、 教师从教育出发，科学育人，促进学习

1. 制定适合学生的教学策略

（1）教学内容要有针对性，提问要得当。维果斯基曾提出"最近发展区"的概念。根据这一概念，教师在问题设计中，应该分析并估计每一个学生的最近发展区的范围，根据班级学生的现实差异性，为班级中的数学绩优生指出探索方向，为学困生搭建起步的台阶，照顾不同水平学生的需要，帮助学生建构数学认知结构。提出的问题要有层次感，可以从简单的开始，照顾到中等以下的学生，然后逐渐深入，让全班一同思考。

（2）有层次地布置作业，指导学生课后学习。教师在布置作业时应当考虑到班级学生不同的数学基础以及学习程度，应当有针对性地布置作业。针对绩优生，可以减少一些基础题目的训练，增加一些锻炼思维能力的题目；针对班级数学成绩相对较差的学生，可以多进行基础题目的练习。尤其是寒假和暑假作业，更要有层次感，针对不同的学生安排有差异性的作业，帮助学生提高学习效率。

教师除了要批改学生的作业以外，还应该指导学生进行正确的课后复习和阶段小结。可以通过布置任务来督促他们完成，也可以通过检查学生的复习笔记帮助学生养成课后复习的习惯。学生习惯一旦养成，就可以让他们合理自主地安排复习，教师就不用盯着学生了，可以将学生好的复习

方法、复习计划等在班级展示，让学生互相学习。教师还应该给学生提供一些好的课外学习条件，比如开展一些数学讲座、成立竞赛小组、数学兴趣小组等，平常还可以推荐一些适合高中生阅读的数学书籍。

（3）培养学生的自学能力。教师是学生学习能力的培养者，教学的中心应该放在学生的"学"上，从而实现"教是为了不教"的目的。为了发挥学生的主导作用，让学生成为学习的主人，就要教会学生学习的方法，让学生学会学习，主动获取知识，积极参与学习过程。有研究发现，采用自学辅导教学方法的学生解题的正确率也大大地高于传统讲授式的教学。

首先，教师可以给学生布置预习作业，指导学生预习的方法，帮助学生养成良好的预习习惯，使学生从被动学习转为主动学习，同时培养学生的自学能力。其次，教师要教给学生学习方法，形成自主学习的能力，让学生自己探究知识发生的过程，在课堂上给学生提供动手动脑的时间和空间，在教学上充当学生学习的伙伴、合作者和指导者。最后，培养和指导学生的自学能力，教师可以通过经常布置自学内容检查自学效果，纠正学生在自学中的错误等方法，一边督促一边引导，不断提高学生自学能力，培养学生良好的自学习惯。

2. 培养学生良好的情感因素

（1）培养学生正确的数学学习动机。关于学习动机在学习中的作用，是一个颇有争论的问题。但大部分心理学家认为，要进行长期的学习，学习动机是绝对必要的，强烈的学习动机是保证学好的前提，没有这个前提其他的都谈不上，对学生尤其如此。学生在学习时有了正确的学习动机就可以提高他的学习兴趣。教师在教学中应当注意方法，除了教给学生日常的学习知识以外，还应当注意提高学生的学习兴趣，增强学生的学习动机。首先，教师应适当地激发学生的数学学习动机。比如，生活中有很多地方都会用到数学，例如购物、储蓄、借贷等；学生从小到大都要学习数学，取得数学高分可以在升学考试中脱颖而出，升入好的学校；数学知识也是现代人才必须具备的基本素养。其次，教师应当鼓励学生实现自我。成绩好的学生在考试、竞赛中取得好成绩，体验到成功的喜悦；成绩差的学生也有自己的优点，教师应当善于发现和捕捉，适时地给予他们鼓励和表扬，以激发他们的学习热情。再者，教师在课堂上除了讲解概念定理之外，还可以多向学生展示数学中的美，让学生体验数学的统一性、对称性等。

（2）培养学生好的数学学习信念。虽然知道数学非常重要，但是大多数学生觉得学习数学非常枯燥。有的学生认为，数学就是学习一些定理和公式，然后按照规定去做题，有些题目又非常难，经常做不出来，所以数学就是很难学的；有的学生认为数学学得好是天生的，只有有天赋、聪明的学生才能学好数学；还有的学生认为数学和实际生活联系少，甚至根本用不到，学了也没有什么用。所以学生对数学就产生不了兴趣、敬而远之。作为教师，应该帮助学生消除这些不良的数学学习信念。比如在传授知识的时候，要注意正确的教学方法，教导学生数学不仅仅是计算、推导或者证明，数学思想方法的归纳和总结尤为重要。教师还可以让学生自己动脑建构数学的概念和法则，让学生了解知识的来龙去脉，还可以让学生在课余时间做一些数学调查，然后进行数学建模，让学生体会到数学与实际生活的联系。

（3）帮助学生正确地自我定位。学生在学习中往往过多地被老师牵着鼻子走，常常在学习中"失去自我"。教师在教学中应当注意帮助学生进行正确的自我定位。第一，提高学生的自信心。在班级里，男生的自信心要普遍强于女生；而成绩较好而且较稳定学生的自信心较强；但是也存在一些成绩好但是每次考试都很紧张，对自己没有信心的学生；还有一些学生平时表现都很不错，但是考试成绩常常不理想。教师可以通过适当的鼓励和开导来增强学生的自信心。第二，帮助学生正确地分析自己，提高他们的自我分析能力。学习好的学生往往会将原因归咎于学习努力、学习方法得当等原因，学习差的学生会将考试成绩不佳归因为自己能力差等原因。教师应当注意帮助同学进行归因，努力了但是取得不了好的成绩是不是在学习方法上出现了问题，又或者是因为自信心不足而在考试临场发挥时出现了问题……正确的归因可以帮助学生找到自己学习中的症结所在，从而解决问题，重拾信心，努力学习。第三，鼓励学生积极主动地学习，培养学生"我要学"的意识。

3. 提高自身的专业素养

在教师的专业素养中，口头表达能力和书面表达能力是最基本的能力要求。教师上课时语言要正确，还要通俗、简练、有感染力。特别是课堂提问环节，提问是启发思维的重要方式，思维由问题开始，由问题而进行思考，由思考再提出问题，这是青少年的一个重要心理特征。在提问时既要围绕教学中的重点难点，又要适合学生的实际水平和个性特点，还要注意合理性的问题。在课堂教学时，除了语言，板书也是传播知识的重要手段。板书设计应当注意"五性"：保持教学内容的系统性、教学内容的概况性、揭示知识的规律性、给学生的示范性和形式新异性。努力使自己成为有某种教学专长的教师。

一个好的教师还必须具备较强的观察能力。一方面能迅速发现学生课上和课后答案中的差误，并能准确判断差误的原因以及改正的方法。另一方面能随时观察学生的动态，包括学生上课时的反应状况，学生一阶段的学习状态等。

教师还要经常充当倾听者。上课时不仅要准确地听清学生回答和提出的问题，还要听清学生间互相讨论的内容，从而快速正确地指出学生的问题所在，对他们进行指导和帮助。除了要倾听学生的学习，也要倾听他们的生活、思想和心事。在学习、生活各方面处处关心学生，帮助他们排忧解难。

第九章　数学课程与教学评价

第一节　数学课程评价

一、　数学课程评价的基本概念

（一）发展历史

从国外来讲，课程评价经历了四个时期，即测验和测量时期、描述时期、判断时期和建构时期。著名的课程理论之父泰勒也提出了课程评价的一些原则。

课程评价在我国最早可以追溯到隋唐时期。早在隋唐就已经产生了科举制度。科举制度中的考试就是课程评价形式的一种。后续的学者陆陆续续对课程评价有些研究。

总的来说，目前国内对课程评价及其问题的研究仍处于探索中，还有很多方面尚待完善。首先，我国对课程评价的研究十分零散，并没有形成系统化的研究。其次，现有的研究成果多是借鉴国外教育者的研究成果在其基础上进行分析，缺乏本土化的研究，缺乏在现实意义上的理论创新。

（二）相关定义

英国课程专家凯利认为，课程评价是评估任何一种特定教育活动的价值和效果的过程。

美国课程论专家比彻姆认为，课程评价包含判断课程系统的效果和所规划的课程的效果的那些必要的过程。

泰勒在"八年研究"期间提出了课程评价的概念。他认为，课程评价过程实质上是一个确定课程与教学计划实际达到教育目标的程度的过程。

（三）核心概念

课程评价是指根据一定的标准和课程系统信息，以科学的方法检查课程的目标、编订和实施是否实现了教育目的，实现的程度如何，以判定课程设计的效果，并据此作出改进课程的决策。

课程评价是一个价值判断的过程。价值判断要求在事实描述的基础上，体现评价者的价值观念和主观愿望。不同的评价主体因其自身的需要和观念的不同对同一事物或活动会产生不同的判断。

课程评价的方式是多样的。它既可以是定量的方法也可以是定性的方法，教育测试或测量只是其中的一种方法，并不代表课程评价的全部。

课程评价的对象包括"课程的计划、实施、结果等"诸种课程要素。也就是说，课程评价对象的范围很广，它既包括课程计划本身，也包括参与课程实施的教师、学生、学校，还包括课程活动的结果，即学生和教师的发展。

二、 数学课程评价的相关内容

（一）数学课程评价的基本类型

根据评价对象的不同，可将广义的课程评价分为学生评价、教师评价、学校评价、狭义的课程评价等。

根据评价主体的不同，可把课程评价分为自我评价和外来评价。

根据评价的目的不同，可把课程评价分为诊断性评价、形成性评价和总结性评价。

根据评价的参照标准或评价反馈策略的不同，可把课程评价分为绝对评价、相对评价和个体内差异评价。

根据评价手段的不同，可把评价分为量性评价和质性评价。

（二）数学课程评价的价值取向

当前数学课程评价的取向主要有目标取向、过程取向和主题取向。

目标取向的课程评价。这种观点的主要代表人物是被称为"现代评价理论之父"的泰勒及其学生布卢姆等人。他们认为课程评价是将课程计划和预定课程目标相对照的过程。在这里，预定目标是评价的唯一标准，它追求评价的科学性与客观性，因而这种取向的评价的基本方法论就是量化研究方法，并常常将预定目标以行为目标的方式来陈述。

过程取向的课程评价。这种评价试图将教师和学生在课程开发、实施以及教学过程中的全部情况都纳入到评价的范围之内，强调评价者与具体情境的交互作用，主张不论是否与预定目标相符，与教育价值相关的结果都应当受到评价。

主体取向的课程评价。这种观点认为课程评价是评价者与被评价者、教师与学生共同建构意义的过程。

（三）数学课程评价的评价模式

1. 目标评价模式

目标评价模式是在泰勒的"评价原理"和"课程原理"的基础上形成的。"评价原理"可概括为七个步骤：确定教育计划的目标；根据行为和内容来解说每一个目标；确定使用目标的情境；设计呈现情境的方式；设计获取记录的方式；确定评定时使用的计分单位；设计获取代表性样本的手段。泰勒的评价原理是以目标为中心来展开的，主要针对 20 世纪初形成并流行的常模参照测验的不足而提出的。

泰勒的"课程原理"可以概括为四个步骤：确定课程目标、根据目标选择课程内容、根据目标组织课程内容、根据目标评价课程。其中，确定目标是最为关键的一步，因为其他所有步骤都是围绕目标展开的。这也是为什么人们把它称为目标模式的原因。在泰勒看来，如果我们要系统地、理智地研究课程计划，首先必须确定所要达到的目标。除非评价方法与课程目标相切合，否则评价结果便是无效的。由此可见，评价的实质，是要确定预期课程目标与实际结果相吻合的程度。目标评价模式强调要用明确的、具体的行为方式来陈述目标。评价是为了找出实际结果与课程目标之间的差距，并可利用这种信息反馈作为修订课程计划或修改课程目标的依据。由于这一模式既便于操作又容易见效，所以很长时间在课程领域占有主导地位。但由于它只关注预期的目标，忽视了其他方面的因素，因而受到不少人的批评。

2. 目的游离评价模式

目的游离评价是斯克里文针对目标评价模式的弊端而提出来的。他认为，评价者应该注意的是课程计划的实际效应，而不是其预期效应，即原先确定的目标。在他看来，目标评价模式只考虑到预期效应，忽视了非预期效应（或称为"副效应""第二效应"）。

斯克里文主张采用目的游离评价的方式，即把评价的重点从"课程计划预期的结果"转向"课程计划实际的结果"上来。评价者不应受预期的课程目标的影响。尽管这些目标在编制课程时可能是有用的，但不适合作为评价的准则。因为评价者要收集有关课程计划实际结果的各种信息，不管这些结果是预期的还是非预期的，也不管这些结果是积极的还是消极的。只有这样才能对课程计划作出准确的判断。

然而，目的游离评价也招致了不少人的批评。主要的问题是，如果在评价中把目标搁在一边去寻找各种实际效果，结果很可能会顾此失彼，背离评价的主要目的。此外，目的完全"游离"的评价是不存在的，因为评价者总是会有一定的评价准备，游离了课程编制者的目的，评价者很可能会用自己的目的来取而代之。严格地说，目的游离评价不是一个完善的模式，因为它没有一套完整的评价程序，所以有人把它当作一种评价的原则。

（1）CIPP 评价模式。CIPP 是由背景评估（context evaluation）、输入评价（input evaluation）、过程评价（process evaluation）、成果评价（product evaluation）这四种评价名称的英文第一个字母组成的略缩词。斯塔弗尔比姆认为，评价不应局限在评定目标达到的程度上，而应该是为课程决策提供有用信息的过程，因而他强调，重要的是为课程决策提供评价材料。CIPP 模式包括收集材料的四个步骤。

背景评价，即要确定课程计划实施机构的背景，明确评价对象及其需要，明确满足需要的机会，诊断需要的基本问题，判断目标是否已反映了这些需要。

输入评价，主要是为了帮助决策者选择达到目标的最佳手段，而对各种可供选择的课程计划进行评价。

过程评价，主要是通过描述实际过程来确定或预测课程计划本身或实施过程中存在的问题，需要对计划实施情况不断加以检查。

成果评价，即要测量、解释和评判课程计划的成绩。它要收集与结果有关的各种描述与判断，把它们与目标以及背景、输入和过程方面的信息联系起来，并对它们的价值和优点作出解释。

CIPP 评价模式考虑到影响课程计划的种种因素，可以弥补其他评价模式的不足，相对来说比较全面。但由于它的操作过程比较复杂，难以被一般人所掌握。

（2）外观评价模式。是由斯塔克提出的。他认为，评价应该从三方面收集有关课程的材料：前提条件、相互作用、结果。前提条件是指教学之前已存在的、可能与结果有因果关系的各种条件。相互作用是指教学过程，主要是指师生之间和学生之间的关系。结果是指实施课程计划的效果。对于这三个方面的材料都需要从两个维度——描述与批判——作出评价。描述包括课程计划打算实现的内容和实际观察到的情况这两方面的材料；评判也包括根据既定标准的评判和根据实际情况的评判两种。

按照外观评价模式，课程评价活动要在整个课程实施过程中进行观察和收集资料。它不限于检查教学结果，而是注重描述和评判在教学过程中出现的各种动态现象。由于它把课程实施过程前后的材料作为参照系数，这比以前的评价模式更为周到。但它把个人的观察、描述的判断作为评价的主要依据，很可能会渗入个人的主观因素。此外，前提条件、相互作用和结果三者的界限并不是绝对的，相互作用或教学过程本身会存在众多的前因与后果。

（3）差距评价模式。是由普罗佛斯提出的。他指出，一些评价模式只重视几种课程计划之间的比较，没有注意该计划本身所包含的成分。而事实上，一些自称在实施某种课程计划的学校，并没有按照该课程计划运作，所以这类计划之间的比较并没有什么意义。差距模式旨在揭示计划的标准与实际的表现之间的差距，以此作为改进课程计划的依据。差距评价模式包括以下五个阶段。

设计阶段，即要界定课程计划的标准，以此作为评价依据。

装置阶段，它要了解所装置的课程计划与原先打算相吻合的程度，所以必须收集已经装置的课程计划有关方面（包括预期目标、前提条件和教学过程）的材料。

过程阶段，或称过程评价，即要了解导向最终目的的中间目标是否达成，并借此进一步了解前提条件、教学过程、学习结果的关系，以便对这些因素作出调整。

产出阶段，或称结果评价，即要评价所实施的课程计划的最终目标是否达成。

成本效益分析阶段，或称为计划比较阶段，目的在于表明哪种计划最经济有效。这需要对所实施的计划与其他各种计划作比较。

在这个评价模式中，除了最后一个阶段，前四个阶段都需要找出标准和实际表现，比较这两者之间的差距，探讨造成差距的原因，并据此决定是继续到下一阶段，还是重复这一阶段，或是中止整个计划，

差距评价模式注意到课程计划应该达到的标准（应然）与各个阶段实际表现（实然）之间的差距，并关注造成这种差距的原因，以便及时作出合理的抉择。这是其他评价模式所无法比拟的。但在"应然"与"实然"之间，会遇到许多价值判断的问题，这是一般评价手段难以解决的。

三、 我国大陆地区课程标准中的数学课程评价

当前我国的课程标准关于在课程评价方面主要突出以下几点。

一是在指导思想上：要突出评价的发展性功能和激励性功能，重视对学生学习潜能的评价，立足于促进学生的学习和充分发展，为"适合学生的教育"创造有利的支撑环境。

二是在评价的主体上：调动学生主动参与评价的积极性，改变评价主体的单一性，实现评价主体的多元化；建立由学生、家长、社会、学校和教师等共同参与的评价机制。

三是在评价的方法上：

（1）由终结性评价发展为形成性评价，实行多次评价和随时性评价、"档案袋"式评价等方式，突出过程性。

（2）由定量评价发展到定量和定性相结合的评价，不仅关注学生的分数，更要看学生学习的动机、行为习惯、意志品质等。

（3）由相对评价发展到个人内差异评价。相对评价是通过个体的成绩与同一团体的平均成绩相比较，从而确定其成绩的适当等级的方法，也被称作"常模参照评价"。这是我们最常用的评价方法。这种评价缺乏对于个人努力状况和进步程度的适当评价，不利于肯定学生个体的成绩。个人内差异评价是对学生个体同一学科内的不同方面或不同学科之间成绩与能力

差异的横向比较和评价，以及对个体两个或多个时刻内的成就表现出的前后纵向评价。这种评价可以为教师全面了解学生提供准确和动态的依据，也可以使学生更清晰地掌握自己的实际情况，利于激发他们学习的动力、挖掘学习潜能、改进学习策略等。

（4）由绝对性评价发展到差异性评价。绝对性评价是对学生是否达到了目标的要求或"达标"的程度所作出的评价，也被称为"标准参照评价"。这种评价过于重视统一性，忽视了评价的差异性和层次性。我们提倡对不同的学生采用不同的评价标准和方法，以促进所有学生都在"最近发展区"上获得充分的发展。

（一）《义务教育数学课程标准（2022 年版）》中的数学课程评价

《义务教育数学课程标准（2022 年版）》主张发挥评价的育人导向作用，坚持以评促学、以评促教。在课程评价方面其提出以下建议：

1. 评价方式

评价方式应当尽可能丰富，应包括书面测验、口头测验、活动报告、课堂观察、课后访谈、课内外作业、成长记录等。可以采用线上线下相结合的方式。每种评价方式各有特点，教师应结合学习内容、学生学习特点，选择恰当的评价方式。例如，可以通过课堂观察了解学生的学习过程、学习态度和学习策略，从作业中了解学生基础知识和基本技能的掌握情况，从探究活动中了解学生独立思考的习惯和合作交流的意识，从成长记录中了解学生的发展变化。

2. 评价维度

应当从多元维度进行。在评价过程中，在关注"四基""四能"达成的同时，特别关注核心素养的相应表现。不仅要关注学生知识技能的掌握，还要关注学生对基本思想的把握、基本活动经验的积累；不仅要关注学生分析问题、解决问题的能力，还要关注学生发现问题、提出问题的能力。全面考核和评价学生核心素养的形成和发展。例如，通过对叠放杯子总高度变化规律的探究，考查学生对函数概念的理解，用数学思想分析、解决实际问题的能力，由现实问题抽象出数学问题的能力。

3. 评价主体

评价主体应包括教师、学生、家长等。综合运用教师评价、学生自我评价、学生相互评价、家长评价等方式，对学生的学习情况进行全方位的考查。如学习单元结束时，教师可以要求学生设计一个学习小结，对自身的学习情况进行评价，也可以组织学生在班级展示交流学习小结让学生互评，以及让学生自评总结自己的进步，反思自己的不足，汲取他人值得借鉴的经验。

4. 评价结果的呈现与运用

根据学生的年龄特征，评价结果的呈现应采用定性与定量相结合的方式，关注每一名学生的学习过程。第一学段的评价应以定性的描述性评价方式为主，第二、第三学段可以采用描述性评价和等级评价相结合的方式，第四学段可以采用等级评价和分数制评价相结合的方式。

评价结果的呈现应更多地关注学生的进步，关注学生已有的学业水平与提升空间，为后续的教学提供参考。评价结果的运用应有利于增强学生学习数学的自信心，提高学生学习数学的兴趣，使学生养成良好的学习习惯，促进学生核心素养的发展。

教师要注意分析全班学生评价结果的变化，了解自己教学的成绩和问题，分析、反思教学过程中影响学生能力发展和素质提高的原因，寻求改善教学的对策。同时，以适当的方式，将学生一些积极的变化及时反馈给学生。

（二）《普通高中数学课程标准（2017 年版）》中的数学课程评价

《普通高中数学课程标准（2017 年版）》指出，教学评价是数学教学活动的重要组成部分。评价应以课程目标、课程内容和学业质量标准为基本依据。日常教学活动评价，要以教学目标的达成为依据。评价要关注学生数学知识技能的掌握，还要关注学生的学习态度、方法和习惯，更要关注学生数学学科核心素养水平的达成。教师要基于对学生的评价，反思教学过程，总结经验、发现问题，提出改进思路。因此，数学教学活动的评价目标，既包括对学生学习的评价，也包括对教师教学的评价。

1. 评价目的

评价的目的是考查学生学习的成效，进而也考查教师教学的成效。通过考查，诊断学生学习过程中的优势与不足，进而诊断教师教学过程中的优势与不足；通过诊断，改进学生的学习行为，进而改进教师的教学行为，促进学生数学学科核心素养的达成。

2. 评价原则

为了实现上述评价目的，教师应坚持以学生发展为本，以积极的态度促进学生不断发展。日常评价应遵循以下原则。

（1）重视学生数学学科核心素养的达成。教学评价要以数学学科核心素养的达成作为评价的基本要素。基于数学学科核心素养的教学要创设合适的教学情境、提出合适的数学问题。在设计教学评价工具时，应着重对设计的教学情境、提出的问题进行评价。评价内容包括：情境设计是否体现数学学科核心素养，数学问题的产生是否自然，解决问题的方法是否通性通法，情境与问题是否有助于学生数学学科核心素养的达成。基于数学学科核心素养的教学评价具有挑战性，可以采取教研组集体研讨的方式设计评价工具和评价准则。

在设计学习评价工具时，要关注知识技能的范围和难度，要有利于考查学生的思维过程、思维深度和思维广度（例如，设计好的开放题是行之有效的方法），要关注六个数学学科核心素养的分布和水平；应聚焦数学的核心概念和通性通法，聚焦它们所承载的数学学科核心素养。

（2）重视评价的整体性与阶段性。基于学业质量标准和内容要求制定必修、选择性必修和选修课程的评价目标，关注评价的整体性。

数学学科核心素养的达成是循序渐进的，基于内容主线对数学的理解与把握也是日积月累的。因此，应当把教学评价的总目标合理分解到日常教学评价的各个阶段，关注评价的阶段性。既要关注数学知识技能的达成，更要关注相关的数学学科核心素养的提升；还应依据必修、选择性必修和选修课程内容的主线和主题，整体把握学业质量与数学学科核心素养水平。

对于基于数学学科核心素养的教学评价，建立一个科学的评价体系是必要的。学校可以组织教师与有关人员进行专门的研讨，积累经验，特别是积累通过阶段性评价不断改进教学活动的经验，最终建立适合本学校的科学评价体系。

（3）重视过程评价。日常评价不仅要关注学生当前的数学学科核心素养水平，更要关注学生成长和发展的过程；不仅要关注学生的学习结果，更要关注学生在学习过程中的发展和变化。学生的知识掌握、数学理解、学习自信、独立思考等是随着学习过程而变化和发展的，只有通过观察学生的学习行为和思维过程，才能发现学生思维活动的特征及教学中的问题，及时调整学与教的行为，改进学生的学习方法和思维习惯。此外，教师还要注意记录、保留和分析学生在不同时期的学习表现和学业成就，跟踪学生的学习进程，通过过程评价使学生感受成长的快乐，激发其数学学习的积极性。

(4) 关注学生的学习态度。良好的学习态度是学生形成和发展数学学科核心素养的必要条件，也是最终形成科学精神的必要条件。在日常评价中应把学生的学习态度作为教学评价的重要目标。

在对学生学习态度的评价中，应关注主动学习、认真思考、善于交流、集中精力、坚毅执着、严谨求实等方面。与其他目标不同，学习态度是随时表现出来的、与心理因素有关的，又是日积月累的、可以变化的。在日常教学活动中，教师要关注每一个学生的学习态度，对于特殊的学生给予重点关注。可以记录学生学习态度的变化与成长过程，从中分析问题，寻求解决问题的办法。

要学生形成良好的学习态度，需要对学生提出合适的要求，更需要教师的引导与鼓励、同学的帮助与支持，还需要良好学习氛围的激励与熏陶，需要数学教师与班主任以及其他学科教师的协同努力。

3. 评价方式

教学评价的主体应多元化，评价形式应多样化。评价主体的多元化是指除了教师是评价者之外，同学、家长甚至学生本人都可以作为评价者。这是为了从不同角度获取学生发展过程中的信息，特别是日常生活中关键能力、思维品质和学习态度的信息，最终给出公正客观的评价。合理利用这样的评价，可以有针对性地、有效地指导学生进一步发展。在多元评价的过程中，要重视教师与学生之间、教师与家长之间、学生与学生之间的沟通交流，努力营造良好的学习氛围。

评价形式的多样化是指除了传统的书面测验外，还可以采用课堂观察、口头测验、开放式活动中的表现、课内外作业等的评价形式。这是因为一个人形成的思维品质和关键能力通常会表现在许多方面，因此需要通过多种形式的评价才能全面反映学生数学学科核心素养的达成状况。

在日常评价中，可以采用形成性评价的方式。在本质上，形成性评价是与教学过程融为一体的。在教学过程中，教师既要了解学生的整体学习情况，也要关注个别学生的学习进展，在评价反思的同时调整教学活动，提高教学质量。基于数学学科核心素养的教学，在形成性评价的过程中，不仅要关注学生对知识技能掌握的程度，还要更多地关注学生的思维过程，判断学生是否会用数学的眼光观察世界，是否会用数学的思维思考世界，是否会用数学的语言表达世界。

在数学建模活动与数学探究活动的教学评价中，应引导每个学生都积极参加，可以是个体活动，也可以是小组活动。教学活动包括，对于给出的问题情境，经历发现数学关联、提出数学问题、构建数学模型、完善数学模型、得到数学结论、说明结论意义的全过程；也包括根据现实情境，反复修改模型或者结论，最终提交研究报告或者小论文。无论是研究报告还是小论文，都要阐明提出问题的依据、解决问题的思路、得到结论的意义，遵循学术规范，坚守诚信底线。可以召开小型报告会，除了教师和学生之外，还可以邀请家长、有关方面的专家，对研究报告或者小论文作出评价。可以把学生完成的研究报告或者小论文以及各方评价存入学生个人档案，为大学招生提供参考。

4. 评价结果的呈现与利用

评价结果的呈现和利用应有利于增强学生学习数学的自信心，提高学生学习数学的兴趣，使学生养成良好的学习习惯，促进学生的全面发展。教师应更多地关注学生的进步，关注学生已经掌握了什么，得到了哪些提高，具备了什么能力，还有什么潜能，在哪些方面还存在不足等。

要尽量避免终结性评价的"标签效应"——简单地依据评价结果对学生进行区分。评价的结果应该反映学生的个性特征和学习中的优势与不足，为改进教学的行为和方式、学习的行为和方法提供参考。

教师要充分利用信息技术，收集、整理、分析有关反映学生学习过程和结果的数据，从而了解自己教学的成绩和问题，反思教学过程中影响学生能力发展和素养提高的原因，寻求改进教学的对策。

除了考查全班学生在数学学科核心素养上的整体发展水平外，更需要根据学生个体的发展水平和特征进行个性化的反馈，特别是要以适当的方式将学生的一些积极变化及时反馈给学生。个性化的评价反馈不仅要系统、全面、客观地反映学生在数学学科核心素养发展上的成长过程和水平特征，更要为每个学生提供长期、具体、可行的指导和改进建议。

四、 数学课程评价的案例——我国香港小学数学课程评价

叶育桓通过对我国香港小学数学课程相关的文件进行分析发现，其评价以学与教改善为目标，通过多种方式对数学课程教与学的内容进行全方位评估。他在此基础上对内地小学数学课程评价的改革提出了启示和建议。

课程评价是课程改革的一个重要方面，也是课程理念能否真正落地的保障，因此也成为基础教育改革的热点问题。香港新近颁布的《数学教育学习领域课程指引(小一至中六)(2017)》和《数学学科学习评价指引》从理念、原则、途径、模式等方面对课程评价做了明确的阐述，是指引小学数学课程评价的基本依据，也能为内地数学课程评价的改革提供借鉴。

1. 香港课程评价改革历程

21 世纪之前，香港对课程与教学评价的结果主要以成绩的形式直接呈现。2000 年实施"基本能力评估"以来，课程评价的内涵得到了丰富。总体来说，香港课程评价改革大致经历了 4 个阶段。

第一阶段是成绩评价阶段。1978 年以前，想就读官立中学的小学毕业生需要参加甄别考试，再由教育署根据学生考试成绩分配学校。从 1978 年开始，中学生在结束初中课程后，必须参加初中学业成绩评估考试[⑨]。这些升学考试就是香港最初的课程评价形式，即通过对学生进行集体测试的评价。

第二阶段是学习目标为本评估的阶段。1990 年，"学习目标及目标为本评估"(TTRA)的提出打破了单纯以成绩甄选学生的情况，转向以学习目标为本进行评估。但由于评价项目太过具体、烦琐，给教师增添了很多的工作和压力，最终导致"学习目标及目标为本评估"的淡出及"目标为本课程"的出现。

第三个阶段是目标为本评价的阶段。1995 年，"目标为本课程"(TOC)出现，使课程框架从以教师和学科为中心转移到以学生为中心并着重培养学生的共通能力。目标为本评价强调运用明确的标准和进展性评价帮助学生改进学习，使香港的课程与教学评价开始关注学生学习的各个方面，朝多元化方向发展。

第四个阶段是学生基本能力评估阶段。21 世纪以来，为了适应经济社

会的变化，以及世界课程与教学评价改革的大趋势，香港教育统筹委员会于 2000 年发布教育改革建议书《终身学习·全人发展》，提出在中文、英语和数学三科中设立学生基本能力评估，分别是学生评价、全港性系统评价和网上学与教支援等。其中，全港性系统评估评价范围最广、影响最大。从 2004 年开始，于每年 6 月举行。

香港课程评价历年改革的基本内容及特点：评价目的由单一性质转向双重性质；评价对象由全体学生转向固定年级；评价内容由书本知识转向全面检测；评价结果由直接呈现转向直接呈现与保密相结合。在香港最新颁布的《数学教育学习领域指引（小一至中六）（2017）》明确提出课程有效评价，就是能让学生了解自己的能力，从而改善自己的学习方法；能让教师了解学生的学习表现及所采用的学与教策略的效能，从而给学生提供合适的支援；让家长了解子女的学习表现，从而与教师紧密联系，为子女提供适当的辅助，帮助他们学习。为指导教师开展评价，《数学教育学习领域课程指引》列举了评价中的基本导向要求如下。

有效评价：

（1）帮助学生在学习上建立自信和兴趣。

（2）让教师提供适时的反馈，促进学与教。

（3）能配合不同的学习重点。

无效评价：

（1）令学生感到焦虑和制造不必要的压力，而在极端的情况下，甚至令学生失去学习的自信和兴趣。

（2）减少课堂学与教的时间，增加教师不必要的工作量，最终会增加学生及教师的压力。

（3）过分看重操练。课程评价应有助于了解学生的学习，而过量便会干扰学与教，使教师及学生负担过重，因此应当控制评价的度。计划校本评估政策时，学校应确保有足够的空间让学生和教师进行学与教活动。

2. 香港课程评价的理念

香港课程评价历经不断的探索实践，使课程评价目的、评价导向等理念系统更为完善而全面具体。

（1）评价目的：促进和改善学与教。香港课程指引提出课程评价的主要功能是："通过分析和判断学生的表现，向学生、教师、学校、家长及其他相关者提供反馈，促进和改善学与教。"由此确定了课程评价的 3 个目的：一是让学生了解自己的能力，从而改善自己的学习方法；二是让教师了解学生的学习表现及所采用的学与教策略效能，从而给学生提供有针对性的辅导；三是让家长了解子女的学习表现，从而与教师紧密联系，为子女提供适当的辅助，帮助他们学习。课程指引明确指出，数学课程评价应配合课程目标，反映学生的学习过程、解决数学问题时所用的技巧以及在思考能力、正面的价值观和积极的态度方面的发展。

（2）评价导向：香港课程指引明确了课程评价的3种导向：对学习的评价、促进学习的评价、作为学习的评价，并对每一种评价方式做了详细的提示，为教师实施评价明确了方向，具体如下。

对学习的评价：就某一时段为学生在学习目标、知识点或学习掌握情况方面提供依据，往往以分数、等级或证书表示评价结果。

促进学习的评价：持续地搜集有关学生学习掌握情况，及时提供反馈，让学生改善学习，亦让教师完善课程规划和教学策略。

作为学习的评价：将评价融入学与教过程中，学生根据反馈情况自我提升，调整学习策略，并制定日后的学习目标和学习策略。

3. 评价的理念架构：进展性评价和总结性评价

学校实施评价的理念框架如图9-1所示。

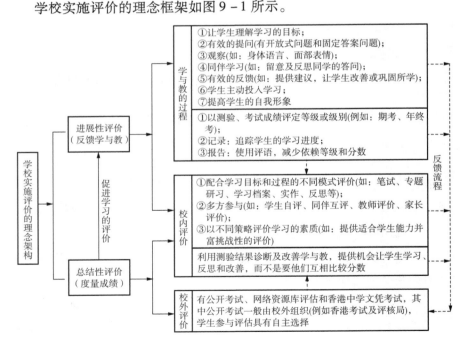

图9-1 学校实施评价的理念框架

进展性评价和总结性评价是香港课程评价的两种基本取向。进展性评价反馈学与教的情况，旨在诊断学生在学习上的强项和弱项，为教学的改进提供反馈，并检查教学策略的成效。总结性评价度量成绩，旨在对学习表现和进度进行全面和综合的描述。香港课程指引明确指出，课程评价着重于进展性评价，以学生学习过程中知识结构的形成、学习方法的掌握、学习能力的提升作为评价的终极目的，把评价融入学与教的活动之中，学生利用课业和所得的反馈提升自身的学习。

（1）反馈学与教的进展性评价。香港的数学课程评价通过进展性评价，鼓励学生了解自身的学习情况，评价学习效能，调整学习策略，规划后续学习活动并制定未来学习的目标和策略。学与教的过程主要以测验、期末考试成绩评定等级或级别，记录追踪学生的学习进度，使用评语做家庭报告，减少依赖等级和分数。其目的旨在让学生理解学习的目标；让学生进行有固定答案或开放式问题的提问；让学生观察教师或同学回答问题时的肢体语言或面部表情；让学生在同伴中学习，留意及反思同学的答问；提供有效的反馈或建议，让学生改善或巩固所学知识；让学生主动投入学习；提高学生的自我形象。通过在平日教学过程中对学生的观察，或是其课堂上的提问、讨论、汇报、小测验、评价课业、评价练习、学生功课样本匣及专题设计等进行评价。进展性评估可以提供不少有价值的数据以帮助教师判断学生的进展、学习情况，以及教学过程的有效性。

（2）用于度量成绩的总结性评价。香港数学课程评价的总结性评价包括校内评价和校外评价。校内评价实现了评价的内容主体和方式的多元化，具体有：配合学习目标和过程的不同模式评价，如笔试、专题研习、学习档案、实作、反思等；多方参与评价，如学生自评、同伴互评、教师评价、家长评价；以不同策略评价学习的素质，如提供适合学生能力并富挑战性的评价；利用测验结果作为诊断及改善学与教，提供机会让学生学习、反思和改善，而不是要他们互相比较分数。校外评价有公开考试、网络资源库评估和香港中学文凭考试，其中公开考试一般由校外组织（例如香港考试及评核局），学生参与评价可自主选择。

尽管两种评价的价值取向不同，但无论进行哪一类评价，教师均应鼓励学生善用进展性和总结性评价的反馈进行反思，而教师亦应小心分析进展性和总结性评价的结果，以改善课程规划和课堂教学。

4. 数学课程评价的基本方式

香港课程评价的最终目的是为了促进学生的学习和改善老师的教学。对学生的评价方式主要有：校内外评价、基于课堂讨论的评价、基于拓展练习与专题研习的评价、学生课堂、家庭辅导、专题练习、探究式作业、实操作业、测验和考试。评价方式以学生的学习特点来选择。比如，教师选择课堂观察方式可以评价学生"学习数学的认真程度、基础知识和基本技能的掌握情况、解决问题与合作交流的情况"；教师还可以从学生成长记录中了解到学生提出问题和解决问题的能力。不同的评价目的可以选择不同的评价模式，以下是一些香港常见的数学课程评价模式。

（1）校内外相结合的评价。香港校内评价的功能在于反馈前面知识学习的进展状况，评价目的在于促进学生互相学习、反思和改善，并巩固所学知识。

尽管校内评价也存在测验、考试成绩评定和等级评价，但更强调过程记录和评价报告，采取描述性的语言书写评语，把依赖等级和分数的评价方式降低到最低程度。这种做法的目的在于杜绝学生或家长为分数而学习。香港课程指引强调通过评价，提供适时反馈，促进"学与教"。课程指引对数学学科教师的反馈性评估提出了明确的要求：一是反馈可以用口头或书面的形式进行，并就学生的学习表现的素质提出改善建议，以及避免同学间的比较。二是倡导适时反馈，并把它作为进展性评价的一个重要组成部分。家庭作业的批改要附上适当的评语，并及时反馈给学生。三是通过电子评价平台对学生的学习进行快速的分析，并为学生提供适时反馈。根据电子评价平台提供的数据为学生提供更具建设性的反馈，学生借此更清晰地掌握自己的学习情况，从而调整自己的学习目标和策略。

香港的校外评估主要指公开考试和网络资源库评估。学生参与评估具有自主选择性。公开考试由校外组织（例如香港考试及评核局）在特定教育阶段结束时为评估学生的学习进度或成果所举行的评估。在数学教育学习＋领域课程下，学生须在不同的学习阶段结束后，为不同的目的参与校外评估。社会组织机构根据教育局编写的"学习进程架构"创建了学生评估网上资源库，题目依据数学学习进程架构的学习成果和表现点设计，提供了多种类型的题目以评估学生的数学知识和技能。学生按教师指示完成平台上的评估课业后，平台反馈诊断报告，教师了解学生的学习进度，设计合适的辅导教学或规划下一步的教学内容。

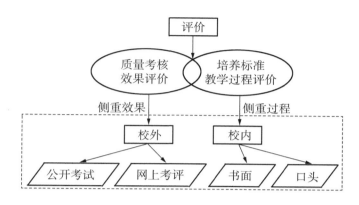

图 9 – 2　校内和校外评价的比较

（2）基于课堂讨论的评价。《香港课程指引》明确要求，在数学"学与教"的过程中，教师要通过课堂讨论给予学生提出问题的机会，表达自己的意见，让教师了解学生对相关知识的理解。基于课堂讨论的评价的内容包括：学生能否说出他自己是如何获得解决方法的过程？采用了什么方法策略解决问题？学生是否能提出问题？学生有困惑时能否主动提问？课堂讨论不单让教师了解学生对知识掌握的情况，亦给予学生机会表达他们的意见和培养他们的沟通能力。通过课堂讨论还可以让教师了解学生的学习态度和思考能力。教师的及时反馈评价有助于学生理解他们的回应是否正确，促进知识的深入学习。因此，教师提的问题要适合学生开展课堂讨论。例如：为什么？如何估计学校建筑的高度？周长相等的图形的面积是否相等？怎样利用直尺和圆规画出直角三角形？如何在现实生活中运用统计等。

（3）基于多样化练习与研习的评价。

香港课程指引为照顾学习者的多样性，要求教师按学生能力提供不同层次的练习与研习。首先，通过一些拓展性练习对学生的数学基础能力进行评估。比如，评价学生加、减、乘、法的应用能力时，除了提供一些加、减法计算的练习外，还要提供开放式问题、阅读习作、动手操作的练习及学生课堂讨论前的预习作业等。

其次，利用专题研习综合性地评估学生的数学知识、共通能力、价值观和态度，以及明辨性思考能力、创造力及解决问题能力等方面的能力。

其中的典型例子包括：调查学生喜爱的课外活动、比较学校男生与女生的高度、研究学生视力与观看电视或使用显示屏幕设备的时间的关系、探究的故事、设计充分利用物料的容器、探究数学在体育中的应用、进行学生时间管理的统计调查等。学校亦可选取跨学科领域的研究或现实生活的问题作为研习内容，推动 STEM 教育。

最后，探究式课业和实作评量。探究式课业和实作评量是要求学生运用不同技能动手进行数学探究或解决问题的课堂活动。通过让学生以分组形式进行课业，教师可了解学生解决问题的能力和协作能力。评价的内容包括学生对问题的理解、策略和方法的运用，以及参与程度和态度等。探究式课业和实作评量的例子包括制作平行线、量度不规则形状的物件的体积、运用圆规和直尺（或互动几何软件）进行几何作图、利用试算表制作特别的数列、制作多面体的立体模型、利用互动几何软件绘画轨迹等。

(4)测试评价。《香港课程指引》明确提出，要通过测验和考试评价诊断学生学习过程中存在的问题，要求教师在考卷命题时需要先制订命题计划。计划应清楚标明所评价的学习单元或知识重点的分值分配，反映试卷的评价目的和重点，确定试题涵盖知识。试题包含多种形式的问题，例如填空题、多项选择题、文字题等，以评价学生在数学各方面的知识；同时教师设计一些开放式问题来评价学生的思维能力，包括学生的明辨性思考能力、创造力和沟通能力。评价的范围要全面，题目形式要多样化，评价目的要明确，题目的难易度要照顾学生能力的多样性，题目数量要合理等具体要求。

一般香港学校都有测验和考试。测验和考试要做到：命题评价的范围全面；题目形式多样；每道题都有明确的评价目的；题目的难易度适合学生能力的多样性；每份考卷的题目数量要合理；试卷的文字要简洁明了。学生评价的网上资源库提供了多种类型的题目，用以评价学生的数学知识和技能。网上测试的题目一般参考香港数学学习进程架构的学习成果和表现点设计，这些题目学生可以自主地或按教师指示完成平台上的评价测试。完成测试提交后，平台会自动发给学生学业成绩的诊断报告。通过学生网上的测评报告，教师能及时了解学生的学习情况，以设计合适的教学辅导或规划下一步的教学内容；教师也可引导学生利用平台进行网上自主学习。

5. 若干启示

评价的主要目的是全面了解学生数学学习的过程和结果，激励学生学习和改进教师教学。教育教学工作不同的阶段可采用不同的评价方式。评价的目的不是要下结论，而是要帮助被评价的对象了解存在的问题，不断自我完善。香港的数学课程评价目的、理念和模式对内地小学数学课程评价具有一定的借鉴意义。

（1）评价的价值取向应坚持促进学生学习。首先，倡导目标为本的评价。针对数学科而言，目标为本评价强调过程及成果并重。因此，要全面评价学生是否掌握数学科的学习重点并达到学习目标，教师采取不同的评价模式，较全面评价学生的能力。评价的学习目标和学习重点，如：认识、描述及制作简单的立体图形，并将它们分类；认识及欣赏图形的密铺；通过折纸做出一些特别度数的角；进行简单的测量活动，量度方向及距离找出物件的位置；收集与日常环境有关的资料，并做分类；收集整理一些较大数量的统计资料；设计及应用适当的统计图表示数据等。可用不限时的笔试形式做评价。

其次，注重进展性评价的运用。教师要多鼓励学生参与小组合作学习，进行探究性专题研习。通过自我评价和同伴互评，发展协作和沟通能力。围绕"方法策略、知识理解的深度和准确性、表达与沟通"三方面评价学生的学习情况。重视课堂讨论中答问的评价，在数学"学与教"的过程中，教师要通过课堂讨论了解学生对数学知识的理解情况，给学生问的机会，让学生充分表达自己意见的同时，鼓励学生善用进展性和总结性评价的反馈作反思，培养学生的沟通能力和质疑问难能力。

（2）评价的内容维度要进一步拓展。首先，要重视对学生四基的评价。对基础知识、基本技能、基本思想和基本活动经验的评价，应以各学段的具体目标和要求为标准，考查学生在学习过程中的表现和学习效果，根据"了解、理解、掌握、应用"和"经历、体验、探索"等不同层次的要求，采取灵活多样的方法，定性与定量相结合，以定性评价为主。每一学段的目标是该学段结束时学生应达到的要求，教师需要根据学习的进度和学生的实际情况确定具体的要求。如：计算教学评价要注意把握尺度，对计算速度不作过高要求。要允许学生经过较长时间的努力，随着数学知识与技能的积累逐步达到学段目标。在实施评价时，可以对部分学生采取"延迟评价"的方式，提供再次评价的机会，使他们看到自己的进步，树立学好数学的信心。

其次，重视对学生四能的评价。对学生"分析问题、解决问题、发现问题和提出问题"的四能评价要依据学习总目标与学段目标进行，采用多种形式和方法，注重在平时教学和具体的问题情境中进行评价。对尚未达到目标要求的学生，可暂时不给予明确的评价结果，给学生更多的机会，当取得较好的成绩时再给予评价，以保护学生学习的积极性。教师可以根据实际情况，设计有层次的问题评价学生的不同水平。例如：①找出 3 个满足条件的长方形，记录下长方形的长、宽和面积，并依据长或宽的长短有序地排列出来；②探索长方形的长和宽发生变化时，面积相应的变化规律；③猜测当长和宽各为多少厘米时，长方形的面积最大；列举满足条件的长和宽的所有可能结果，验证猜测；④猜想：如果不限制长方形的长和宽为整厘米数，怎样才能使它的面积最大？学生能够完成①，②题就达到基本要求，对于能完成③，④题的学生，则给予最大的肯定。同时教师要结合学生解决问题的策略给予恰当的评价。

再次，重视对学生学习参与的评价。学生学习参与程度及学习情感态度的评价应依据课程目标的要求，采取课堂观察、活动记录、课后访谈等方式进行评价。注重考查和记录学生在不同方面的表现，了解学生情感态度的状况及变化。例如：是否主动参与学习活动；学习数学的兴趣和自信心；克服困难的勇气；与他人的合作；与同伴和老师交流情况。教师可以根据实际情况用灵活多样的方式记录学生情感态度的情况，用恰当的方式给学生以反馈和指导。评价学生在数学学习过程中，知识技能、数学思考、问题解决和情感态度等方面的综合体现，分析学生在不同阶段的表现和发展变化，做出对学生学习过程的整体评价。

（3）评价的方式要多样具体。首先，强调评价方式多样化。评价方式包括书面测验、口头测验、开放式问题、活动报告、课堂观察、课后访谈、课内外作业、成长记录和网上交流等。每种评价方式都具有各自的特点，教师要结合学习内容及学生学习的特点，选择适当的评价方式。例如，可以通过课堂观察了解学生学习的过程与学习态度，从作业中了解学生四基掌握的情况，从探究活动中了解学生独立思考的习惯和合作交流的能力，从成长记录中了解学生的发展变化情况。每种评价方式都要附有评分标准，用以界定学生是否达到某个评价标准。学完每个知识点时，教师可以综合学生在整个学习阶段的表现来判断学生整体上是否达到某一等级要求。

其次，做好评价记录。一套有系统的评价纪录量表能帮助教师剖析学生的学习进程及反映教学的有效性。评价纪录表是一个全面性的纪录，将每一个学生在各学习范畴的学习表现记录下来，综合学生在课堂、家课、专题设计、测验及考试等各方面的表现，判断学生的整体学习进度及水平。评价纪录应以简单及实用为原则，务求不要妨碍课堂上的学习及教学活动；要记录及收集有关的资料作为日后填写成绩报告的重要依据；教师应提供机会让学生知道纪录的内容，以便向他们提供回馈，改善学习；而教师亦应根据学生的表现，调整教学计划或策略以帮助学生改进。

评价纪录的形式可有多种，包括笔记、查对表、表格等。不同学校可采用不同的方法，教师将评价范围、评价重点，记录在预先设计好的学习表现纪录表上。这些纪录表可以全班为单位或以个别学生为单位。教师填写学生的学习表现纪录表时，为方便评定学生的学习进展，评价的结果大致可分为：未能掌握、初步掌握和已能掌握3种。记录学生在有关项目的学习表现时，教师可用"√"表示"已能掌握"，"√̇"表示"初步掌握"及"×"表示"未能掌握"。对于同一评价重点，教师可以因它的特性和学生的学习表现进行一次或多次的评价，并记录评价的日期及形式。最后教师结合评价记录用自己的专业判断学生知识学习的综合体现。

（4）评价的结果要定性与定量相结合。评价结果的呈现应采用定性与定量相结合的方式。小学低年段的数学学科评价应当以描述鼓励性评价为主，小学高年段采用描述性评价和等级评价相结合的方式。评价结果的呈现要有利于增强学生学习数学的自信心，提高学生学习数学的兴趣，使学生养成良好的学习习惯，促进学生的发展。评价结果的呈现应该更多地关注学生的进步，关注学生已经掌握了什么，获得了哪些提高或进步，具备了什么能力，还有什么潜能，在哪些方面还存在不足，等等。例如，下面是对某同学关于"统计与概率"学习的书面评语："王小明同学，本学期我们学习了收集、整理和表达数据。你通过自己的努力，能收集、记录数据，知道如何求平均数，了解统计图的特点，制作的统计图很出色，在这方面表现突出。但你在使用语言解释统计结果方面还存在一定差距。继续努力，你的学习评定等级是 B。"这个以定性为主的评语，实际上也是教师与学生的一次情感交流。学生阅读这样的评语能够获得成功的体验，树立学好数学的自信心，也知道自己的不足和努力方向。教师要注意分析全班学生评价结果随时间的变化，从而了解自己教学的成绩和问题，分析、反思教学过程中影响学生能力发展和素质提高的原因，寻求改善教学的对策。同时，以适当的方式，将学生一些积极的变化及时反馈给学生。

综上，从对香港数学课程评价的分析中知道，其所体现出来的评价价值导向以促进学生的学习为本、丰富全面的评价内容、多样的评价方式等能给内地数学课程的评价提供诸多启示。数学课程的评价不仅要关注学生的学习结果，更要关注学生在学习过程中的发展和变化，要充分发挥评价的反馈作用和激励作用。

五、 问题、 建议与思考

1. 数学课程评价存在的问题

（1）评价功能失调。尽管双减政策主要针对义务教育阶段所存在的"负担重、短视化和功利性"的问题进而造成"唯分数、唯升学和唯文凭"等不科学的教育评价导向颁布的，但上有政策下有对策，现在数学课程评价还是会出现过分强调甄别和选拔的功能，忽视改进、激励、发展的功能。其表现为学生、家长、教师仍然只关注学生考了多少分，排名第几。甚至在政府打压了校外教培机构的情况下，还有不少家长私自高价聘请教师帮助孩子提高成绩，而很少关注考试中学生的发展情况以及教学活动中出现的问题。

（2）教学评价仍只关注结果而忽视过程。数学评价的重心仍只关注活动的结果，如学生的学业成绩、教师的业绩、学校的升学率等。忽视被评价者在活动期间的进步情况以及努力程度，忽视教学活动过程中的评价，忽视数学教学活动发展及变化过程的动态评价。

（3）评价内容过于简单。数学课程评价应该是一个比较复杂的过程，而现如今的评价仍处于比较简单的阶段。例如，评价的主体变为了学生、家长、教师等，从之前的单一化变为了现在的多元化，可是对于他们是如何参与进来的，怎么共同进行评价的却没有实际性的说明。再如数学课程评价内容简化为"评价理论＋数学例子"，而对数学这一学科的特殊性缺乏具体深入的研究，对数学课程评价与其他学科（如物理、化学学科）的评价的区别缺乏具体研究，只是笼统地强调从重"知识"到重"活动表现"。

（4）师生在数学教与学过程的评价缺乏自主性和主动性。数学教学计划的制订是由当地教育部门决定的，教师或者学校几乎没有任何参与，至于学生在数学课程评价方面的参与那就更窄了。长期下来，数学教师在数学教学上缺乏主动性和自觉性，按部就班地执行着上级的教学计划；学生在数学学习中也没有体现出其主导地位，仍然跟着数学教师的步伐走。

（5）数学教师对数学课堂评价不够专业。现如今仍然会有教师认为，数学课程的评价的目的就在于了解学生学习成绩的优劣，从而发现学生学习存在的问题，以此激励学生学习，进而使学生获得一个好成绩，这样对家长、学生和学校都有一个满意的答复。这样的评价并不在乎学生参与与否，数学教学评价的主体被狭隘化理解，认为只有教师本身的评价而忽视了学生也是数学课程评价的主体。

（6）评价实践较少考虑提出方法和策略的可行性和有效性。有些教师由于缺乏对方法的理论分析，也缺乏事实的支撑，也没有实施的基础，对一些方法按部就班，完全不考虑方法的适应性，也不考虑学生的接受情况以及教学目标的达成，完全是实践者的一些想法和体会，缺乏一套有效可行的评价体系，所以就导致了数学课程评价不专业、不科学化。

2. 主要建议

（1）提高师生的数学课程评价能力，引导学生参与数学课程评价。新课程教师评价的重要内容之一是建立学生参与的课程评价制度，从而帮助教师通过多种渠道获得信息，不断提高数学教学水平。首先，学生作为教育的对象，是教师教育教学活动的直接参与者，他们对教师的教育教学活动有着最直接的感受和判断。其次，教育的最终目的是为了学生的全面发展，因此应给予学生评价教师的权利，重视学生评价的过程。当然，评价是一门技术，所以有必要在学生参与教师评价之前进行科学的、公正的引导，如帮助学生熟悉评价的过程和程序，了解评价的目的和内容，以及如何使用评价的工具和技术，等等。否则，放任自流，只会降低数学课程评价的信度和效度，使评价过程流于形式。

（2）合理革新传统的评价方法，推陈出新的评价方法。数学课程评价体系应以形成性评价为主，增强学生学习数学的兴趣，使学生发挥自我的主动性，学会独立思考、独立学习。通过评价体系的科学系统构建，可以对学生的学习状况、态度、情感等及时进行了解和评判，并将这一信息及时反馈给教师，让教师结合评价结果反思教学，及时进行调整与完善。

（3）切实落实学校课程评价的任务和责任。确保学校在课程评价中的主导地位，让学校可以根据教学计划及内容进行课程评价，并对评价结果进行研究与分析，切实落实学校课程评价的体系，改革教学制度，保证课程评价实施的可行性。同时，也要对关键内容进行重点评价，以提高学生的学习成绩，保证学生在学习能力、生活及情感中具有一定的自我调节能力，促进学生的全面发展，保证课程评价的顺利实施。

（4）遵循评价原则，保证评价内容的科学化。

第一，评价内容系统化。必须要有一套科学的评价技术手段与方法，才能让评价工作更易于实施，从而不断优化评价体系，采取系统化的评价方法，与学生学习数学知识思维模式一致。从课前预习到课上学习以及课后的理解巩固，即围绕课前、课中、课后各个环节，建立一套科学合理的评价模式与标准。

第二，评价主体多元化。数学教学中选择评价主体突破以往以教师为主角的单一性，凸显教师与学生双方的角色，体现多元化。尤其是在评价主体方面增加学生评价的比例，或者按照学习小组进行评价，从而使学生评价的分布更为科学合理。

第三，评价方式多样化。在过程评价体系中，结合不同的评价对象与内容，评价方式体现多样化。现行的数学课程评价实际上仍以学生认知发展水平的高低作为评价标准。具体来说，就是以学生数学考试成绩的高低作为判断其"好坏"的标准。这严重阻碍了学生在个性和情感方面的发展。要建立促进学生认知和情感同步协调发展的新教育评价体系，就必须改变单一化的评价体系，将学生在数学学习过程中的情感体验作为数学课程评价的一项主要内容，建立一套可以鼓励并促进学生认知与情感共同发展的新评价标准。对学生数学学习的评价，不仅要关注学生对数学知识的理解与技能的掌握，更要关注他们在学习数学过程中的情感体验与态度变化；不仅要关注学生的数学成绩，更要关注他们在数学学习过程中的变化和发展。评价的方式和方法应多样化，应多采用鼓励性的语言对评价结果进行描述，充分发挥评价的激励作用。评价要时刻关注学生的个体差异性，教师要善于充分利用评价过程和结果所产生的信息，对教学过程进行适时的调整和改善。这些都要求在数学教学时，要正确地选择运用适合的课程评价策略。

第四，评价标准科学合理。评价标准并不是一成不变的，而是要结合学生在不同学习阶段的表现，有所侧重。评价标准随着教学的阶段性变化等进行调整与优化。教学的评价标准也要以学习规律为依据，使学生乐于接受。要避免分数化的绝对评价，标准的设定要全面，要在尊重学生的认知水平和个性差异上体现评价标准的合理性。

（5）切实立足实践运用，注重发展性的数学课程评价。发展性课程评价是针对现行课程评价存在的弊端并为解决这些弊端而提出来的。这就是说，发展性课程评价是在课程发展的进程中，通过利用各种各样的科学评价手段，充分发挥评价的多种功能来分析课程发展过程中存在的问题以及产生的结果，进而激励评价者、被评价者，发现问题、解决问题，从而使教学相长[15]。发展性评价更强调课程评价的促进功能，更关注多次性的形成性评价。立足于实际应用的发展性课程评价，除能促进教育者自身的发展外，更注重通过发展性评价来判断学生的优势。

3. 思考

数学课程的评价应该更多地聚焦于如何使学生学会应用知识，评价目标应该更趋近于多元化，评价的过程应该依据具体的事实情境，评价的结果应更多地促进学生的发展，切实发挥数学课程评价的导向和激励作用。数学课程评价最终目的是考查学生对课程目标实现的具体程度，对教师的"教"和学生的"学"进行检验与改进，构建科学合理可行的课程评价体系，不断地对课程设计进行调整与改善、对教学过程进行完善与优化，从而促进学生全面综合的发展。

第二节 数学教学评价

一、 数学教学评价概况

自从 20 世纪 30 年代泰勒提出教育评价的概念以来，各种流派的教育评价理论层出不穷。迄今为止，对于教学评价的界定尚无统一的看法，许多学者从不同的角度作出了各自的界定，这主要与评价发展的不同时期人们对教学评价本质的认识不同有关。

美国学者格兰朗德认为，教学评价是为了确定学生达到教学目标的程度，收集、分析和解释信息的系统过程并提出一个完整的评价计划，可用公式表达为：评价＝测量（定量描述）＋非测量（定性描述）＋价值判断。加涅指出，通过系统收集、分析、解释证据来说明一个教学产品或教学系统结果如何的方法称为教学评价。我国学者冯忠良则将教学评价视为对学绩测验所得数据进行的分析和解释。但随着对教学评价本质认识的逐步深入，腾布林克则认为教学评价是获得教师教学的相关信息，进而形成判断，并据此做决定的过程。张玉田则更强调对于教学效果的评价。罗文浪等认为教学评价是指以教学目标为依据，制定科学的标准，运用一切有效的技术手段，对教学活动过程及其结果进行测定、衡量，并给予价值判断。

以上这些界定都从不同角度揭示了教学评价内涵的某些特征，都具有一定的合理性。总而言之，教学评价就是全面搜集教学过程的信息，进行判断和决策、反馈、调控的过程。教学评价实质上是一种对于教学活动及其教学效果作出价值判断的过程。

由此我们认为，数学教学评价是全面搜集和处理数学教学的设计与实施过程中的有关信息，从而作出价值判断，进而改进数学教学、提高数学教学质量的过程。由于数学教学的实施过程是以师生为主体展开的，因此学生数学学习评价、教师评价和数学课堂教学评价成为数学教学评价的主要对象。

（一）各国课堂教学评价情况

英国以学校为基础，兼顾教师个人发展和学校管理的需要，将教师的工作绩效、教师的专业发展和学校管理有机整合起来，建立了一种被称为表现管理系统的评价制度。这个评价体系注重教师的教与学生的学，课堂教学评价涉及教师通过对学生所学学科知识的掌握，根据学生的兴趣与需要，运用恰当的教学方法，创设问题情境，引导学生积极思考不断探索，在轻松愉快的课堂气氛中实现师生互动和交流。英国教师课堂教学评价的重点是看通过教师的课堂教学学生是否获得了知识和技能，是否学会了思考，学业成绩是否得到了提高。

美国的课堂教学评价则深受其学科中心和学生中心变革的影响，对学习本质和学习科学的深入研究和理念深化也作用于其课堂教学评价。全美数学教师委员会（NCTM）提出高质量数学教学的 6 条原则：公平、课程、教师的教、学生的学、评价、现代技术。2011 年美国公布了《示范核心教学标准》。该标准共有 4 个一级指标（即学生和学习、所教的学习内容、教师的教学实践、教师的专业责任）和 10 个二级指标。可以看出，美国在评价课堂教学时，不仅仅关注教师的教，也关注学生的学习过程，体现了以学习者为中心。

　　我国的课堂教学评价体系是从 20 世纪 50 年代开始，受苏联教学理论的影响，依据教学理论建立起来的课堂教学评价系统。课堂教学评价主要针对知识的教学即知识的理解、知识的掌握和知识的应用。

　　20 世纪 80 年代以来，随着西方现代教育评价思想传入我国，我国的课堂教学评价迅速发展并且逐渐成熟，我国对课堂教学评价的研究也呈多样化，呈现出纷繁多样的局面：

表 9 - 1　课堂教学评价的研究比较

评价侧重点	代表学者	代表观点
教师	林龙河、贺玉麟	课堂教学评价是按照指标体系对教师的授课能力、水平和效益进行价值判断
学生	李秉德	课堂教学评价就是通过各种测量系统地收集数据从而对学生通过教学发生的行为变化予以确定。评价对象是学生的学习过程及其结果，评价者主要是教师
教学过程及效果	周光复	课堂教学评价是对课堂教学全过程及其取得的效果作出判断
教师的"教"与学生的"学"	穆永强	数学课堂教学评价是以一节（或几节）数学课堂教学为研究对象，根据评价标准，运用科学的测评手段，对教和学的效果进行价值判断的活动
课堂教学活动整体	孔凡哲、史亮	数学课堂教学评价是对数学课堂教学效果以及对构成课堂教学过程各要素（包括教师、学生、教学内容、教学方法和教学环境等）之间相互作用的分析与评价

梳理后发现，大部分文献是基于一般意义下的课堂教学评价来开展数学课堂教学评价研究的，仅有少数文献是基于自己的理解给出了数学课堂教学评价的定义。

(二)理论基础

新课改在取得一定成就的同时也出现了一些引起教育界乃至社会各界关注的问题，而事关新课改基本方向的理论基础问题更是引起了人们的激烈争鸣。面对层出不穷的各种学说，大部分学者表达了坚持一元性与多元性相结合的思想，即在坚持马克思主义认识论和人的全面发展学说的指导思想基础上，对各种理论学说进行全面分析判断，"兼收并蓄""有所取舍"。其中，多元智能理论、建构主义理论、后现代主义教育理论是学者常提及的，这对数学课堂教学评价标准的研究也有一定的参考价值。

1. 多元智能理论

(1)理论概述。多元智能理论是在美国重视提高教育质量，追求教育机会和多元文化教育这一时期提出的。在《智能的结构》一书中，加德纳首次提出并着重论述了多元智能理论的基本结构。他认为，每个人与生俱来就具有八种能力，由于程度的不同，从而表现出个体间智能的差异。这八种智能分别是语言智能、逻辑—数学智能、空间智能、音乐韵律智能、身体运动智能、人际智能、自我认识智能、自然观察者智能。各种智力只有领域的不同，而没有优劣之分，好坏之别。

(2)可行性。多元智能理论认为，如果一定要去评价学生的学习，那么应当侧重于评价学生解决问题或在解决问题过程中所表现出来的创造力。因此，问题解决要求学生执行或制作一些需要高层次思维或问题解决技能的事或物。这样，评价的重点就由知识性的内容转变到解决问题的过程或结果上，这一评价取向可以让教师了解学生对问题的理解程度、投入程度、解决问题的技能、自我表达的能力，能较完整地反映学生的学习结果等。

2. 建构主义理论

(1)理论概述。20世纪后叶，针对传统的赫尔巴特教育思想的弊端和社会发展的要求，也基于人们对哲学、心理学和教育学的重新认识之上，建构主义的教学观盛行于西方。与传统的赫尔巴特"三中心"相反，建构主义强调人的主体能动性，其核心内容可概括为：以学生的发展为中心，强调学生对知识的主动探索、主动发现并对已有的知识上所学意义进行主动建构。

（2）可行性。数学课堂教学的评价应该重视教学情境的创设，重视学生学习方式的选择，重视教师角色的变化。教学不是教师给学生灌输知识、训练技能，而是学生通过内驱力积极主动地建构知识的过程。课堂的中心应该是学生，教师在课堂教学中的角色应该是引导者、促进者和帮助者。

3. 后现代主义教育理论

（1）理论概述。在后现代主义看来，这个世界是开放的、多元的。五彩缤纷的现实世界包容每一个学生的奇思妙想，创新已经成为社会、个人发展的动力源。后现代主义以其兼容并蓄的宽容态度和尊重个体主体性的宽广胸怀给生活在这个世界上的每个人开放了生命的空间。后现代主义重视过程的思想，重视目的与手段统一的观点，认为个体是在活动过程中得以不断发展的。

（2）可行性。后现代主义认为，每个学生都是独一无二的个体，在教学中不能以绝对统一的尺度去度量学生的学习水平和发展程度，要给学生的不同见解留有一定的空间。教学过程中不能把学生视为单纯的知识接受者，而应把他们看作是知识的探索者和发现者。活动是教学发生的基础，基于师生共同活动之上的课堂教学评价对学生来说不仅是对现时状况的价值判断，更在于促进学生充分发挥主体能动性，积极地参与教育教学活动，促进下一步教学活动的有效开展。所以，课堂教学评价的目的在于教学，而不在于选择和判断。

（三）功能

新理念下的课堂教学评价主要目的是为了全面了解学生的数学学习历程，激励学生的学习和改进教师的教学。不同的学者对课堂教学评价的功能的认识与论述有差异，总的来说，课堂教学评价有鉴定、导向、反馈、激励、改进、研究等功能。

1. 鉴定功能

测量并评定教学效果，促进教师的教和学生的学是教学评价最主要的功能。通过对教学过程、教学质量、教学水平进行科学评价，才能更准确地了解教师的教学水平和学生掌握预定知识与技能的程度以及教学目标和任务的达成程度[①]。

教育的目的在于改变学生的行为，它具有教育、教养和发展三个职能。但依据教育目标，通过教学过程，教育对象究竟发生了什么变化，效果如何，这些都需要对教育结果进行评价，以确定教学方案是否成功、教学目标是否达到以及达到的程度等。通过教学评价对学校工作作出鉴定，对学生的成绩、水平作出鉴定。

2. 导向功能

实施课堂教学评价首先要制定科学、合理的评价内容和评价标准，以便教师根据评价标准设计教学方案，组织教学活动，反思教学效果。其评价标准引领着教师的教学过程，为促进教师的专业成长、提高教学质量发挥着积极的导向作用。

3. 反馈功能

有效的课堂教学评价可以客观地衡量教学活动是否达到预期的要求和目标，教师可以从评价中获取反馈信息，从而更科学地组织教学、调控课堂，保证教学活动的有效进行。

4. 激励功能

有意义的教学评价经常能激发教师和学生的自信心和成就感。教师可以通过教学评价看到自己所取得的进步和成绩，找到工作中的差距和不足，以更大的热情投入到教育教学工作中。

5. 改进功能

教学评价的改进功能是促进教师成长的有效手段，教师通过评价发现问题，反思自我，从而改进教学。

6. 研究功能

课堂教学评价在发现、解释、预测、调控教学环节和活动、处理生成性教学问题方面具有重要的作用。教学评价同时也能促进教师认真学习教育理论，潜心研究教学实践中的问题，不断提高自己的专业素质和教学能力。

以往的课堂教学评价过分强调甄别的功能，将评价简化为单一的终结性评价，仅关注数学知识和技能的理解和掌握。而现代的课堂教学评价则应更加注重诊断和改进的功能，将评价看作教学过程中的一个有机组成部分，关注学生学习结果的同时，还要关注其数学情感和态度的形成与发展。

总之，课堂教学评价必将对课堂教学质量乃至学校教学质量的提高产生作用，其各种功能都是为共同的终极价值服务的，即促进学生的发展和促进教师的发展。这也是课堂教学评价的意义所在。

（四）原则

国内文献中提到评价原则的不多，而且大多评价原则是根据新课程改革的评价理念提出的。总的来说，提及最多的主要有客观性原则、科学性原则、全面性原则、发展性原则、可操作性原则以及指导性原则。

（1）客观性原则。首先是评价指标客观，避免随意性。评价指标是根据教育目标确定的，这些指标一经确定，任何人都不应该随便改动。同时各评价指标在总体中所占的权重要客观合理。其次是评价方法客观，避免偶然性。最后是评价态度客观，避免主观性。这样才能使课堂教学评价如实反映教师的课堂教学效果和质量，才能作为指导改进教学工作的有效依据。

（2）科学性原则。教学评价必须建立在科学的基础上，有充分的科学依据和方法。研究者在选择评价指标和确定权重的过程中应遵循课堂教学的规律、原则，深刻分析基于核心素养的课堂教学的原则、要求等，并对评价指标体系进行系统、全面、严谨的实践检验。在编制评价指标体系时一定要进行深入的调查研究，广泛征求教师的意见，使评价体系尽可能准确地反映教学的实际情况[①]。

另外，科学性原则还包括评价组织和方法、评价工具的科学性，客观、全面地收集课堂教学过程中的各项信息，避免误差的产生。

（3）全面性原则。教学评价不仅局限于关注学生对知识的掌握，更要促进其兴趣、爱好、意志和个性品质的形成和发展。所以在数学课堂教学评价中，应该建立多元化的评价目标，注重学生创新能力的培养，注重学生的个性与潜能的发展。教师在备课时就应该注重以数学知识为载体，经过教育学的"加工"，使数学课堂教学不仅仅变成学生接受知识的过程，而且要能够激发学生的学习兴趣、培养学生的爱好、注重个性品质的形成和发展，成为真正育人的过程。

（4）发展性原则。以人为本的新课程核心理念要求数学课堂教学评价应该促进学生身心的全面发展，促进教师自身水平的发展，提高课堂教学质量。这种"以学论教"的课堂教学评价的终极目标是促进学生的全面发展。课堂评价对教师的专业成长也具有导向、诊断和预测的作用，有利于教师进行教学总结和教学反思，及时发现教学中的不足，引导其向优秀教师发展。

（5）可操作性原则。建立的课堂教学评价指标体系若不能用于日常课堂教学评价中，则会失去实用性。而导致这一结果的很大一部分原因是其可操作性低，指标粗略、冗余，无法体现课堂评价取向，或评价指标过于细致，使用过程中实施困难。因此，构建的数学课堂教学评价指标体系不仅需要科学合理，更需要可操作性。

（6）指导性原则。建立的课堂教学评价指标体系作为数学课堂教学的基本要求，应该成为教师教和评教所必须遵循的常规，成为教学工作的指导和努力方向。教师应该经常对照评价指标对自己的教学进行自我评价，不断优化自己的教学。评价人员对被评教师应该严格统一标准，发现和识别被评教师工作中的优缺点，帮助其不断提高课堂教学质量。

（五）基本理念

《普通高中数学课程标准（2017年版2020年修订）》把普通高中的数学课程总目标设定为：学生能获得进一步学习以及未来发展所必需的数学基础知识、基本技能、基本思想、基本活动经验；提高从数学角度发现和提出问题的能力、分析和解决问题的能力。

新的课程目标，要求我们用新的评价理念对数学课堂教学进行评价[24]。

（1）要改变原来重结果、重接受知识积累知识，轻过程、轻自主探究的评价理念。课堂教学是教会学生如何学习的过程，而学生的学习过程本身就是发现问题然后对问题进行分析，再拟定合理的解决步骤，采用合适的方法来解决问题的过程。我们在教学的过程中不仅要体现"知识与技能"，而且要体现"过程与方法"，更应该注意学生在学习过程中的情感与态度的变化。在这个过程中，学生只有亲身参加过这个数学活动，才会有更深刻的感受，学生在接受知识的过程中才能感受到学习数学的乐趣，激发出强烈的求知欲望，诱发出创新灵感。

（2）要改变以往的重深度、重教书，轻差异、轻情感态度价值观的评价理念。传统的数学课堂评价标准更注重学生接受知识的能力、技能目标的达成度，更注重教学的难度和深度，而忽视了学生的学习态度、情感态度的达成度，更忽视了学生的个体差异性和教学应有的针对性。这种做法导致教师只注重学生是否理解并掌握了相关的知识、是否能够灵活应用解题技巧，为了达成既定的目标进行反复的强化练习，而忽略了学生主动建构知识的过程，也忽略了教师指导学生运用恰当的学习方法进行学习的过程，忽略了教师培养学生学习数学的兴趣。这种教学方法与新课程理念格格不入，受应试教育影响太深，只片面追求学生的学习成绩，不利于学生的全面发展。

（3）要将传统的"以教论学"的评价理念转变为"以学论教"。传统的课堂教学评价以评价教师的教育观念、教学方法和教学行为为中心，如教学目标是否明确、教材内容的组织是否合理、教学方法是否应用得当、教学重难点把握是否准确、教态是否自然等，很难体现课堂教学过程中学生的主体地位，对教师是否指导学生采用合适的方法进行学习积累基本没能体现，对学生的学习积极性、学习过程和学生的情感态度变化很少关注。

新课程理念下的课堂教学是一种学生主动参与的课堂，而不是教师一个人的独角戏。新课程不仅要看教师对教材的理解和组织，更要看课堂上学生是否处于主体地位，是否积极主动地参与课堂教学的各个环节，学生的个体能力是否得到充分的展示，等等。因此，新课程理念下的高中数学课堂教学评价应该把教师的教学行为和学生的学习行为一并纳入到评价体系当中，通过学生的学习行为来评价教师的课堂教学。

（4）注重被评价教师的自我评价和自我反思。课堂教学评价是提高教学质量，提升教师教学水平的一种手段。被评价者是课堂教学的组织者、设计者和操作者，只有被评价教师最了解所教学生的学习特点、个性特点与知识能力水平，更清楚自己在设计教学过程和实施教学行为中存在的问题，只有充分听取被评价者自己的评价分析，评价者才能给出比较中肯的比较富有建设性的建议。而且只有被评价教师参与评价过程，评价者和被评价者才有可能进行较深层次的交流和探讨，评价的结论和建议才能真正被教师所接受，才能更好地促进被评价教师及时地进行自我反思，及时地更新自己的教学观念，完善自己的教学行为，从而促进教学质量的提高。

（六）评价方法

课堂教学评价的方法多种多样。在教学实践中常用的评价方法有评语评价法、口头报告、言语随机评价、等级评价法、学业成绩报告单、量表评价法、档案记录等。而在教育研究领域，学者们常用的评价方法有调查评价法（观察法、访谈法、测验法、问卷调查法）、量表评价法、表现性评定等。

目前来说，使用最广泛的评价方法是量表评价法。这也是我们小组本次研究将会采用的方法。我们将会在前人的基础上，对评价量表进行改进，采用有效的数据处理方法，计算出合理的数量值，客观地反映教学情况。

（七）评价内容

在评价数学课堂教学时，应始终贯穿学生的学和教师的教两条主线。教学评价涉及多方面的内容，一般包括教学目标、教材的处理、教学方法和手段、教学过程、教学效果等。教学目标是教学的出发点和归宿，所以课堂教学评价必须关注教师预定的目标及其完成情况。教学内容作为课堂教学一个重要的组成部分，也是进行课堂教学评价时不可缺少的一部分。在评价教学内容时要注意考虑教学内容选择是否恰当，是否和教学目标相一致。老师在课堂教学中运用的教学方法也是评价的重点，在对教学方法进行评价时需注意考虑教学方法组合是否切合教学内容和教学目标，教学方法中是否有学生积极参与的成分等。教学是按照一定的序列展开的，教学过程的结构是否合理也是课堂教学评价需要考虑的。前三者主要以教师的教为主线，除此之外，学生学习的结果即教学效果的评价也十分重要。课堂教学效果的评价主要是对学生课堂学习过程的评价，主要考查学生在课堂上的三种学习状态，即学生的参与状态、学生的交流状态、学生的达成状态。在进行课堂教学评价时我们只有从多方面入手考查，才能对课堂教学做出较全面的分析和评价，这样得出的评价结果才能对检测教学质量、总结教学经验起着更好的作用。

二、 数学教学评价不同体系简介

随着经济社会的发展，教育对人类社会的推动作用愈来愈显著。教育改革是当今世界发展的趋势和潮流，教育评价是教育研究和改革领域的重要组成部分之一。课堂教学是班级授课制的一种基本形式，是落实课程标准、培养人才的第一战线。而课堂教学评价是指在课堂教学中对教学行为的价值评价，是课堂教学的有机组成部分。通过对数学课堂进行教学评价，对数学课堂活动进行诊断，对课堂中良好的教学行为、方式等进行激励，为学生和教师的教学进行导向。

一个科学的、合理的、高效的、精确的数学课堂评价体系对于教师施教行为的改善、学生学习行为的改变、教学质量的提升、教学效率的提高、课程标准的落实、数学核心素养的培养等有着重要作用。下面是一些较具代表性的国内外数学教学评价研究实例。

1. 武小鹏、张怡"以学评教"教学评价指标体系

武小鹏、张怡从以学评教的相关理论出发，根据数学的学科特点，建立了"以学评教"的数学课堂教学评价指标体系，见表9-2。

表9-2 武小鹏、张怡"以学评教"教学评价指标体系

维度	指标体系	观测点	学习行为评价
学习行为的针对性	教学满足学生目标实现的需要	学习目标准确、具体、可测	
		学习行为趋向目标实现	
		学习素材支持目标达成	
	数学问题切合教学目标	情景是一个富有思考力度的数学问题	
		有深入的思考与讨论	
		学生对数学问题的表达准确	
	教学活动切合学情	学生的学习行为与其已有的数学经验相适应	
		学生的学习行为与其数学基础知识相匹配	
		学生的学习行为与其思维能力相吻合	
	教学符合教学条件	安排了合理的问题讨论时间	
		学生有较自由的学习空间	
		学习与教学设备条件相适应	

续表 9 - 2

维度	指标体系	观测点	学习行为评价
学习行为的能动性	参与数学活动的积极性	学生在问题解决中是否专注投入	
		学生对数学问题是否有兴趣	
	数学问题思维过程的能动性	学生对数学问题是否积极思考	
		学生对产生的结果是否有质疑	
		学生是否提出了不同的问题解决方案	
	主动参与教学活动的全面性	是否全体学生参与教学活动	
		是否大面积学生参与交流发言	
学习行为的多样性	满足三维教学目标的需要	数学问题是否得到全面的解决	
		学生是否体验了解决问题的全过程	
		学生是否领悟到了数学思想	
	多种信息通道刺激	教学是否提供了较丰富的文本材料	
		教学中是否有适当的教学示范和提示	
		教学中是否有多媒体的参与	
学习行为的选择性	教学材料的选择性	有无分层设计教学目标、内容、进度和作业	
		学生是否可以选择不同的教学行为	
	数学问题解决的选择性	不同学生是否留有不同的问题解决时间	
		是否提供多样化的问题解决方法供学生选择	

　　"以学评教"数学课堂评价指标体系从两位学者界定的有效教学行为出发，设计了11项评价指标，再根据数学的学科特点，将所有指标细化为29个观测点。该体系主要是通过观察学生的"学"来评价教学：评判教师的教学行为，评价学生的学习行为。但其要求是根据评价指标体系的要求有

效引导学生做出正确的评价，即确保教师学生的认知一致。

2. 崔允漷的课堂观察 LICC 范式

崔允漷从实践中演绎出课堂的四个要素：学生学习（Learning）、教师教学（Instruction）、课程性质（Curriculum）和课堂文化（Culture），并在他人研究的基础上构建出了课堂观察 LICC 范式。在这四个要素中，学生学习是核心要素，其他三者则为影响学生学习的关键要素。崔允漷从观察的需要出发，将每一要素分解为 5 个视角，并将每个视角分解成 3 ～ 5 个观察点，形成了"4 要素 20 视角 68 观察点"，见表 9 – 3。

表 9 – 3　课堂观察 LICC 范式

要素	视角	观察点举例
学生学习(L)	①准备 ②倾听 ③互动 ④自主 ⑤达成	以"达成"视角为例，有三个观察点： 学生清楚这节课的学习目标吗？ 预设的目标达成有什么证据（观点/作业/表情/板演/演示）？有多少人达成？ 这堂课生成了什么目标？效果如何？
教师教学(I)	①环节 ②呈现 ③对话 ④指导 ⑤机智	以"环节"视角为例，有三个观察点： 由哪些环节构成？是否围绕教学目标展开？ 这些环节是否面向全体学生？ 不同环节行为或内容的时间是怎么分配的？
课程性质(C)	①目标 ②内容 ③实施 ④评价 ⑤资源	以"内容"视角为例，有四个观察点： 教材是如何处理的(增、删、合、立、换)？ 课堂中生成了哪些内容？怎样处理？ 是否凸显了本学科的特点、思想、核心技能以及逻辑关系？ 容量是否适合该班学生？如何满足不同学生的需求？
课堂文化(C)	①思考 ②民主 ③创新 ④关爱 ⑤特质	以"民主"视角为例，有三个观察点： 课堂话语（数量、时间、对象、措辞、插话）是怎么样的？ 学生参与课堂教学活动的人数、时间怎样？课堂气氛怎样？ 师生行为(情境设置、叫答机会、座位安排)如何？学生间的关系如何？

3. 史家琪 LICC 范式课堂观察量表

史家琪根据数学学科特点和数学核心素养的培养要求，并结合课堂观察量表的成熟度以及 LICC 课堂观察范式在初中教学听评课中的实际应用，提出了基于初中数学核心素养的 LICC 范式课堂观察量表，见表 9 - 4 和表 9 - 5。

表 9 - 4　LICC 范式课堂观察——教师教学量表

维度：教师教学

学校：　　　　　班级：　　　课型：　　　　　授课教师：　　　　　听课教师：

视角	观察点								
教学环节	具体问题	实际联系程度	提问对象	问题层次	候答时间	应答方式	组织学生活动情况	启发引导学生活动情况	教学媒介使用情况
课前导入									
数学活动									
例题1									
例题2									
习题1									
习题2									

表 9 - 5　LICC 范式课堂观察——学生学习量表

维度：学生学习

学校：　　　　　班级：　　　课型：　　　　　授课教师：　　　　　听课教师：

视角	观察点							
教学环节	具体问题	倾听情况	讨论情况	提问情况	应答方式	回答人数	思维层次	学习目标达成情况	能力达成情况
课前导入									
数学活动									
例题1									
例题2									
习题1									
习题2									

4. 崔志翔、杨作东数学核心素养评价理论框架

崔志翔、杨作东依据 PISA、喻平的知识学习理论以及《义务教育课标》中的学业水平划分维度，并充分考虑当今数学教育研究的热点内容和问题，将义务教育数学核心素养划分为 4 个维度，分别为：知识学习与技能掌握、数学思维与数学表达、问题解决与实践能力、数学文化与情感。在确定义务教育阶段核心素养成分及评价维度后，这两位学者直接得到了义务教育数学核心素养评价的理论框架，见表 9－6。

表 9－6 义务教育数学核心素养评价理论框架

	知识学习与技能掌握	数学思维与数学表达	问题解决与实践能力	数学情感
	知识理解与技能形成 知识迁移与技能迁移 知识创新与技能突破	数学思路与数学表达 数学思想与逻辑表达 数学思维与思维表达	问题理解与实践能力发展 问题解决与实践能力获得 问题与实践能力创新	情感的接受或注意 情感反应 情感的价值评价 价值观的组织 品格的形成
数学抽象				
逻辑推理				
模型思想				
直观想象				
数学运算				
数据分析				

虽然这两位学者的工作重点在数学核心素养的测评，但其为我们构建课堂教学评价体系提供了一种思路和视角。

5. 孙元勋、沈有建和赵京波的 EIMT 指标体系

孙元勋、沈有建和赵京波借鉴了我国的"一节好的数学课"的评价视角，又在双基的基础上借鉴了国外大量关于课堂教学的评价框架，以及国内各省市教育相关部门发布的课堂教学评价质量评估量表的一些指标构建了一套数学课堂教学质量评价指标体系。该指标体系称为 evaluation indicator of mathematical teaching，简称 EIMT。以下是对该评价指标体系的介绍。

（1）维度和指标。课堂教学由教师、学生和教学中介三个要素构成。EIMT 从教师与知识、学生与知识和教师与学生三个维度评价数学课堂教学，其中教师与知识维度主要指教师的数学知识和教师的教学知识，体现教师在"理解数学、理解教学"方面的认识；教师与学生维度体现教师在"理解学生"方面的认识；学生与知识维度主要从"评学"的角度看学生学习的效果。图 9－3 列出了各维度具体的评价指标。

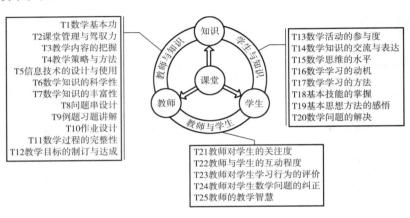

图 9－3 EIMT 数学课堂教学评价

（2）计分方法。EIMT 每个指标下设置了"非常不满意 1 分""不满意 2 分""基本满意 3 分""满意 4 分"四个表现水平的评分。在满意指标上可再加 2 分，作为李克特量表中的"非常满意"这一项，符合高中课程标准中提出的评价要遵循满意原则与加分原则这一评价策略。

以下是关于"T3 教学内容的把握"和"T24 教师对学生数学问题的纠正"的观察点、评分标准和教学案例说明，见表 9－7。

表 9－7 EIMT 数学课堂教学评价观察点

指标		操作参考
T3：教学内容的把握	观察点	教学内容容量适当； 教学内容紧密联系教学目标，围绕教学目标而设计； 能够根据学生的认知规律合理安排教学内容及其顺序； 教学内容符合课程标准要求，符合学生学情，不降准
	评分参考标准	【4 分】达到上述观察点要求； 【3 分】教学内容紧密联系教学目标，教学内容基本符合学生学情，教学内容的容量略大或略小；

指标		操作参考
T3：教学内容的把握	评分参考标准	【2分】教学内容与学生实际学情不符，出现容量过大，近半数学生无法理解内容，或容量过小、空洞，学习局限于表面形式的情况； 【1分】教学内容与教学目标脱节或内容严重违背学生实际情况，大部分学生无法理解内容
	加分标准	创造性设计和安排教学内容，科学地根据学情有机整合各种教学资源，形成特色鲜明的教学内容。教学过程遇到"意外生成"的情况，能机智、合理地调整教学内容
	教学案例说明	【案例1】某教师任教的班级学生的数学基础整体较弱，在讲解导数的定义时，用了大量的时间引入了高等数学中有关的内容，与教学目标不符，脱离了学生学情。符合评分标准1分的情况。 【案例2】在一节高三试卷讲评课中，该班的数学教师用一节课的时间讲解试卷最后一道导数的压轴题，而且还给出了一道变式题目。经观察、了解，该班学生这份试题测试的平均分不到50分（试卷满分150分），没有一个学生会做这道题，但是试卷前面的基础题目老师还没有讲解。全班学生几乎都没有听懂这节课。符合评分标准1分的情况。 【案例3】某教师在讲解余弦定理第一节课时，直接给出了余弦定理的结果，把重心放在定理的证明上，整节课教师讲了余弦定理的四种证明方法，违背了学生建构新知识的认知规律。符合评分标准2分的情况
T24：教师对学生数学问题的纠正	观察点	积极与学生交流以发现学生学习过程中可能出现的理解偏差； 及时发现学生学习过程中的思维困难或错误； 对学生回答或解答中出现的错误，能判断出干扰学生正确思维、导致学生出现错误的根源和因素并及时纠正； 能用恰当、积极的方式纠正学生的错误，使学生获得数学学习的信心
	评分参考标准	【4分】达到上述观察点要求； 【3分】个别学生的数学错误没有得到及时的发现或发现了但没有得到有效的纠正； 【2分】个别学生的数学错误没有得到及时的发现，或发现了个别学生的错误但没有给予有效的纠正； 【1分】多名学生的错误没有得到及时的发现，或对学生正确的、有创造性的想法给予了错误的纠正

续表 9 – 7

指标		操作参考
T24：教师对学生数学问题的纠正	加分标准	及时发现学生学习过程中的思维困难或表达错误，找到根源，能够和学生一起通过共同梳理找出其理解出错的原因，通过恰当、积极的评价纠正了学生的错误，鼓励学生学习的自信心

6. 任玉丹课堂教学评价指标体系

任玉丹从评价教师教学是否符合课标要求、评价教学是否促进学生数学核心素养的培养、计算教师教学质量的增值情况、服务于循证教学改革等评价目的出发，依据建构主义理论、有意义学习理论和学习机会理论，通过深入分析数学课标，并借鉴国内外成熟的课堂教学评价框架，构建了体现课标要求的、可用于量化分析的、具有一定的完整性和结构性的义务教育阶段数学课堂教学评价指标体系。任玉丹课堂教学评价指标体系由教学内容、教与学的形式、课堂调控和课堂评价 4 个一级指标和 10 个二级指标构成。该指标体系突出教师教学的共性要求，可更广泛地用于评价教师课堂教学质量。

任玉丹结合课标和国内外应用最为广泛的几个评价框架，分别对教学内容、教与学的模式、课堂调控、课堂评价四方面的具体含义进行阐述，抽取出各维度的具体指标。

（1）教学内容方面：该指标体系根据课标要求借鉴国内外项目成果，认为对教学内容的评价指标应包括教师所表达的数学知识点是否准确、数学表达是否易被学生理解、教师是否注意到了数学内容的联系性等方面。

（2）教与学的模式方面：该指标体系的教与学模式的二级指标包括启发式教学模式、主动参与式学习模式、平等师生互动模式三个二级指标，并根据各二级指标的内涵和国内外相关评价项目的指标确定各三级指标。

（3）课堂调控：该指标体系综合以往研究观点和评价项目中的具体指标，提出课堂调控既包括对学生行为的调控，也包括对教学过程的调控。对学生行为的调控包括课堂纪律管理、学生非预设学习行为管理；对教学过程的调控包括时间调控、进度调控、目标调控、学习机会调控等。

（4）课堂评价：该指标体系将评价的"调整"放入课堂调控维度，将"分析"和"促进"作为课堂评价的二级指标。

该指标体系具体见表9－8。

表9－8　任玉丹课堂教学评价指标体系

一级指标	二级指标	三级指标
教学内容	数学知识点准确	板书等演示材料准确 数学知识点表述准确
	数学内容易理解	解释数学问题、解题步骤或数学概念流畅、易理解
	数学知识联系	数学知识归纳总结、数学概念深化延伸语言清晰、易理解 数学知识与学科内其他知识 联系
教与学的模式	教师教学模式—— 启发式教学模式	数学知识与其他学科知识联系 数学知识与现实生活联系
	学生学习模式—— 主动参与式学习模式	教师提出激发学生高思维水平的问题 教师为学生提供提出想法、意见的机会
	课堂互动模式—— 平等互动模式	合理利用多种教学资源或媒体 学生参与活动时投入较高智力活动 具有独自探究和合作交流的机会
课堂调控	学生行为调控	学生深度参与小组活动 提问和讨论注重平等和尊重
	教学过程调控	学生个体探索或小组讨论时有效组织和引导 学生提出疑惑或不一样的想法时积极回应
课堂评价	分析学生学习表现	对课堂纪律有效管理 对学生非预设学习行为有效管理
	提供高质量反馈	教学各环节时间掌控合理 完成预定教学目标 根据学生掌握情况调整教学进度

7. 廖纯连、陈华喜数学课堂教学评价指标体系

廖纯连、陈华喜等采用模糊聚类分析法及主成分分析法在影响数学课堂教学的众多因子中筛选重要指标，建立数学课堂教学评价指标体系，并采用熵权法对各级指标赋权，得出了影响数学课堂教学效果的14个因素重要性的排序，然后结合模糊综合评判法建立数学课堂教学评价模型。评价

指标体系主要包括以下三个方面：教师教学过程、学生学习过程、教学效果。同时该指标体系赋予各指标"五星""四星""三星""二星"及"一星"五个等级。即评语集合为 V = {五星，四星，三星，二星，一星}，赋值得 V = {100，90，80，70，60}。下面是指标体系包括的三个方面的介绍：

（1）教师教学过程：包括教学理念、教学策略、教学目标、教学内容、教学过程、教学能力、教学态度以及教学特色8个二级指标。

（2）学生学习过程：包括学生参与、自主学习以及创新意识3个二级指标。

（3）教学效果：包括教学内容完成情况、课堂气氛以及学生知识掌握情况3个二级指标。

该指标体系具体见表9-9。

表9-9　廖纯连、陈华喜数学课堂教学评价指标体系

一级指标	二级指标	评价等级的单因素隶属度					组合权重	权重排序
		五星	四星	三星	二星	一星		
教师教学过程 B$_1$(0.417)	教学理念 C$_{11}$(0.115)	0.1	0.5	0.1	0.2	0.1	0.048	13
	教学策略 C$_{12}$(0.143)	0.1	0.7	0.1	0.1	0	0.060	7
	教学目标 C$_{13}$(0.128)	0.3	0.5	0.2	0	0	0.053	10
	教学内容 C$_{14}$(0.124)	0.2	0.3	0.3	0.1	0.1	0.052	11
	教学过程 C$_{15}$(0.131)	0.1	0.5	0.3	0.1	0	0.055	8
	教学能力 C$_{16}$(0.111)	0.2	0.4	0.3	0.1	0	0.046	14
	教学态度 C$_{17}$(0.118)	0.1	0.4	0.2	0.2	0.1	0.049	12
	教学特色 C$_{18}$(0.130)	0	0.5	0.2	0.1	0.2	0.054	9
学生学习过程 B$_2$(0.325)	自主学习 C$_{21}$(0.336)	0.2	0.3	0.2	0.1	0.2	0.109	2
	学生参与 C$_{22}$(0.419)	0.1	0.3	0.2	0.2	0.2	0.136	1
	创新意识 C$_{23}$(0.245)	0	0.4	0.2	0.3	0.1	0.080	5

一级指标	二级指标	评价等级的单因素隶属度					组合权重	权重排序
		五星	四星	三星	二星	一星		
教学效果 B_3(0.258)	教学内容完成情况 C_{31}(0.386)	0.2	0.2	0.3	0.2	0.1	0.100	3
	课堂气氛 C_{32}(0.286)	0.2	0.2	0.4	0.1	0.1	0.074	6
	学生知识掌握情况 C_{33}(0.328)	0.3	0.2	0.2	0.2	0.1	0.085	4

其中，$A = (B_1, B_2, B_3)$，$B_1 = (C_{11}, C_{12}, C_{13}, C_{14}, C_{15}, C_{16}, C_{17}, C_{18})$，$B_2 = (C_{21}, C_{22}, C_{23})$，$B_3 = (C_{31}, C_{32}, C_{33})$

8. UTOP 课堂教学质量评价系统

美国德克萨斯州立大学 UTeach 教师中心开发的课堂教学质量评价系统 UTOP(UTeach observation protocol)。UTOP 教学观察方案主要运用于课堂评价，以促进教学质量的提升。UTOP 的产生可以追溯到 20 世纪 60 年代诞生的佛兰德斯的师生互动分析系统，注重通过师生对话编码来评价课堂情况。随后美国政府颁发《不让一个儿童落后法案》，各类教学监测与评价开始涌现，相应评价工具纷纷诞生。当以学生的数学成绩为结果变量时，UTOP 教学观察方案取得较好的成效。在这样的背景下，UTOP 课堂教学质量评价系统由此快速发展起来。

其特点有：(1)能帮助教师找出课堂教学中的薄弱环节，提升课堂教学水平。通过 UTOP 评分能够找出教师教学过程中存在的问题，提供有针对性的建议，从而改进教学方法和教学内容。

(2)能预测不同教师对应的学生成绩的提升。

(3)适用的年级范围广。UTOP 适用的年级范围贯穿从幼儿园到大学本科的各个教育阶段，这是其他课堂分析系统所不具备的，使得跨年级比较成为现实。

(4)UTOP 进行课程评价的效率较高。虽然完整版要求评分者的时间较多，但是现在在非教学指导情境下常使用的视频版对评分时间要求略低，视频版仅包含 22 个观察要点，熟练的评分者能够在 30 分钟左右完成所有评分，效率较高。

在实际使用过程中，UTOP 具有以下局限性：

（1）适用科目有限。UTOP 设计的初衷是选拔优秀的数学和自然科学教师，其观察要点的设置也是以理学课程标准为基础，适用范围并不包括人文学科。虽然最新版本的 UTOP 新增了人文课堂评价，但是其效果还有待进一步检验。

（2）初期时间投入成本较高。合格的 UTOP 系统的课堂观察者，需要经过严格的集中训练，时间投入成本较大。

（3）对课堂氛围重视不足。UTOP 作为以数学和科学为主的课堂评价工具，特别在意促进理科思维生成的课堂教学手段的应用，但是对于课堂氛围等软环境的重视程度不足。

基于以上实施效果分析，UTOP 适用于数学等理科课程的课堂评价，有助于指导教师发展、评价教师培训效果，选拔优秀教师。

UTOP 课堂观察维度与观察要点见表 9 - 10。

表 9 - 10 UTOP 课堂观察维度与观察要点表

测量维度	课堂观察要点
课堂环节维度	（1）课堂参与：教师创造良好的课堂氛围让学生提出想法、问题、猜测和意见 （2）课堂互动：学生之间通过合作解决问题，例如通过对课程进行讨论得出问题答案 （3）课堂对话：通过分析学生的对话，能够显示出学生是否积极深入地思考课堂问题 （4）学生专注：课堂上学生专注于课堂任务 （5）课堂管理：教师的指令清楚有效，学生能保持良好的课堂纪律 （6）课堂布置：课堂内的设施和教具满足学生上课需要 （7）课堂公平性：课堂环境对学生公平一致，不因学生年龄、性别和身体条件有差异
课堂结构维度	（1）课程顺序：课程的结构明确，学生有清晰的学习目标和路径 （2）重点突出：课程关注重要的科学概念，而不是应试为主的解题技巧 （3）即时评价：教师能随时评价学生对知识的理解程度 （4）课程探索：教师能够提出探索性问题，帮助学生理解重要概念 （5）课程资源：利用视频、音频、模型等工具展示课堂内容，有效帮助学生理解概念 （6）课程反思：教师课后对自己授课的情况复盘，寻求改进

测量维度	课堂观察要点
执行效果维度	(1) 提问：教师通过提问的方式促进学生关注和思考问题 (2) 参与：教师尽量让所有学生参与到课堂中，增加学生之间的交互性 (3) 调整：教师通过测验了解学生进度，并能随之调整课堂内容 (4) 时间分配：课程各部分内容安排合理，给学生留下思考和理解的时间 (5) 联系：课程的内容和活动能够让学生联系到以往的知识和经验 (6) 安全性：教师讲授时，能够联系到与安全、环境、伦理等相关的问题
教学内容维度	(1) 意义：课程内容有意义，符合学生的认知发展水平 (2) 水平流畅度：教师对课程理解深刻，因此对学生的指导有效流畅 (3) 准确性：教师的板书等展示材料内容准确 (4) 评价：教师的提问、随堂测试、作业等与教学目标紧密结合 (5) 抽象：对概念和知识的抽象表述合理，有助于学生理解 (6) 相关性：阐述内容在知识系统中的重要性 (7) 交互性：介绍本学科知识在其他学科中的相关应用 (8) 社会影响：解释课程内容在现实中的应用，以及其历史地位和影响

9. RTOP 课堂教学评价量表

20 世纪末，美国的科学和数学教育家招致许多专业人士的批评。这些来自自然科学、数学和教育领域的专家认为，美国的科学和数学教育内容分散、重复过多、缺乏条理，应当实施彻底的改革。此外，大家一致认为，教师的教学方法受自己老师的影响最大：以前的老师是怎样教自己的，自己也会以同样的方法去教学生。于是，美国国家科学基金会于 1995年在亚利桑那州立大学设立了一项名为 ACEPT 的专项基金，用于对大学里准备将来做教师的一年级学生所选修的科学和数学教学实施改革。改革的基本思路是：以美国国家科学课程标准为指导，以合作探究作为重要的教学方法，让学生在合作探究的环境下学习科学和数学，以期对其未来的教学行为产生积极影响。为了评价改革的成效，ACEPT 的评价小组开发了一项名为 RTOP 的课堂教学评价量规或称评价量表。该量表既是一项颇具改革倾向的课堂教学评价标准，也是一份可用于实际课堂教学观察的评价工具。

　　RTOP 是一种符合现代教育理念，具有较强的可操作性和权威性的课堂教学评价工具，可用于大规模的教育科研、教育督导，也可以用于师范生的教学实训以及一线教师的在岗培训，还可以作为课堂教学的规范和标准。其中包含的"探究取向"和"师生关系"的重新定位，正是新课程所倡导的核心理念和价值取向。

　　RTOP 课堂教学评价量见表 9 – 11。

表 9 – 11　RTOP 课堂教学评价量表

评价维度		题项内容
教学设计与实施		（1）重视学生的前概念 （2）鼓励形成学习共同体，采用小组协作形式开展活动 （3）讲授之前学生自主探究 （4）鼓励学生寻求解决问题的不同方式 （5）课堂焦点常常源于学生的提问
教学内容	陈述性知识	（6）涵盖学科的基本概念 （7）课堂教学中的大部分概念具有一定关联性 （8）教师的学科基础扎实 （9）鼓励学生对难以理解的概念进行抽象概括 （10）联系相关学科和实际问题
	程序性知识	（11）学生采用多种方式描述现象、表达自己的想法 （12）学生对讲授的知识做出预测、假设探究并设计检验方法 （13）鼓励学生尝试用自己的思路进行实践操作解决问题 （14）学生反思自己的学习 （15）学生对实践过程中出现的问题进行合理的分析并修正概念
课堂文化	交流互动	（16）学生采用多种方式互动，表达想法 （17）教师的问题激发学生的发散思维 （18）同学踊跃发言，学生发言在课堂上占比较大 （19）学生掌握大部分话语权，学生的问题和评论常常决定课堂讨论的方向
	师生关系	（20）学生认真听讲，有尊重他人发言的氛围 （21）鼓励学生积极参与课堂活动 （22）鼓励学生提出另类的问题解决策略及证据解释方式 （23）总体上，教师对学生有耐心 （24）在学生进行调查研究时，教师扮演资源提供者 （25）学生与教师互相促进，听取彼此意见或建议

10. 数学教学质量评价系统

数学教学质量评价系统(Mathematical Quality of Instruction，MQI)是近几年美国研发的评价数学课堂教学活动的观察工具，也是全球范围内使用较为广泛的一款数学课堂评价工具。

该系统由美国密西根大学希尔(Hill)教授领衔的团队开发。希尔教授是国际教师教学有效性评价中心主任，长期从事教师教学和课堂质量评价方面的工作，现任哈佛大学教育学院教授。数学教学质量评价系统研究始于2003年，基于大量文献和多年课堂实践研究后于2010年正式发表。该系统在研究过程中一直不断进行调整与改进，期望保证最大限度客观评价数学教学质量，帮助教师改善教学，促进教师的教和学生的学[40]。

"现行的数学课堂教学评价标准主要沿袭泛学科的课堂教学评价标准，在学科的特色上还比较缺乏。"如何在评价工具中融入学科特点，MQI值得我们借鉴。以它的其中一个指标"一题多解"为例，该指标的高级水平所具备的特征如下：

(1)对多种方法的有效性、恰当性、使用的难易度或其他的优缺点进行清晰的比较；

(2)讨论问题的特征，为解法的选择提供清晰的线索；

(3)在多个程序与解决方法之间建立清晰的联系。

除此以外，MQI还有一个指标是非常具有数学特色的，即"联系"。这个概念指教师和学生在以下方面建立了清晰的联系：数学概念和程序的不同表征之间（例如，都表示一种线性关系的函数图像和表格 ）、不同的数学概念之间（例如，比例和线性关系，分数和比值等 ）、表征和数学概念或程序之间（例如，讨论如何通过以下形式表示或表征线性关系：图形 、表格或方程。注：如果建立了联系，但是其中的表征或数学概念是错的，就不能算作联系）。该指标的高水平所具备的特征如下："联系不断出现，并在以下一个或多个方面做得很细致：关于数学概念之间是如何联系的，有详细讨论；将一个表征与其表示的数学概念建立清晰的联系；在多重表征之间建立清晰的联系，表明它们是如何对应的。"

MQI课堂教学评价见表9-12。

表 9 – 12 MQI 课堂教学评价表

领域	维度	水平		
		高 (3分)	中 (2分)	低 (1分)
数学内容丰富度	联系或关联：教师能否使学生明确数学思想和过程中不同表征间的关系			
	数学解释：教师或学生能否对某个解题过程或结果的正确性给出合理解释，重点考察"为何"，而不是"如何"			
	多种解法：教师或学术能否对一个问题或一类型问题给出不同种类的解题策略，并合理比较不同解法间的效率、适用性和简便度			
	数学归纳能力：教师和学生能否从两个或两个以上的样例中总结归纳出某个概念、定理或解题步骤			
	数学语言：教师数学专业用词表达是否清晰明确，并能熟练使用，在学生运用数学专业词汇遇到困难时给予支持			
学生行为处理	错误和困难修正：教师能否及时发现学生课堂活动中存在的错误，判断那些错误是否具有普遍性和讨论价值，告知学生错误想法可能会造成的理解偏差			
	学生创造性思维：学生在课堂中提出一些创造性、非常规的数学问题时，教师能否抓住并拓展，同时以此为出发点生成课堂，及时调整原有的课堂设计			
错误和不严密性	数学原则性错误：解题错误、概念定义错误和定义或解题过程中遗漏讲授关键要点			
	数学语言或符号不准确性：教师能否准确运用数学语言、符号表述数学内容，教师能否正确完成生活化用语和数学专业用语间的相互转化			
	清晰性：教师语言是否清楚明晰，不会使学生感到困惑或产生歧义			

续表 9 – 12

领域	维度	水平		
		高 （3 分）	中 （2 分）	低 （1 分）
学生有意义 学习参与度	学生解释：学生是否可以用数学语言阐述想法，解释问题解决过程			
	学生提问与推理：学生对其他同学、老师或课本上的数学表述提出不同意见；提出解释的数学性问题；对某个数学现象举例子；对课堂上讨论的数学问题提出进一步猜想；根据表象进行总结；对假设性问题进行推理			
	认知任务：学生参与任务时的认知水平，是否能建立不同表征和概念之间的联系，形成验证猜想，发现规律；是否具有较强的表达和证明能力			

三、　案例

下面以某高中数学吴老师的两次课，分别是概念课"函数单调性 01"和习题课"集合习题 01"，编号为 $V_1 - V_2$，采用美国德克萨斯州立大学 UTeach 教师中心开发的课堂教学质量评价系统 UTOP，从课堂环境、课堂结构、执行效果以及教学内容四个维度展开分析。

（一）课堂环节维度

表 9 – 13　课堂环节维度

测量维度	课堂观察点	V_1	V_2	平均分	总分
课堂环节 维度	（1）课堂参与：教师创造良好的课堂氛围，让学生提出想法、问题、猜测或意见	2	5	3.5	7
	（2）课堂互动：学生之间通过合作解决问题，例如通过对课程进行讨论得出问题答案	—	4	4	4
	（3）课堂对话：通过分析学生的对话，能够显示出学生积极深入地思考课堂问题	—	5	5	5

续表 9 – 13

测量维度	课堂观察点	V_1	V_2	平均分	总分
课堂环节维度	（4）学生专注：课堂上学生专注于课堂任务	5	5	5	10
	（5）课堂管理：教师的指令清楚有效，学生能保持良好的课堂纪律	5	5	5	10
	（6）课堂布置：课堂内的设施和教具满足学生上课需要	5	3.5	4.25	8.5
	（7）课堂公平性：课堂环境对学生公平一致，不因学生年龄、性别和身体条件有差异	NK	5	5	5

（1）课堂参与：该观察点平均得分为 3.5 分。表明老师在"课堂参与"方面还有提高的空间。他在上课过程中，对于学生提出的想法，并不是全部都积极回应，而且上课的语气是相对严肃的。

（2）课堂互动：该观察点平均得分为 4 分。在课堂上，学生之间的合作相比师生之间的合作是少一些的，可能是上课内容的局限性导致的。

（3）课堂对话：该观察点平均得分为 5 分。老师的每一节课都充分展现了与学生的各种对话、交流，是课堂富有活力的关键所在。在上课时，老师时刻注意向学生抛出问题，与学生积极交流。

（4）学生专注：通过观察，课堂上每一个学生都是充满快乐、充满激情的，也是认真专注的，也有学生过度着急表现，不够沉稳。

（5）课堂管理：总分达满分，说明课堂纪律很好，老师善于组织课堂，善于巧妙用指令传达信息。

（6）课堂布置：这部分平均得分只有 4.25 分。因为老师课堂上使用多媒体的环节比较少，用黑板展示比较多，偶尔需要一些教具更直观展现的时候，没有准备得非常充分。

（7）课堂公平性：认为老师非常注重课堂的公平性，他不只是叫坐前排和踊跃举手的同学回答问题，还让课堂的每一位学生都能够表达出自己的思想，不论答案正确与否，更在乎这样的过程。我想在老师的语汇里没有"差生"这个词，他在课堂上也的确做到了。

（二）课堂结果维度

表 9-14　课堂结果维度

测量维度	课堂观察点	V_1	V_2	平均分	总分
课堂结果维度	（1）课程顺序：课程的结构明确，学生有清晰的学习目标和路径	5	5	5	10
	（2）重点突出：课程关注重要的科学概念，而不是应试为主的解题技巧	3	5	4	8
	（3）即时评价：教师能随时评价学生对知识的理解程度	3	4	3.5	7
	（4）课程探索：教师能够提出探索性问题，帮助学生理解重要概念	3	3.5	3.25	6.5
	（5）课程资源：利用视频、音频、模型等工具展示课程内容，有效帮助学生理解概念	—	3.5	3.5	3.5
	（6）课程反思：教师课后对自己授课的情况进行复盘，寻求改进	NK	NK	0	0

（1）课程顺序：通过对老师两次课堂观察发现，每一节课都是非常清晰的，他以各种形式的"问题发现"贯穿教学，以"疑"促学，以"答"促学等。

（2）重点突出：该观察点得分为 4 分。老师每节课都按照数学知识的逻辑规律进行教学，更加注重学生发现探究、理解知识原理的过程，在中途也会强调一些应试的解题技巧。

（3）即时评价：该观察点稍微扣了点分。班级人数较多，并不能对每个学生的回答都即时点评；而且老师整节课的内容充足，时间安排紧凑，所以对学生的情况不能即时点评。

（4）课程探索：老师上课大都是采用讲授法进行，探究的环节相对较少。上课过程是老师按照设计好的环节一步一步推进的，给学生探索的空间不多。

（5）课程资源：该观测点平均得分为 3.5 分。观察课堂中很少看到视频、音频或其他较新的教学用具。如果利用更加生动的媒体来展示，将会减少数学的抽象性。在信息化、智能化时代，必要的时候增加生动活泼的辅助工具可以进行更好的教学。

（6）课程反思："NK"，表示不确定的意思。因为是实录课，没有关于教师课后的相关情况，所以对此观察点是不明确的。

（三）执行效果维度

表 9-15　执行效果维度

测量维度	课堂观察点	V₁	V₂	平均分	总分
执行结果维度	（1）提问：教师通过提问的方式促进学生关注和思考问题	5	5	5	10
	（2）参与：教师尽量让所有学生参与到课程中，增加学生之间的交互性	3	4.5	3.75	7.5
	（3）调整：教师通过测验了解学生进度，并能随之调整课程内容	3	3.5	3.25	6.5
	（4）时间分配：课程各部分内容安排合理，给学生留下思考和理解的时间	5	5	5	10
	（5）联系：课程的内容和活动，能够让学生联系到以往的知识和经验	3	5	4	8
	（6）安全性：教师讲授课程时，能够联系到与安全、环境、伦理等相关的问题	—	3	3	3

（1）提问：该观察点平均得分为 5 分。例如，在 40 分钟的集合习题课中，该教师共提问了 29 次，总体上恰到好处。

（2）参与：该观察点平均得分为 3.75 分。课堂中能感受到每个学生都在激情参与，大胆表达，这是该老师课堂的一大亮点。他通过学生参与问题的提出、学生参与知识的发现、学生参与原理的梳理、学生参与表达新课的感受等来展开教学，充分告诉了我们什么叫作"以学生为主体"理念。但学生的参与主要以集体回答为主。

（3）调整：该观察点平均得分为 3.25 分。调整强调以学生的测验来推动课堂，但是吴老师没有准备相关的测验来检测学生学习理解程度。

（4）时间分配：该观察点平均得分为 5 分。时间分配看似非重点，但影响很大。该老师的课堂有明显的时间节点，整节课的教学环节时间分配合理，较好地完成了教学目标和任务。

（5）联系：该观察点平均得分为 4 分。数学知识最注重逻辑，学生上一课没有掌握到知识，有可能导致下一课无法学习。可见该老师在这方面做得很出色，虽然课型不同可能会限制一些旧知识复习，但在实录课中仍能恰到好处地将旧知识穿插在新知识的学习中，形成了一种无缝对接的状态。以一种"思考"的方式激发学生对旧知识的回顾，用"对比"带领学生对旧知识进行深化，不仅是学习新知识，也是对旧知识的巩固与延续。

（6）安全性：该观测点平均得分为 3 分。该老师涉及的"伦理""安全"与"环境"方面的教育相对来说较少，这和学科教学内容的特点有很大的关系。

（四）教学内容维度

表 9-16　教学内容维度

测量维度	课堂观察点	V_1	V_2	平均分	总分
教学内容维度	（1）意义：课程内容有意义，符合学生的认知发展水平	5	5	5	10
	（2）水平流畅度：教师对课程理解深刻，因此对学生的指导有效且流畅	5	4	4.5	9
	（3）准确性：教师的板书等展示材料内容准确	5	5	5	10
	（4）评价：教师的提问、随堂测试、作业等与教学目标紧密结合	5	4	4.5	9
	（5）抽象：对概念和知识的抽象表述合理，有助于学生理解	5	5	5	10
	（6）相关性：阐述内容在知识系统中的重要性	—	4	4	4
	（7）交互性：介绍本学科知识在其他学科中的相关应用	—	2	2	2
	（8）社会影响：解释课程内容在现实中的应用，以及其历史地位和影响	—	2	2	2

（1）意义：该观察点得分满分，表明该老师的教学能够让学生领悟数学、喜欢数学、感受鼓舞，不只是学有所识，还符合学生的发展水平。例如，他通过习惯性对学生的肢体接触，意识性的表扬，不断走进学生，让学生喜爱上老师，喜爱上数学本身，具有很大意义。

（2）水平流畅性：该观察点平均得分为 4.5 分。在该老师的课堂中，充满快乐、和谐融洽的氛围。我想正是他的平和与对学生的喜爱，让学生能够积极与老师对话，感受老师的思维和言语，还产生一定的碰撞与共鸣。

（3）准确性：该观察点平均得分为 5 分。通过相关采访资料显示，该老师在上课之前会充分准备好资料，也力争保持知识的准确性。

（4）评价：该观察点平均得分为 4.5 分。测验后才能评价，前面提到此次评价的课堂教学，较少用到测验，主要通过观察、提问、练习等方式去觉察学生对知识的掌握情况。

（5）抽象：该观察点平均得分为 5 分。众所周知，数学是抽象的，数学在一定程度上来说是难理解的，但该老师的数学课对于复杂知识点的讲解深入浅出。

（6）相关性：该观察点平均得分为 4 分。观察过程中充分感受到每节课知识的系统性，每一次的探索都是相联系的。该老师通过探索点带动知识面，通过知识面贯穿系统性的知识。与此同时，该老师十分注重变式训练。这样的教学，能让学生学习的知识也具有逻辑性、系统性。

（7）交互性：这部分平均得分为 2 分，显著低于平均分。该老师很少介绍数学知识在其他学科的应用情况，更多的是做数学与生活实际相结合的练习。在追求跨学科发展的教育主流中，可以适当将数学与其他学科结合。

（8）社会影响：该观察点平均得分为 2 分。因为课堂中没有专门说明课程内容的地位与作用。

四、 思考与问题

（一）启示

课堂教学评价有利于提高教学质量和实现培养目标，让教师明白自己在教学中有哪些不足，使其在教学过程中选择合适的教学方法启发学生的思维、发展"四基"和培养"四能"。并让学生在学习过程中找到学习的乐趣，增进学生学好数学的信心，找到一种适合自己的最佳学习方式和策略。

此外，课堂教学评价还有利于教学管理。通过教学评价对发现的问题及时采取有效措施进行解决，发挥管理职能，不断提高教学管理水平。教学是由教师的教和学生的学相互作用形成的。想要提高教学质量必须从教师的教和学生的学这两方面入手，具体的教学建议有：

（1）注重学生的主体地位，教师发挥引导和启发作用。

（2）注重学生自主探究或小组合作的学习方式。

（3）注重学生数学核心素养的达成。

（4）注重解题过程和解题思路的形成。

（5）注重课堂提问环节。

（6）注重数学思维的培养以及数学思想方法的渗透。

（二）建议

当前数学课堂教学评价的不足主要在于评价人员对评价指标的理解程度和评价重要性的认识程度在一定程度上影响评价结果，且具有较强主观性。不同的评价人员有着不同的理解和认识。此外，评价体系的指标比较固定，虽然具有规范统一、操作方便的特点，但评价结果可能会使大家机械地以评价指标为导向，限制了教师教学自主性的发挥，不利于教师教学风格的形成。

因此，在进行评价前，应该对评价人员进行培训，尽量统一对评价指标的认识，减少评价人员主观因素的影响。授课教师对于评价体系的指标认识应该是批判性的，应该随机应变，根据实际授课情况调整指标内容，不要完全束缚于已有指标内容。

参考文献

[1] 蔡宝来，车伟艳．英国教师课堂教学评价新体系：理念、标准及实施效果[J]．全球教育展望，2008(1)：67－71.

[2] 蔡芸．培养复合型人才的有效方式：商务英语专业课程评价[J]．外语与外语教学，2001(4)：33－35.

[3] 曹慧，毛亚庆．美国UTOP课堂教学质量评估系统的探索与反思[J]．全球教育展望，2017，1.

[4] 曹一鸣．数学教学论[M]．北京：高等教育出版社，2008.

[5] 崔允漷．论课堂观察LICC范式：一种专业的听评课[J]．教育研究，2012，33(5)：79－83.

[6] 崔志翔，杨作东．义务教育阶段一个数学核心素养的评价框架[J]．数学教育学报，2021，30(5)：47－52.

[7] 戴晖明．掌握数学概念的心理过程初探[J]．云南教育，2001(2)：20－22.

[8] 费玉伟，张景斌．中学数学课堂教学评价现状调查研究[J]．数学教育学报，2010，19(4)：41－43.

[9] 冯忠良．结构：定向教学的理论与实践[M]．北京：北京师范大学出版社，1992.

[10] 和学新．科学把握新课程改革的理论基础的两个方法论问题[J]．当代教育论坛，2006(18)：87－88.

[11] 胡凤娟，吕世虎，张思明，等．《普通高中数学课程标准(2017年版)》突破与改进[J]．人民教育，2018(9)：56－59.

[12] 黄浩炯，诸兆庚．香港教育面面观(增补本)[M]．广州：广东人民出版社，1991：16－22.

[13] 惠宇，张磊明．从新高考评价方向谈高中数学教学策略[J]．中学数学月刊，2022(1)：20－24.

[14] 季燕萍，刘金林．卓越数学教师培养标准的构建与实施[J]．教育理论与实践，2013，33(29)：30－32.

[15] 贾丽平．高中数学课堂教学评价的研究与实践[D]．西安：陕西师范大学，2014.

[16] 江守福．青岛市初中数学教学评价与学生学习成效[M]．北京：北京师范大学出版社，2006.

[17] 课程发展议会．数学教育学习领域：数学课程指引(小一至中六)[EB/OL]．(2017－12－08)[2018－12－02].

[18] 孔凡哲，史亮．高中数学教育评价[M]．长春：东北师范大学出版社，2005.

[19] 李栢良．香港课程改革及数学课程评价[J]．基础教育课程，2011(4)：26－29.

[20] 李秉德. 教学论[M]. 北京：人民教育出版社，1991.

[21] 李士锜. PME：数学教育心理[M]. 上海：华东师范大学出版社，2001：138.

[22] 李兴贵，王富英. 数学概念学习的基本过程[J]. 数学通报，2014，53（2）：
5－8.

[23] 李延亮，张全友，杨翰书，等. 初中数学课程与教学的实践研究[M]. 青岛：中
国海洋大学出版社，2015：10.

[24] 李雁冰. 走向新的课程评价观[J]. 全球教育展望，2001，30（1）：2.

[25] 廖纯连，陈华喜. 基于熵权法的数学课堂评价方法研究[J]. 通化师范学院学报，
2013，34（12）：77－79.

[26] 林六十. 数学教学论[M].2 版. 武汉：中国地质大学出版社，2003：12.

[27] 林龙河，贺玉麟. 中小学课堂教学评价的理论与方法[J]. 江西教育科研，1988
（5）：26－30，34.

[28] 刘广军，田冲，王超然. 基于新课标下初中数学课程评价的调查与思考[J]. 周
口师范学院学报，2017，34（2）：47－50.

[29] 罗文浪，戴贞明，邹荣，等. 现代教育技术[M]. 北京：北京理工大学出版
社，2015.7.

[30] 马云鹏. 如何理解课程与课程评价[J]. 现代中小学教育，1997（5）：18－21.

[31] ［美］霍华德·加德纳. 智能的结构[M]. 北京：中国纺织出版社，2022.

[32] ［美］R. M. 加涅，W. W. 韦杰，K. C 戈勒斯，等. 教学设计原理[M]. 上海：华
东师范大学出版社，1999.

[33] 穆永强. 初中数学课堂教学评价研究[D]. 大连：辽宁师范大学.

[34] 秦华，曹一鸣. 当前美国数学课堂教学评价标准特点及其启示[J]. 教育科学研
究，2013，（2）：62－66.

[35] 任俊蕾. 香港课程与教学评价改革及其启示[J]. 世界教育信息，2016（13）：
69－70.

[36] 任玉丹. 数学课堂教学评估指标体系构建[J]. 教育科学研究，2021（11）：
33－39.

[37] 史加琪. 基于 LICC 范式的初中数学听评课策略研究[D]. 上海：上海师范大
学，2019.

[38] 孙元勋，沈有建，赵京波. 数学课堂教学质量评价指标体系（EIMT）的构建与实
施[J]. 数学通报，2021，60（6）：45－50.

[39] 汪德营，李玉琪. 数学教育测量与评价[M]. 海口：南海出版公司，1992.

[40] 王华生. 澄清几个概念，才能进行对话[N]. 中国教育报，2005－9－17.

[41] 王建军. "新数学"：一个课程改革的故事及其启示[J]. 全球教育展望，2007
（3）：31－36.

[42] 吴南中. 理解课程：MOOC 教学设计的内在逻辑[J]. 电化教育研究，2015，36

（3）：29－33，88.

[43] 吴维宁. 专业化的课堂教学评价工具 RTOP 评介[J]. 教师教育研究，2011，23（5）：76－81.

[44] 武小鹏，张怡."以学评教"的数学课堂教学评价指标体系建构[J]. 上海教育评估研究，2017，6(5)：25－29.

[45] 解正己. 遵循学生认知发展规律　完善学生数学认知结构[J]. 中学数学教学参考，1999(11)：12－15.

[46] 徐德同，黄金松. 关于"理解数学把握本质"的几点思考[J]. 数学通报，2022，61(3)：37－40.

[47] 徐炜蓉，陈吉. 数学教学质量评价工具 MQI 述评[J]. 现代基础教育研究，2015，19(3)：162－167.

[48] 杨梅. 集合思想在高中数学中的应用[J]. 数学学习与研究，2016(15)：91，93.

[49] 杨启亮. 制约课程评价改革的几个因素[J]. 课程. 教材. 教法，2004(12)：6.

[50] 杨启亮. 走出课程评价改革的两难困境[J]. 教育研究，2005，26(9)：5.

[51] 杨淑萍. 重新审视课堂教学评价的功能、内容与标准[J]. 教育理论与实践，2009，29(28)：44－47.

[52] 杨晓霞. 研究学生认知规律，提高数学教学效果：以浙教版"直角三角形全等的判定"为例[J]. 数学教学通讯，2021(35)：41－42.

[53] 叶育枢. 香港小学数学课程评价："理念""方式"与"启示"[J]. 数学教育学报，2019，28(5)：19－23.

[54] 喻平. 基于行为主义的数学教育理论[J]. 金华：浙江师范大学学报（自然科学版），2003(4)：6－10.

[55] 喻平. 数学教学心理学[M]. 北京：北京师范大学出版社，2010：61－62，258.

[56] 喻平. 数学教育心理学[M]. 南宁：广西教育出版社，2004.

[57] 张春莉，缪佳怡，马琬婷，等.《义务教育数学课程标准（2022 年版）》解读（笔谈）[J]. 宜宾：宜宾学院学报，2022，22(5)：1－14.

[58] 张大均，郭成. 教学心理学纲要[M]. 北京：人民教育出版社，2006：420.

[59] 张红. 数学的结构性及其课程教学中的结构主义[J]. 宜春：宜春学院学报，2013，35(3)：29－31，95.

[60] 张慧，李凤霞，马秀芳."优课"课堂互动分析工具的对比研究[J]. 中国教育信息化，2020(2)：79－82.

[61] 张建良，王名扬."高中数学新课标"对数学教师的数学素养提出了高要求[J]. 数学教育学报，2005，14(3)：87－89.

[62] 张铭铭. 初中数学课程评价存在问题及对策研究[D]. 烟台：鲁东大学，2012.

[63] 张人红. 对研究性学习课程评价的思考与实践[J]. 教育发展研究，2001(6)：3.

[64] 张守杰."五育"视角下高中数学课程评价体系构建的策略研究[J]. 智力，2022

（31）：127 - 130.

［65］张亚娟．建构主义教学理论综述［J］．教育现代化，2018，5（12）：171 - 172.

［66］张玉田．学校教育评价［M］．北京：中央民族学院出版社，1987.

［67］张紫屏．跨学科课程的内涵、设计与实施［J］．课程．教材．教法，2023，43（1）：66 - 73.

［68］郑淮，杨昌勇．论后现代主义对教育研究和理论的主要贡献［J］．教育学报，2006（4）：22 - 25.

［69］郑毓信．数学教育新论：走向专业成长［M］．北京：人民教育出版，2011.

［70］郑毓信．从三项基本功到数学教师的专业成长［J］．中学数学月刊，2010（3）：1 - 4.

［71］中华人民共和国教育部．普通高中数学课程标准（2017 年版 2020 年修订）［M］．北京：人民教育出版社，2020.

［72］周光复．关于课堂教学评价的思考（中）［J］．云南教育：小学教师，1990.

［73］朱敏．新课程理念下高中数学课堂教学评价的研究［D］．武汉：华中师范大学，2008.

［74］CHARLES M. Developing visions of high-quality mathematics instruction［J］. Journal for Research in Mathematics Education, 2014. 45(5)：584.

［75］GRONLUND N E. Measurement and evaluation in teaching, 1971.

［76］HIEBERT J, STIGLER J W. A proposal for improving classroom teaching：Lessons from the TIMSS video study［J］. The Elementary School Journal, 2000, 101(1)：3 - 20.

［77］HILL H C, BLUNK M L, CHARALAMBOUS C Y, et al. Mathematical knowledge for teaching and the mathematical quality of instruction：An exploratory study［J］. Cognition and Instruction, 2008, 26(4)：430 - 511.

［78］KIM J S, SUNDERMAN G L. Measuring academic proficiency under the No Child Left Behind Act：Implications for educational equity［J］. Educational Researcher, 2005, 34(8)：3 - 13.

［79］SAWADA D, PIBURN M, FALCONER K, et al. Reformed teaching observation protocol (RTOP)［R］. ACEPT Technical Report No. IN00 - 1). Tempe, AZ：Arizona Collaborative for Excellence in the Preparation of Teachers, 2000.

［80］TENBRINK. Evalution：A practical guide for teacher［M］. New York：McGraw-Hill, 1974.

［81］WEBER N D, WAXMAN H C, BROWN D B, et al. Informing teacher education through the Use of multiple classroom observation instruments［J］. Teacher Education Quarterly, 2016, 43(1)：91 - 106.